Check up

Mathematik 5/6

Schroedel

Check up
Mathematik 5/6

Autoren:

Rolf Hermes und Hartmut Seeger

ISBN 978-3-507-23102-3

Druck [1] / Jahr 2007

Umschlaggestaltung: Janssen Kahlert Design & Kommunikation, Hannover
Pictogramme: Thies Schwarz, Hannover
Gesamtherstellung: imprint, Zusmarshausen
Fachredaktion: Rainer Hild
Druck und Bindung: pva, Landau

Liebe Schülerin, lieber Schüler,

Check-up wird dir helfen, den Überblick über den Mathematikstoff der Jahrgangsstufen 5 und 6 zu bewahren oder ihn zu gewinnen! Du kannst mit diesem Buch kapitelweise oder auch von vorne nach hinten arbeiten. Das gibt dir garantiert eine Menge Übung und Sicherheit.

Alle wichtigen Stoffbereiche des 5. und 6. Schuljahres findest du hier in gut überschaubaren Einheiten. So kannst du gezielt Wissenslücken schließen und deine Kenntnisse verbessern. Jedes Kapitel ist dreigeteilt.

Wissen: Im ersten Teil wird anschaulich und knapp Basiswissen erklärt.
Tests: Jede Menge Aufgaben – damit kannst du sich selbst prüfen.
Lösungen: Der letzte Teil bietet dir weit mehr als nur die richtigen Ergebnisse. Schritt für Schritt werden Lösungswege gezeigt, Tipps und Tricks helfen weiter.

Wenn du im Buch nicht genügend Platz für deine Lösungen hast, solltest du die CD-Version nutzen oder dir ein eigenes Übungsheft anlegen.

Auf der CD-ROM findest Du **alle Tests** und **viele Zusatzaufgaben** zum Ausdrucken. Das Inhaltsverzeichnis zur CD-ROM steht auf Seite 192.

Die Glühbirne kennzeichnet Aufgaben, bei denen du etwas mehr wissen oder auch mal „um die Ecke“ denken musst – oder die einfach nur wirklich schwierig sind.

Die Gewitterwolke warnt dich vor typischen Fehlerquellen oder möglichen Missverständnissen.

Das Ausrufezeichen macht dich auf Tipps, Tricks und Regeln aufmerksam, die du dir auf jeden Fall merken solltest.

Viel Erfolg wünscht dir
das Check-up-Team

1 Natürliche Zahlen WISSEN

1 Natürliche Zahlen

Die natürlichen Zahlen (1, 2, 78, 2007, ...) verwendet man zum **Abzählen**; z. B. beim Zählen von Münzen im Geldbeutel oder der Tage bis Weihnachten.

Die natürlichen Zahlen sind am **Zahlenstrahl** angeordnet.

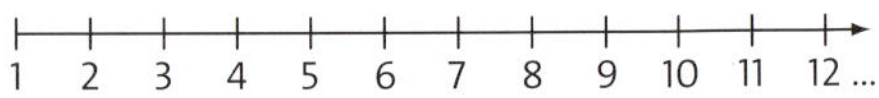

Die Zwischenräume zwischen zwei benachbarten Zahlen sind gleich groß.
Der Unterschied zweier benachbarter Zahlen ist immer eins.

Geht man auf dem Zahlenstrahl nach rechts, werden die Zahlen immer größer, nach links werden die Zahlen immer kleiner.

Beispiel 1: Die Zahl 7 ist größer als die Zahl 4.
Man schreibt: **7 > 4** (7 größer 4).
Die Zahl 77 ist kleiner als die Zahl 83.
Man schreibt: **77 < 83** (77 kleiner 83).
Falsch ist ~~55 < 47~~, richtig ist 55 > 47.

Die Spitze des Größer- oder Kleiner-Zeichens zeigt immer zur kleineren Zahl hin. !

Der rechte Nachbar einer natürlichen Zahl auf dem Zahlenstrahl heißt **Nachfolger**, er ist um eins größer als die Zahl. Der linke Nachbar einer Zahl auf dem Zahlenstrahl heißt **Vorgänger**, er ist um eins kleiner als die Zahl.

2 Zehnersystem, Stellenwertsystem, Zehnerpotenzen

Die Größe einer Zahl wird nicht nur durch die Ziffern bestimmt, sondern auch durch die Stelle, an der die Ziffern der Zahl stehen. Zum Beispiel sind die Zahlen 25 und 52 verschieden, obwohl sie beide dieselben Ziffern 2 und 5 haben, aber eben an verschiedenen Stellen.
Wir schreiben alle Zahlen im Zehnersystem und benötigen dadurch nur zehn verschiedene Ziffern, um alle Zahlen zu beschreiben: 0, 1, 2, 3, 4, 5, 6, 7, 8, 9.
Rückt man eine Ziffer um eine Stelle nach links, erhält sie den zehnfachen Wert.

Die Zahlen 10, 100, 1000, 10 000, 100 000, ... kann man als **Zehnerpotenz** schreiben, dafür schreibt man „10" und danach, als hochgestellte Zahl, die Anzahl der Nullen nach der 1.
Beispiel 2: $10 = 10^1$ (hinter der 1 steht *eine* Null); $100 = 10^2$ (*zwei* Nullen hinter der 1); $10\,000 = 10^4$ (*vier* Nullen hinter der 1)

Die Übersicht im Zehnersystem

(Arrows between columns: ·10)

Rückt man eine Ziffer um eine Stelle nach links, erhält sie den zehnfachen Wert.		10 Milliarden	Milliarden	100 Millionen	10 Millionen	Millionen	Hunderttausender	Zehntausender	Tausender	Hunderter	Zehner	Einer
Abkürzung	…	ZMrd	Mrd	HM	ZM	M	HT	ZT	T	H	Z	E
Potenzschreibweise		10^{10}	10^9	10^8	10^7	10^6	10^5	10^4	10^3	10^2	10^1	
Anzahl Nullen nach der 1		10	9	8	7	6	5	4	3	2	1	0

Beispiel 3: Schreibe die Zahlen 12 345 und 3 231 789 im Stellenwertsystem und als Zehnerpotenz.

	M	HT	ZT	T	H	Z	E	Zehnerpotenzen
12 345			1	2	3	4	5	$1 \cdot 10^4 + 2 \cdot 10^3 + 3 \cdot 10^2 + 4 \cdot 10^1 + 5$
3 231 789	3	2	3	1	7	8	9	$3 \cdot 10^6 + 2 \cdot 10^5 + 3 \cdot 10^4 + 1 \cdot 10^3 + 7 \cdot 10^2 + 8 \cdot 10^1 + 9$

3 Größen

Eine Größe wird durch eine **Maßzahl** *und* eine **Einheit** beschrieben.

Die Maßzahl (hier eine natürliche Zahl) gibt an, wie oft die Maßeinheit in der zu messenden Größe enthalten ist.

Wenn man Größen miteinander vergleichen will, müssen sie dieselbe Einheit haben.

Beispiel 4: Ein Brett ist 15 cm lang.
Die Einheit 1 cm passt 15-mal in die Länge des Brettes.

Beispiele für oft verwendete Maßeinheiten sind:

- **Längenmessung**: Millimeter (mm), Zentimeter (cm), Dezimeter (dm), Meter (m) und Kilometer (km).
  Dabei gilt: 10 mm = 1 cm; 10 cm = 1 dm; 10 dm = 1 m; 1000 m = 1 km.
- **Gewichts-** oder **Massenmessung** (Masse ist der physikalische Begriff für das Gewicht): Milligramm (mg), Gramm (g), Kilogramm (kg) und Tonne (t).
  Dabei gilt: 1000 mg = 1 g; 1000 g = 1 kg, 1000 kg = 1 t.
- **Zeitdauer**: Sekunden (s), Minuten (min), Stunden (h), Tage (d) und Jahre (a).
  Dabei gilt: 60 s = 1 min; 60 min = 1 h; 24 h = 1 d; 365 d = 1 a.

4 Römische Zahlen

Die Römer hatten eine andere Schreibweise für Zahlen. Sie verwendeten folgende Zahlzeichen: I = 1; V = 5; X = 10; L = 50; C = 100; D = 500; M = 1000.

Diese Zahlzeichen werden nach zwei Regeln zusammengesetzt:
- Zwei Zahlzeichen werden zusammengezählt, wenn das rechte der Zahlzeichen den gleichen oder einen kleineren Wert hat.
- Hat das linke Zahlzeichen einen kleineren Wert, wird es vom rechten subtrahiert.

Beispiel 5: XX = 10 + 10 = 20; CXVI = 100 + 10 + 5 + 1 = 116

Beispiel 6: XC = 100 − 10 = 90; DXC = 500 + (100 − 10) = 590

In einer Zahl werden die Zeichen I, X, C, M höchstens dreimal, die Zeichen V, L, D nur einmal verwendet.

Beispiel 7: 2006 = MMVI;
1671 = MDCLXXI; 999 = IM;
XLMM = 1960; XXXIV = 34

Vorsicht: Die Römer kannten das Stellenwertsystem noch nicht, X bedeutet immer zehn, egal an welcher Stelle es steht.

5 Das Zweiersystem

Im Zweiersystem gibt es nur zwei Ziffern: 0 und 1. Die Zahlen des Zweiersystems werden in Klammern geschrieben, hinter denen einer tiefgestellte 2 steht: $(1011)_2$; $(10001)_2$.

Rückt man eine Ziffer um eine Stelle nach links, erhält sie den zweifachen Wert.							⋮	Sechzehner	Achter	Vierer	Zweier	Einer
Potenzschreibweise	…	2^{10}	2^9	2^8	2^7	2^6	2^5	2^4	2^3	2^2	2^1	2^0
Zahl im Zehnersystem	…	1024	512	256	128	64	32	16	8	4	2	1
Beispiel 8:												
$(1011001)_2 = 64 + 16 + 8 + 1 = 89$						1	0	1	1	0	0	1
$100 = 64 + 32 + 4 = (1100100)_2$						1	1	0	0	1	0	0
$(11111)_2 = 16 + 8 + 4 + 2 + 1 = 31$								1	1	1	1	1

TEST 1 Natürliche Zahlen im Vergleich

1 Beschrifte den Ausschnitt eines Zahlenstrahls.

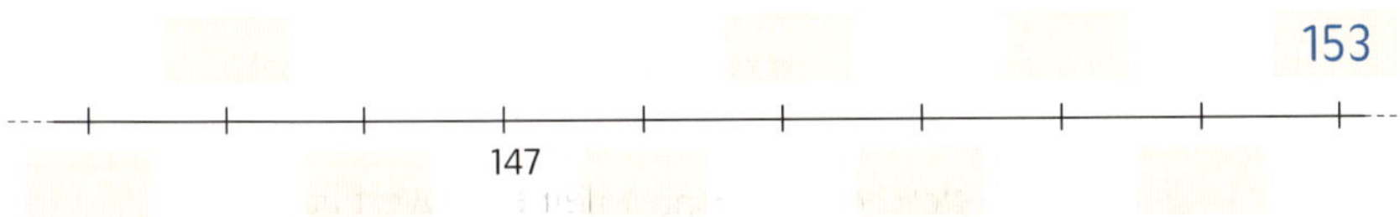

2 Fülle die leeren Felder der Tabelle aus.
Die drei Zahlen der senkrechten Spalten gehören jeweils zusammen.

Vorgänger	2	18	1	6	64	999	799	2219	15	14	13
Zahl	3	19	2	7	65	1000	800	2220	16	15	14
Nachfolger	4	20	3	8	66	1001	801	2221	17	16	15

3 Setze das richtige Relationszeichen ein („<“ oder „>“).

a) 13 < 65 b) 45 > 54 c) 211 ≈ 121 d) 34 < 200 e) 505 < 505

4 a) Welche Zahl ist der Vorgänger des Vorgängers der Zahl 77? 75

b) Welche Zahl ist der Nachfolger des Vorgängers von 16? 16

c) Gib den Vorgänger des Vorgängers des Nachfolgers der Zahl 3 an. 2

d) Ist der Vorgänger der Zahl 7 größer als der Nachfolger der Zahl 6? Nein

5 Interessante Zahlen zu einigen deutschen Städten:

	Köln	Frankfurt	Kiel	Stuttgart
Einwohner	1 010 000	700 000	250 000	570 000
Höhe über dem Meeresspiegel	36 m	112 m	5 m	245 m
Telefonvorwahl	0221	069	0431	0711

Ordne jeweils in aufsteigender Reihenfolge

a) nach der Einwohnerzahl.
b) nach der Meereshöhe.
c) nach der Zahl der Telefonvorwahl.
d) nach dem Alphabet.

TEST 2 Stellenwertsystem, Zehnerpotenzen

1 Gegeben sind drei Ziffern.
Bilde aus diesen die kleinste und die größte mögliche Zahl.

gegebene Ziffern	2, 8, 4	3, 5, 3	4, 4, 4	1, 0, 8	0, 0, 0	9, 1, 9
kleinste Zahl	248	335	444	108	000	199
größte Zahl	842	533	444	801	000	991

2 Schreibe die Zahlen in Ziffern und notiere anschließend die Zahlen, die 10-mal und die 100-mal so groß sind.

a) zwei Millionen dreihunderttausendvier

b) siebzehntausenddreihundertvierundachtzig

c) dreiunddreißig Milliarden vierhundertfünf

d) siebenhundertsiebenundsiebzig

3 Schreibe mit Ziffern im Zehnersystem und in Worten ins Heft.

a) $3 \cdot 10^6 + 2 \cdot 10^5 + 3 \cdot 10^4 + 1 \cdot 10^3 + 7 \cdot 10^2 + 8 \cdot 10^1 + 9$

b) $3 \cdot 10^5 + 7 \cdot 10^4 + 8 \cdot 10^2 + 8 \cdot 10^1 + 2$ c) $3 \cdot 10^3 + 4 \cdot 10^5 + 1 \cdot 10^1 + 7 + 9 \cdot 10^2$

4 Wie viele Nullen haben die Stellen im Zehnersystem?

Stelle	Zehner	Milliarden	Hunderter	Einser	Tausender	Millionen
Nullen						

5 Vertausche genau zwei Ziffern der gegebenen Zahl so, dass daraus die größtmögliche und die kleinstmögliche Zahl entsteht.

a) 5456 b) 33 973 c) 132 d) 1991123 e) 675 f) 1000 987

TEST 3 Sachgrößen

1 Gib vier Maßeinheiten an, in denen die Größe gemessen werden kann.

Länge				
Zeit				
Gewicht				

2 Ordne der Größe nach.

a) 70 mm ▪ 3 cm ▪ 2 km ▪ 99 m ▪ 444 m ▪ 4000 m ▪ 2 000 000 mm ▪ 5000 m

b) 91 kg ▪ 200 g ▪ 2 t ▪ 3400 kg

c) 4 h ▪ 200 min ▪ 3000 s ▪ 2 d ▪ 1 a ▪ 600 d ▪ 20 000 min

3 Gib die Größe in der gewünschten Maßeinheit an.

a) 340 mm = ______ cm
b) 2 d = ______ h
c) 3000 kg = ______ t
d) 3 min = ______ s
e) 123 cm = ______ mm
f) 3 g = ______ mg
g) 17 m = ______ cm
h) 15 min = ______ s

4 Schreibe ohne Zehnerpotenzen in der angegebenen Einheit.

a) $2 \cdot 10^2$ mm = ______ cm
b) $3 \cdot 10^3$ mm = ______ m
c) $30 \cdot 10^6$ mm = ______ km
d) $230 \cdot 10^2$ mm = ______ dm
e) $7 \cdot 10^5$ mm = ______ m
f) $102 \cdot 10^5$ cm = ______ km
g) $12 \cdot 10^3$ g = ______ kg
h) $200 \cdot 10^5$ g = ______ t
i) $30 \cdot 10^3$ kg = ______ t
j) $6 \cdot 10^2$ min = ______ h
k) $48 \cdot 10^2$ h = ______ d
l) $144 \cdot 10^3$ min = ______ d

5 Kreuze an, in welcher Maßeinheit normalerweise gemessen wird.

	mm	cm	m	km	cm^2	m^2	mg	g	kg	t	ℓ
Entfernung Kiel – Potsdam											
Breite des Schultisches											
Dicke eines Zündholzes											
Länge des Sportplatzes											
Fläche des Klassenzimmers											
Gewicht eines Lkw											
Gewicht eines Kartoffelsacks											
Menge Mehl für Kuchen											
Inhalt eines Wassereimers											
Gewicht des Großvaters											

6 Schreibe mit mehreren Einheiten, sodass die Zahlen klein bleiben.
Beispiel: 3456 g = 3 kg 456 g

a) 220 min =

b) 39 495 mm =

c) 333 224 mg =

d) 40 h =

e) 1500 kg =

f) 53 543 cm =

7 Schreibe in der kleinsten angegebenen Einheit, z. B.: 2 kg 43 g = 2043 g

a) 2 m 3 dm 2 mm =

b) 1 kg 10 g =

c) 2 h 34 min =

d) 1 t 1 kg 1 g =

e) 3 m 17 mm =

f) 2 min 56 s =

TEST 4 Römische Zahlen und Zweiersystem

1 In einer Spalte muss immer derselbe Zahlenwert stehen. Fülle die Felder aus.

Zehnersystem	77			3 456
Zweiersystem	(1001101)	$(101010)_2$		
Römische Zahl			XXVII	

Zehnersystem			100	
Zweiersystem	$(1101)_2$			$(100)_2$
Römische Zahl		CCXL		

2 Ordne der Größe nach.

123; $(10111)_2$; MCX; 4040; $(11110)_2$; 55; $(1010100)_2$; DCXL; 222; CCXXI; $(11111)_2$; 23

3 Verdopple die Zahl und bleibe dabei im angegebenen System.

a) 231 =

b) $(101)_2$ =

c) CXXI =

d) 9999 =

e) $(1111)_2$ =

f) XXXIII =

g) DXCVIII =

h) $(10001)_2$ =

4 Schreibe im Zweiersystem, im Zehnersystem und als Römische Zahl:

a) die kleinste Zahl mit zwei Zahlzeichen.

b) die größte Zahl mit zwei Zahlzeichen.

c) alle durch 3 teilbaren Zahlen bis 18.

d) alle durch 5 teilbaren Zahlen, die mit zwei Zahlzeichen darstellbar sind.

TEST 5 Rechenaufträge und Textaufgaben

1 Alex, Bastian, Carina, Denise, Emre und Fabio spielen in einer Mannschaft Tischtennis. Zu einem Gruppenbild sollen sie sich der Größe nach aufstellen. Bastian ist kleiner als Emre, aber sonst der Größte. Carina ist größer als Denise und Alex. Fabio ist größer als Denise, aber kleiner als Carina. Denise ist größer als Alex. Gib die Reihenfolge der sechs entsprechend ihrer Größe an.

2 Überlege dir, wie sich der Wert einer Zahl ändert, wenn man

a) im Zweiersystem eine 1 ganz rechts hinzufügt.
Beispiel: Aus $(1010)_2$ wird $(10101)_2$.

b) im Zehnersystem eine 7 ganz rechts hinzufügt.
Beispiel: Aus 456 wird dann 4567.

c) bei den Römischen Zahlen ein V *nach* einem höheren Zahlzeichen hinzufügt. Beispiel: Aus DCCXIII wird DCC**XV**III, nicht DCC**VX**II.

3 Ein Zug fährt pünktlich um 8.35 Uhr in Berlin ab und ist um 10.03 Uhr in Hamburg. Wie lange war der Zug unterwegs?

4 Der Zug von Stuttgart nach Tübingen hält zwischen diesen Städten nur in Reutlingen. Der Aufenthalt dort dauert 5 Minuten. Von Stuttgart bis Reutlingen ist die Fahrzeit 48 Minuten, von Reutlingen nach Tübingen genau halb so lang.

a) Wann kommt der Zug in Tübingen an, wenn er um 11.57 Uhr in Stuttgart abfährt?

b) Wann fuhr der Zug in Stuttgart ab, wenn er um 8.12 Uhr in Tübingen ankommt?

c) Wann fuhr der Zug in Stuttgart ab und wann kommt er in Tübingen an, wenn er um 15.03 Uhr in Reutlingen ankommt?

1 Natürliche Zahlen LÖSUNGEN

Lösungen zu Test 1

1 Nach rechts wird bei jedem Schritt die Zahl um eins größer, nach links bei jedem Schritt um eins kleiner.

2 In der ersten Tabellenzeile steht als Vorgänger die kleinere Zahl, nach unten wird die Zahl jeweils um eins größer.

Vorgänger	2	18	1	6	64	999	799	2219	15	14	13
Zahl	3	19	2	7	65	1000	800	2220	16	15	14
Nachfolger	4	20	3	8	66	1001	801	2221	17	16	15

3 a) 13 < 65 b) 45 < 54

c) 211 > 121 d) 34 < 200

e) 505 = 505

Vorsicht: Bei e) ist weder < noch > richtig, die Zahlen sind gleich.

4 a) 75, denn 76 ist Vorgänger von 77 und der Vorgänger von 76 ist 75.

b) 16, denn der Nachfolger von 15 (dem Vorgänger von 16) ist wieder 16.

c) 2, der Nachfolger von 3 ist 4, davon ist der Vorgänger 3 und dessen Vorgänger 2.

d) Nein. Der Vorgänger von 7 ist 6. Der Nachfolger von 6 ist 7. Also ist 7 die größere Zahl.

5 a) Köln; Frankfurt; Stuttgart; Kiel

b) Kiel; Köln; Frankfurt; Stuttgart

c) Frankfurt; Köln; Kiel; Stuttgart

d) Frankfurt; Kiel; Köln; Stuttgart

Lösungen zu Test 2

1

gegebene Ziffern	2, 8, 4	3, 5, 3	4, 4, 4	1, 0, 8	0, 0, 0	9, 1, 9
kleinste Zahl	248	335	444	18	0	199
größte Zahl	842	533	444	810	0	991

2

a) 2 300 004   23 000 040   230 000 400

b) 17 384   173 840   1 738 400

c) 33 000 405   330 004 050   3 300 040 500

d) 777   7770   77 700

3

a) $3 \cdot 10^6 + 2 \cdot 10^5 + 3 \cdot 10^4 + 1 \cdot 10^3 + 7 \cdot 10^2 + 8 \cdot 10^1 + 9 = 3\,231\,789$

Drei Millionen zweihunderteinunddreißigtausendsiebenhundertneunundachtzig

b) $3 \cdot 10^5 + 7 \cdot 10^4 + 8 \cdot 10^2 + 8 \cdot 10^1 + 2 = 370\,882$

dreihundertsiebzigtausendachthundertzweiundachtzig

c) $3 \cdot 10^3 + 4 \cdot 10^5 + 1 \cdot 10^1 + 7 + 9 \cdot 10^2 = 403\,917$

vierhundertdreitausendneunhundertsiebzehn

4

Stelle	Zehner	Milliarden	Hunderter	Einser	Tausender	Millionen
Nullen	1	9	2	0	3	6

5 Vorsicht, es durften nur zwei Ziffern vertauscht werden!

	a)	b)	c)	d)	e)	f)
gegebene Zahl	5456	33 973	132	1 991 123	675	1 000 987
größtmögliche Zahl	6455	93 373	312	9 911 123	765	9 000 187
kleinstmögliche Zahl	4556	33 379	123	1 191 923	576	1987

Anmerkung zu f): Denke daran, dass man „führende Nullen" immer weglassen kann.

Nach der Milliarde (9 Nullen; 10^9)
kommt die Billion (12 Nullen; 10^{12})
dann die Billiarde (15 Nullen; 10^{15}).
Übrigens: Im englischen Sprachraum heißt „unsere" Milliarde „Billion".

Lösungen zu Test 3

1

Länge	mm	cm	m	km
Zeit	s	min	h	d
Gewicht	mg	g	kg	t

Natürlich sind auch andere Lösungen möglich: bei Länge z. B. dm und bei Zeit auch a (Jahr).

2
a) 3 cm < 70 mm < 99 m < 444 m < 2 km = 2 000 000 mm < 4000 m < 5000 m
b) 200 g < 91 kg < 2 t < 3400 kg
c) 3000 s < 200 min < 4 h < 2 d < 20 000 min < 1 a < 600 d

3
a) 34 cm b) 48 h c) 3 t d) 180 s
e) 1230 mm f) 3000 mg g) 1700 cm h) 900 s

4
a) 20 cm b) 3 m c) 30 km d) 230 dm
e) 700 m f) 102 km g) 12 kg h) 20 t
i) 30 t j) 10 h k) 200 d l) 100 d

5

	mm	cm	m	km	cm^2	m^2	mg	g	kg	t	ℓ
Entfernung Kiel – Potsdam				✗							
Breite des Schultisches		✗									
Dicke eines Zündholzes	✗										
Länge des Sportplatzes			✗								
Fläche des Klassenzimmers						✗					
Gewicht eines Lkw										✗	
Gewicht eines Kartoffelsacks									✗		
Menge Mehl für Kuchen								✗			
Inhalt eines Wassereimers											✗
Gewicht des Großvaters									✗		

6
a) 3 h 40 min b) 39 m 4 dm 9 cm 5 mm c) 333 g 224 mg
d) 1 d 16 h e) 1 t 500 kg f) 535 m 4 dm 3 cm

7
a) 2302 mm b) 1010 g c) 154 min
d) 1 001 001 g e) 3017 mm f) 176 s

Lösungen zu Test 4

1

Zehnersystem	77	42	27	3 456
Zweiersystem	$(1001101)_2$	$(101010)_2$	$(11011)_2$	$(11011000000)_2$
Römische Zahl	LXXVII	XLII	XXVII	MMMCDLVI

Zehnersystem	13	240	100	4
Zweiersystem	$(1101)_2$	$(11110000)_2$	$(1100100)_2$	$(100)_2$
Römische Zahl	XIII	CCXL	C	IV

2 Die Lösung fällt dir sicher leichter, wenn du in einer Tabelle zuerst alle Zahlen im Zehnersystem darstellst (2. Zeile) und sie dann neu anordnest (3. Zeile). Vorsicht, es stehen zwei Zahlen auf „Platz 1", weil sie gleich groß sind!

123	$(10111)_2$	MCX	4040	$(11110)_2$	55	$(1010100)_2$	DCXL	222	CCXXI	$(11111)_2$	23
123	23	1110	4040	30	55	84	640	222	221	31	23
6	1	10	11	2	4	5	9	6	7	3	1

$(10111)_2 = 23 < (11110)_2 < (11111)_2 < 55 < (1010100)_2 <$ 123 < CCXXI < 222 < DCXL < MCX < 4040

3
a) $2 \cdot 231 = 462$
b) $2 \cdot (101)_2 = (1010)_2$
c) $2 \cdot$ CXXI = CCXLII
d) $2 \cdot 9999 = 19\,998$
e) $2 \cdot (1111)_2 = (11110)_2$
f) $2 \cdot$ XXXIII = LXVI
g) $2 \cdot$ DXCVIII = MXCCVI
h) $2 \cdot (10001)_2 = (100010)_2$

Wenn du Schwierigkeiten mit den römischen Zahlen hast, sieh dir die **Beispiele 5, 6 und 7** auf der → Seite 8 noch einmal genau an!

4

	a)	b)	c)	d)
Zehner-system	10	99	3; 6; 9; 12; 15; 18	10; 15; 20; 25; 30; 35; 40; 45; 50; 55; 60; 65; 70; 75; 80; 85; 90; 95
Zweier-system	$(10)_2$	$(11)_2$	$(11)_2$; $(110)_2$; $(1001)_2$; $(1100)_2$; $(1111)_2$; $(10010)_2$	Gibt es nicht. Die größte Zahl mit zwei Zahlzeichen ist $(11)_2 = 3$.
Römische Zahlen	II	MM	III; VI; IX; XII; XV; XVIII	VX, XV, XX; VL, XL, LV, LX; VC, XC, CV, CX, CV, CC; VD, XD, LD, CD, DV, DX, DL, DC; VM, XM, LM, CM, MV, MX, ML, MC, MD, MM

Lösungen zu Test 5

1 Bastian ist nur kleiner als Emre, also muss Emre links von Bastian stehen. Da Bastian sonst der Größte ist, müssen alle anderen rechts vor ihm stehen. Damit ist Emre der erste, Bastian der zweitgrößte. Carina steht links von Fabio, Fabio links von Denise und damit Alex ganz rechts.
Emre ▪ Bastian ▪ Carina ▪ Fabio ▪ Denise ▪ Alex

2 a) Durch die Verschiebung nach links im Zweiersystem verdoppelt sich die Zahl, durch die 1 rechts wird sie um eins größer. Also ergibt sich der Nachfolger der doppelt so großen Zahl.
b) Durch die Verschiebung nach links im Zehnersystem wird die Zahl verzehnfacht, durch die 7 rechts wird sie um sieben größer. Also ergibt sich eine Zahl, die um 7 größer als das zehnfache der alten Zahl ist.
c) Durch das zusätzliche Zahlzeichen V wird die Zahl um 5 größer.

3 Eine Zeiteinteilung im Kopf hilft. Von 8.35 Uhr bis 9.35 Uhr ist es eine Stunde, von 9.35 bis 10.00 Uhr sind es zusätzlich 25 min. Dazu noch die drei Minuten bis 10.03: Der Zug ist damit 1 h 28 min unterwegs.

4 a) Der Zug ist 48 min + 24 min + 5 min = 77 min = 1 h 17 min unterwegs, er kommt um 13.14 Uhr in Tübingen an.
b) Er fährt 1 h 17 min vorher ab, also um 6.55 Uhr.
c) Er fährt 48 min vorher in Stuttgart ab, also um 14.15 Uhr, und kommt 5 min + 24 min später nach Tübingen, also um 15.32 Uhr.

Textaufgaben scheinen oft schwierig, aber du kannst lernen, sie zu meistern: Übung hilft!
- Wichtig ist, dass du die Aufgabe (mehrmals) konzentriert liest, bis du sie wirklich verstanden hast.
- Finde heraus, *was* zu berechnen ist.
- Überlege dir, *welche* Angaben dazu benötigt werden (manchmal stehen auch unwichtige Angaben dabei).
- „Übersetze" den Text dann in einen mathematischen Ausdruck (und mach bitte beim Ausrechnen keine Fehler ...).

2 Grundrechenarten

1 Die Grundrechenarten bei natürlichen Zahlen

Zwei Zahlen werden **addiert**, indem man von der ersten Zahl so viele Schritte am Zahlenstrahl (nach rechts) weiterzählt, wie die zweite Zahl angibt.

Beispiel 1: 5 + 7; von 5 aus 7 Schritte nach rechts ergibt 12.

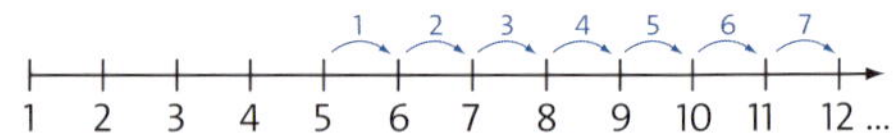

Eine Zahl wird von der ersten Zahl **subtrahiert**, indem man von der ersten Zahl so viele Schritte am Zahlenstrahl nach links geht, wie die zweite Zahl angibt.

Beispiel 2: 9 − 5; von 9 aus 5 Schritte nach links ergibt 4.

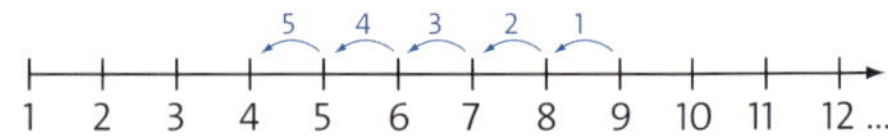

Eine Zahl wird mit einer Zahl **multipliziert**, indem man eine der Zahlen so oft mit sich selber addiert, wie es die andere Zahl angibt.

Beispiel 3: $3 \cdot 4 = 4 + 4 + 4 = 12$ oder $3 \cdot 4 = 3 + 3 + 3 + 3 = 12$

Eine Zahl wird durch eine zweite Zahl **dividiert**, indem man untersucht, wie oft die zweite Zahl in der ersten Zahl enthalten ist. Die Division geht nicht immer auf, es kann ein **Rest** bleiben.

Beispiel 4: $12 : 4 = 3$, da die 4 dreimal in 12 enthalten ist $(4 + 4 + 4 = 12)$.

Beispiel 5: $14 : 4 = 3$ Rest 2, die 4 ist nur dreimal vollständig in 14 enthalten.

	Addition	Subtraktion	Multiplikation	Division
grobe Übersetzung	hinzufügen	wegnehmen	vervielfachen	teilen
Zeichen	+ (plus)	− (minus)	· (mal)	: (geteilt)
Rechenausdruck	$18 + 6 = 24$	$18 - 6 = 12$	$18 \cdot 6 = 108$	$18 : 6 = 3$
Sprechweise	18 plus 6 gleich 24	18 minus 6 gleich 12	18 mal 6 gleich 108	18 durch 6 gleich 3
Bezeichnungen	1. Summand 2. Summand Summe 18 + 6 = 24	Minuend Subtrahend Differenz 18 − 6 = 12	1. Faktor 2. Faktor Produkt 18 · 6 = 108	Dividend Divisor Quotient 18 : 6 = 3

2 Rechnen mit Größen

Zwei Größen kann man nur addieren und subtrahieren, wenn sie die **gleiche Maßeinheit** haben (→ Seite 7, Nr. 3). Bei gleicher Maßeinheit werden Größen addiert bzw. subtrahiert, indem man die Maßzahlen addiert bzw. subtrahiert und die gemeinsame Maßeinheit beibehalt.

Eine Größe wird mit einer Zahl multipliziert bzw. durch eine Zahl dividiert, indem man die Maßzahlen der Größe multipliziert bzw. dividiert und die Maßeinheit beibehält.

Beispiel 6: $7 \cdot 6\,\text{kg} = 42\,\text{kg}$; $80\,\text{cm} : 4 = 20\,\text{cm}$; $3 \cdot 45\,\text{min} = 135\,\text{min} = 2\,\text{h}\,15\,\text{min}$

3 Schriftliches Rechnen

Schriftliche Addition

```
    T H Z E
    3 4 2 6
+   8 1 9 5
  1     1 1
-----------
  1 1 6 2 1
```

Schreibe die Zahlen stellengenau untereinander und addiere dann spaltenweise von rechts nach links. Wird die Zahl in einer Stellenwertspalte größer als 10, werden zum nächsthöheren Stellenwert Überträge gebildet.

Schriftliche Subtraktion

```
  T H Z E
  3 8 5 6
- 1 7 9 3
    1
---------
  2 0 6 3
```

Schreibe den Subtrahenden stellengenau unter den Minuenden und subtrahiere spaltenweise von rechts nach links. Steht im Minuenden die größere Ziffer, wird beim Subtrahenden von der nächsthöheren Stelle eine 10 übertragen.

Schriftliche Multiplikation

```
2 4 5 · 3 7 4 1
----------------
    7 3 5 0 0 0 ← 245·3
    1 7 1 5 0 0 ← 245·7
        9 8 0 0 ← 245·4
          2 4 5 ← 245·1
    1 1 1
----------------
    9 1 6 5 4 5 (Produkt)
```

Multipliziere den linken (1.) Faktor mit jeder Ziffer des rechten (2.) Faktors und beginne mit der höchsten Stelle des 2. Faktors. Fülle dabei die Nullen bis zur letzten Ziffer auf. Die einzelnen Teilprodukte werden addiert.

Schriftliche Division

```
8346 : 5 = 1669 Rest 1
-5          ← 5·1
 33
-30         ← 5·6
  34
 -30        ← 5·6
   46
  -45       ← 5·9
    1       ← Rest
```

Zerlege den Dividenden ziffernweise und dividiere dann in Teilschritten. Wenn alle Zahlen des Dividenden „aufgebraucht“ sind, bleibt das Ergebnis der letzen Subtraktion als Rest.

TEST 1 Die vier Grundrechenarten, Kopfrechnen

1 Gib an, wie das Ergebnis der angegebenen Rechenart heißt.

Division	Addition	Multiplikation	Subtraktion

2 Gib das Zeichen der Grundrechenart an, das zum Ergebnis führt.

Zahl 1	12	12	12	12	337	234	625	1	2700	$(10\,000)_2$
Rechenart										
Zahl 2	3	3	3	3	103	3	25	1	30	$(100)_2$
= Ergebnis	4	36	15	9	234	702	25	1	90	$(100)_2$

3 Gib die Bezeichnungen an, die zum Rechenausdruck gehören.

Wie heißt ...	$28:14=2$	$345-17=328$
... das Ergebnis?		
... die erste Zahl?		
... die Rechenart?		
... die zweite Zahl?		

Wie heißt ...	$13\cdot 14=182$	$979+349=1328$
... das Ergebnis?		
... die erste Zahl?		
... die Rechenart?		
... die zweite Zahl?		

4 Berechne im Kopf.

	$7\cdot 4$	$17-9$	$128:2$	$51:3$	$37\cdot 3$	$96-69$	$999+9$	$93:7$
=								

5 Berechne im Kopf.

	4·7	37 − 29	128 : 4	51 : 17	3·37	103 − 69	99 + 99	84 : 9
=								

6 Jede Spalte ist eine Aufgabe. Beginne mit der obersten Zahl und führe die Rechenschritte der Reihe nach aus. Notiere die Zwischenergebnisse im Heft.

Beispiel: 100 : 25 = 4; 4·3 = 12; 12 − 9 = 3; 3 + 21 = 24

Ausgangszahl	100	18	234	222	1398	1	12	289
1. Schritt	: 25	·9	− 56	− 40	− 782	+ 43	·13	: 17
2. Schritt	·3	: 6	− 89	: 7	: 2	·7	+ 623	+ 28
3. Schritt	− 9	− 19	+ 234	+ 16	·6	: 11	− 345	: 3
4. Schritt	+ 21	+ 99	·4	·9	+ 312	− 27	: 14	·5
Ergebnis	24							

7 Beginne bei der Ausgangszahl und führe den angegebenen Rechenschritt dreimal hintereinander aus.

Beispiel: 2401 : 7 = 343; 343 : 7 = 49; 49 : 7 = 7

Ausgangszahl	2401	18	234	222	398	1	124	4000
Rechenschritt	: 7	·3	− 26	+ 13	+ 45	·46	·5	: 4
1. Schritt	343							
2. Schritt	49							
Ergebnis	7							

8 Berechne im Kopf.

Rechnung	7·9	117 − 99	228 : 6	13 + 45	52 : 13	37·13	96 + 69	990 : 11	93 + 18
Ergebnis									

9 Berechne im Kopf, wie oft die Zahl enthalten ist, und gib den Rest an.

Aufgabe	123 : 5	254 : 7	99 : 8	72 : 35	35 : 72	39 : 4	96 : 9	234 : 2	234 : 1
enthalten									
Rest									

TEST 2 Die vier Grundrechenarten, schriftlich

1 Addiere schriftlich.

7865	72109	6678411	600007	$(101010)_2$
+ 2419	+ 99	+ 88009	+ 2377089	+ $(11001)_2$
	+ 332	+ 243	+ 45600	
		+ 56	+ 735045	
		+ 7		

2 Subtrahiere schriftlich.

7865	72109	6678411	600007	$(101010)_2$
− 2419	− 99	− 8009	− 377089	$-(11001)_2$

3 Multipliziere schriftlich:

$673201 \cdot 9$ $\qquad 3421 \cdot 67$ $\qquad 9738 \cdot 13$ $\qquad 15 \cdot 9738$

54

4 Dividiere schriftlich

673201 : 9 = Rest

9738 : 13 = Rest

TEST 3 Rechnen mit Größen

1 Berechne im Kopf.

a) 3 kg + 14 kg = b) 13 · 32 m = c) 45 h : 3 =

d) 356 d − 299 d = e) 35 dm · 7 = f) 1113 mg : 3 =

2 Berechne.

a) 2 m − 35 cm = b) 4 · 130 g + 2 kg = c) 3 h 10 min : 10 =

d) 2 t − 500 kg = e) 12 · 33 mm = f) 5 kg + 2 m =

3 Berechne und gib das Ergebnis in einer möglichst großen Einheit an.

a) 4 dm + 5 · 12 cm + 20 mm = b) 33 km − 2900 m =

c) 700 mm + 30 cm + 4 dm = d) 4 · 56 min − 1 h =

e) 1 h 35 min · 10 = f) 3 · 4 kg + 400 g · 50 =

4 Rechne soweit möglich im Kopf.

a) 77 · 13 kg − 23 · 200 g + 2 t : 25 + 200 · 220 g − 3 kg 200 g =

b) 14 · 3 h + 170 · 59 min − 39 · 222 s =

c) 221 t : 17 + 345 · 12 kg + 100 · 430 g =

d) 34 kg − 3 · 5 m + 2 h 34 min =

5 Wieviel fehlt zur nächsten ganzzahligen Einheit in der nächstgrößeren Maßeinheit?

Größe	37 m	12 mm	900 g	32 min	17 h	444 kg	33 dm
nächst-größere	0,037 km						
nächste ganzzahlige	1 km 1000 m						
Differenz	963 m						

TEST 4 Textaufgaben

1 Im Freibad kostet der Einzeleintritt 2 €, die Zehnerkarte 8 € und eine Saisonkarte 40 €.

a) Wie oft muss Daniel mindestes ins Freibad gehen, damit sich eine Saisonkarte lohnt?

b) Wie oft darf er in einer Saison höchstens gehen, damit es mit den Einzelkarten am günstigsten ist?

2 Eine Brücke, über die Jan auf seiner Urlaubsreise fahren möchte, darf mit höchstens 3 t belastet werden. Das leere Auto von Jan wiegt 1500 kg, die Tankfüllung 40 kg, Jan selbst bringt 95 kg auf die Waage und seine Beifahrerin 70 kg. Das im Fahrzeug verstaute Gepäck ist 120 kg schwer.

a) Wie viel Kilogramm darf Jan höchstens noch zuladen?

b) Jan besitzt auch einen Pkw-Anhänger, der leer 500 kg wiegt. Mit wie viel Kilogramm kann er Pkw und Anhänger insgesamt zusätzlich beladen?

3 Die Schultasche von Nadine ist ziemlich schwer, obwohl ihre Mutter die leichteste Tasche gekauft hat: Sie wiegt leer nur 1 kg 800 g. Aber Nadine hat heute 7 Hefte mit je 56 g, 3 Bücher mit je 610 g, ein Schreibmäppchen, das 330 g wiegt, ihre Turnschuhe mit 1 kg 200 g und ihr Pausenbrot mit 202 g dabei.

a) Welches Gewicht muss Nadine tragen?

b) Wiegt die Schultasche mehr als ein Drittel des Gesamtgewichts?

4 In Süddeutschland war am 30. Januar 2007 um 7.52 Uhr Sonnenaufgang und um 16.49 Uhr Sonnenuntergang. Die Sonne geht in den nachfolgenden Tagen jeweils zwei Minuten früher auf und jeweils zwei Minuten später unter. (In Wirklichkeit sind es nicht genau zwei Minuten, für die Rechnung wurde gerundet.)

a) Berechne die Zeitdauer zwischen Sonnenaufgang und Sonnenuntergang am 30. Januar.

b) An welchem Tag geht die Sonne um genau 7.00 Uhr auf?

c) Um wie viel Uhr geht die Sonne am 25. Februar unter?

d) An welchem Tag steht die Sonne etwa 12 Stunden am Himmel?

TEST 5 Textaufgaben mit Größen

1 Energiekosten sind hoch. Dies gilt für Dieselkraftstoff, für Benzin, für Gas und auch für Strom. Die Strommenge wird in kWh (Abkürzung für Kilowattstunden, 1000 Watt pro Stunde) gemessen. Eine kWh kostet 20 Cent, der jährliche Grundpreis für die Zählermiete beträgt 24 €.
Berechne die Kosten für die einzelnen Posten jeweils für den ganzen Monat.

a) Im Monat Mai verbraucht die Familie Müller für elektrisches Licht 13 kWh.
b) Die Waschmaschine hat 2000 W (= 2 kW) und läuft bei einer Wäsche 1 h 30 min. Es wurde im Mai 12-mal gewaschen.
c) Die Geschirrspülmaschine läuft einmal täglich und benötigt jeweils 1 kWh.
d) Für Haartrockner, Rasierapparat, Kühlschrank und alle anderen elektrischen Kleingeräte werden insgesamt pro Monat 27 kWh benötigt.
e) Wie viel muss Familie Müller im Monat Mai für den Strom bezahlen?

2 Bezahlen müssen wir auch für das Wasser, das Abwasser und die Entsorgung unseres Mülls. Die Wassermenge wird in m^3 (Kubikmeter) gemessen.
Die Gemeinde berechnet als Grundgebühr für die Wasserversorgung jährlich 30 €. Für jeden verbrauchten Kubikmeter Frischwasser werden 1,50 € berechnet. Gleichzeitig wird angenommen, dass auch die gleiche Menge Abwasser entsteht. Dafür werden dann weitere 2,25 € pro m^3 berechnet.
Die Kosten für die Müllabfuhr betragen pro Person und pro Halbjahr 37 €.
Familie Reuter besteht aus fünf Personen und hat im Jahre 2006 genau 124 m^3 Frischwasser verbraucht. Wieviel zahlt sie für Wasser, Abwasser und Müll im Jahr 2006? Wie viel ist dies ungefähr pro Monat und pro Tag?

3 Wenn eine Glühbirne mit 100 Watt (W) 10 Stunden lang brennt, so ist dies dasselbe wie 1000 W in einer Stunde oder genau 1 kWh, die 20 Cent kostet.

a) Wie lange brennt eine 50-Watt-Birne für 1 €?
b) Im Treppenhaus sind vier Glühbirnen zu je 100 Watt installiert.
Wie hoch sind die Stromkosten im Monat April, wenn das Licht täglich zwei Stunden brennt?

Lösungen zu Test 1

1

Division	Addition	Multiplikation	Subtraktion
Quotient	Summe	Produkt	Differenz

2

Zahl 1	12	12	12	12	337	234	625	1	2700	$(10\,000)_2$
Rechenart	:	·	+	–	–	·	:	· oder :	:	:
Zahl 2	3	3	3	3	103	3	25	1	30	$(100)_2$
Ergebnis	4	36	15	9	234	702	25	1	90	$(1001)_2$

3

Rechenausdruck	28 : 14 = 2	345 – 17 = 328	13 · 14 = 182	979 + 349 = 1328
... das Ergebnis?	Quotient	Differenz	Produkt	Summe
... die erste Zahl?	Dividend	Minuend	1. Faktor	1. Summand
... die Rechenart?	Division	Subtraktion	Multiplikation	Addition
... die zweite Zahl?	Divisor	Subtrahend	2. Faktor	2. Summand

4

	7 · 4	17 – 9	128 : 2	51 : 3	37 · 3	96 – 69	999 + 9	93 : 7
=	28	8	64	17	111	27	1008	13 Rest 2

5

	4 · 7	37 – 29	128 : 4	51 : 17	3 · 37	103 – 69	99 + 99	84 : 9
=	28	8	32	3	111	34	198	9 Rest 3

6

Ausgangszahl	100	18	234	222	1398	1	12	289
nach 1. Schritt	4	162	178	182	616	44	156	17
nach 2. Schritt	12	27	89	26	308	308	779	45
nach 3. Schritt	3	8	323	42	1848	28	434	15
Ergebnis	24	107	1292	378	2160	1	31	75

7

Ausgangszahl	2401	18	234	222	398	1	124	4000
Rechenschritt	: 7	· 3	– 26	+ 13	+ 45	· 46	· 5	: 4
1. Schritt	343	54	208	235	443	46	620	1000
2. Schritt	49	162	182	148	488	2116	3100	250
Ergebnis	7	486	156	261	533	97 336	15 500	62 R. 2

8

Rechnung	7 · 9	117 – 99	228 : 6	13 + 45	52 : 13	37 · 13	96 + 69	990 : 11	93 + 18
Ergebnis	63	18	38	58	4	481	165	90	111

9

Aufgabe	123 : 5	254 : 7	99 : 8	72 : 35	35 : 72	39 : 4	96 : 9	234 : 2	234 : 1
enthalten	24	36	12	2	0	9	10	117	234

Lösungen zu Test 2

1

$$\begin{array}{r} 7865 \\ +\,2419 \\ {\scriptstyle 1\,1\;\;1} \\ \hline 10284 \end{array} \qquad \begin{array}{r} 72109 \\ +\quad 99 \\ +\;\;332 \\ {\scriptstyle 1\,2\;} \\ \hline 72540 \end{array} \qquad \begin{array}{r} 6678411 \\ +\quad 88009 \\ +\qquad 243 \\ +\qquad\; 56 \\ +\qquad\;\; 7 \\ {\scriptstyle 1\,1\;\;1\,2\;} \\ \hline 6766726 \end{array} \qquad \begin{array}{r} 600007 \\ +\,2377089 \\ +\quad 45600 \\ +\;\;735045 \\ {\scriptstyle 1\,1\,1\;\;1\,2\;} \\ \hline 3757741 \end{array} \qquad \begin{array}{r} (101010)_2 \\ +\;(11001)_2 \\ \hline (1000011)_2 \end{array}$$

oder: $42 + 25 = 67$

2

$$\begin{array}{r} 7865 \\ -\,2419 \\ {\scriptstyle 1\;} \\ \hline 5446 \end{array} \qquad \begin{array}{r} 72109 \\ -\quad 99 \\ {\scriptstyle 1\;} \\ \hline 72010 \end{array} \qquad \begin{array}{r} 6678411 \\ -\quad 8009 \\ {\scriptstyle 1\;} \\ \hline 6670402 \end{array} \qquad \begin{array}{r} 600007 \\ -\,377089 \\ {\scriptstyle 1\,1\,1\,1\,1\;} \\ \hline 222918 \end{array} \qquad \begin{array}{r} (101010)_2 \\ -(11001)_2 \\ \hline (10001)_2 \end{array}$$

3

$$\begin{array}{r} 673201 \cdot 9 \\ \hline 6058809 \end{array} \qquad \begin{array}{r} 3421 \cdot 67 \\ \hline 205260 \\ +\;\;23947 \\ \hline 229207 \end{array} \qquad \begin{array}{r} 9738 \cdot 13 \\ \hline 97380 \\ +\;\;29214 \\ \hline 126594 \end{array} \qquad \begin{array}{r} 15 \cdot 9738 \\ \hline 135000 \\ 10500 \\ 450 \\ 120 \\ \hline 146070 \end{array}$$

4

$$\begin{array}{l} 673201 : 9 = 74800 \text{ Rest } 1 \\ -63 \\ \;\;\;43 \\ \;\;-36 \\ \;\;\;\;\;72 \\ \;\;\;\;-72 \\ \;\;\;\;\;\;\;00 \\ \;\;\;\;\;\;-00 \\ \;\;\;\;\;\;\;\;\;01 \\ \;\;\;\;\;\;\;\;-00 \\ \;\;\;\;\;\;\;\;\;\;\;1 \end{array} \qquad \begin{array}{l} 9738 : 13 = 749 \text{ Rest } 1 \\ -91 \\ \;\;\;63 \\ \;\;-52 \\ \;\;\;118 \\ \;-117 \\ \;\;\;\;\;\;\;1 \end{array}$$

Die vier Grundrechenarten bilden die Grundlage der gesamten Schulmathematik und sind auch im Alltag unentbehrlich. Rechne alle Aufgaben, bis du sie wirklich beherrschst!

Lösungen zu Test 3

1 a) 17 kg b) 416 m c) 15 h d) 57 d e) 245 dm f) 371 mg

2 a) 200 cm – 35 cm = 165 cm b) 4 · 130 g + 2000 g = 2520 g

c) 190 min : 10 = 19 min d) 2000 kg – 500 kg = 1500 kg

e) 12 · 33 mm = 396 mm (keine Umstellung notwendig)

f) 5 kg + 2 m Aufgabe nicht lösbar, man kann zu einem Gewicht keine Länge addieren!

3 a) 40 cm + 60 cm + 2 cm = 102 cm = 1 m 2 cm

b) 33 000 m – 2900 m = 30 100 m

c) 7 dm + 3 dm + 4 dm = 14 dm

d) 4 · 56 min – 1 h = 224 min – 60 min = 164 min

e) 10 h + 350 min = 600 min + 350 min = 950 min = 15 h 50 min

f) 12 000 g + 20 000 g = 32 000 g = 32 kg

4 a) 1 001 000 g – 4600 g + 80 000 g + 44 000 g – 3200 g = 1 117 200 g
= 1 t 117 kg 200 g

b) 151 200 s + 601 800 s – 8658 s = 744 342 s = 206 h 45 min 42 s

c) 13 000 kg + 4140 kg + 43 kg = 17 183 kg = 17 t 183 kg

d) Nicht möglich, es handelt sich um verschiedene Größen, die nicht zusammengefasst werden können.

5

Größe	37 m	12 mm	900 g	32 min	17 h	444 kg	33 dm
nächstgrößere	0,037 km	1,2 cm	0,9 kg			0,444 t	0,33 m
nächste ganzzahlige	1 km 1000 m	2 cm	1 kg	1 h	1 d	1 t	4 m
Differenz	963 m	8 mm	100 g	28 min	7 h	556 kg	7 dm

Vorsicht beim Begriff „ganzzahlige Einheit“, das ist nämlich nicht immer „1“! Hast du denn die Größen zuerst auf dieselbe Einheit gebracht? Dann wird es nämlich klar: 12 mm = 1,2 cm, nächste ganzzahlige Einheit: 2 cm!

Lösungen zu Test 4

1 a) Für 40 € kann Daniel 20 Einzelkarten oder 5 Zehnerkarten (50 Eintritte) kaufen. Damit lohnt sich die Saisonkarte erst ab dem 51. Gang ins Freibad.

b) Wenn Daniel 4-mal ins Freibad geht, zahlt er beim Einzeleintritt $4 \cdot 2\,€ = 8\,€$, soviel kostet eine Zehnerkarte. Einzelkarten sind also nur dann am günstigsten, wenn er höchstens 3-mal ins Freibad geht.

2 a) Rechne die Gewichte in kg um (1 t = 1000 kg) und addiere sie. Dies ergibt laut Nebenrechnung (1) 1825 kg. Subtrahiert man diesen Wert von 3 t = 3000 kg ab, erhält man 3000 kg – 1825 kg = 1175 kg, die Jan noch zuladen könnte.

b) Pkw und Hänger zusammen wiegen (2) 2328 kg, Jan darf also noch 3000 kg – 2325 kg = 675 kg gesamt auf den Hänger und in den Pkw zuladen.

(1)
```
  1500 kg
+   40 kg
+   95 kg
+   70 kg
+  120 kg
---------
  1825 kg
```

(2)
```
  1825 kg
+  500 kg
---------
  2325 kg
```

3 a) Rechne alle Größen in dieselbe Einheit um. Multipliziere bei den Heften und den Büchern jeweils mit der Anzahl und addiere dann die Gewichte. Die volle Schultasche wiegt 5754 g.

```
             1800 g
 7·56 g =  +  392 g
3·610 g =  + 1830 g
           +  330 g
           + 1200 g
           +  202 g
           --------
             5754 g
```

b) Ein Drittel des Gewichts der vollen Schultasche ist 5754 g : 3 = 1918 g; die leere Tasche wiegt 1800 g; 1918 > 1800. Die leere Tasche wiegt weniger als ein Drittel des gesamten Gewichts.

4 a) Von 7.52 Uhr bis 15.52 Uhr sind es 8 h, und von 15.52 Uhr bis 16.49 Uhr sind es 57 min. Die gesuchte Zeitdauer ist 8 h 57 min = 537 min.

b) Zeitunterschied: 52 min; Unterschied pro Tag: 2 min; Die Sonne geht 52 : 2 = 26 Tage nach dem 30. Januar, also am 25. Februar um 7.00 Uhr auf.

c) Am 25. Februar geht die Sonne 52 min später unter als am 30. Januar, also um 16.49 Uhr + 52 min = 17. 41 Uhr.

d) Zwischen Sonnenauf- und -untergang liegen am 30. Januar 537 min. 12 h = 720 min; an diesem Datum fehlen zu 12 h: 720 – 537 = 183 min. Täglicher Unterschied: 4 min, 183 : 4 = 45 Rest 3. Nach 45 Tagen liegen knapp 12 Stunden, nach 46 Tagen etwas mehr als 12 Stunden zwischen Sonnenaufgang und Sonnenuntergang. Am 16. und 17. März (ohne Schaltjahr) steht die Sonne ca. 12 Stunden am Himmel.

Lösungen zu Test 5

1 a) Die Verbrauchskosten für 13 kWh sind $13 \cdot 20$ Cent = 260 Cent = 2,60 €.

b) 2 kW in 1 h 30 min bedeutet $2\,\text{kW} \cdot 1{,}5\,\text{h} = 3\,\text{kWh}$, damit pro Waschgang $3 \cdot 20$ Cent = 60 Cent, bei 12 Wäschen also $12 \cdot 60$ Cent = 720 Cent = 7,20 €.

c) Der Mai hat 31 Tage, also $31 \cdot 20$ Cent = 620 Cent = 6,20 €.

d) 27 kWh kosten $27 \cdot 20$ Cent = 540 Cent = 5,40 €.

e) Die monatlichen Kosten ergeben sich aus der Addition der Einzelbeträge plus dem 12. Teil der Jahresmiete für den Zähler.
In Cent gerechnet ergibt sich:
(260 + 720 + 620 + 540 + 200) Cent = 2340 Cent = 23,40 €.
Die Kosten im Mai betragen 23,40 €.

2

124 m^3 Frischwasserkosten	$124 \cdot 150$ Cent =	18 600 Cent = 186 €
124 m^3 Abwassergebühr	$124 \cdot 225$ Cent =	27 900 Cent = 279 €
Grundgebühr		30 €
Müllgebühr: 5 Personen, 2 Halbjahre:	$5 \cdot 2 \cdot 37$ € =	370 €
Summe		865 €

Familie Reuter zahlt 865 € pro Jahr, das sind monatlich ca. 72,08 € und täglich ca. 2,37 €.

3 a) 1 kWh kostet 20 Cent, dafür brennt die Glühbirne 1000 Wh : 50 W = 20 h.
1 € = 100 Cent; 100 Cent : 20 $\frac{\text{Cent}}{\text{kWh}}$ = 5 kWh = 5000 W
5000 W : 50 $\frac{\text{W}}{\text{h}}$ = 100 h
Die 50 W Lampe brennt für einen Euro 100 Stunden.

b) Die Brenndauer ist an 30 Tagen: $30 \cdot 2$ h = 60 Stunden
Bei 400 W und 60 h ergeben sich $400 \cdot 60$ Wh = 24 000 Wh = 24 kWh, also Kosten in Höhe von $24 \cdot 12$ Cent = 288 Cent = 2 € 88 Cent.

3 Grundrechenarten verbinden

WISSEN

1 Rechengesetze

Assoziativgesetz: Bei einer Summe mit mehr als zwei Summanden und bei einem Produkt aus mehr als zwei Faktoren kommt es bei der Berechnung nicht auf die Reihenfolge an. Für die Buchstaben (Variablen) kannst du beliebige Zahlen einsetzen: $a + (b + c) = (a + b) + c$ und $a \cdot (b \cdot c) = (a \cdot b) \cdot c$

Distributivgesetz: Das Distributivgesetz gibt an, wie eine Summe oder eine Differenz mit einer Zahl zu multiplizieren ist:

$a \cdot (b + c) = a \cdot b + a \cdot c$ und $a \cdot (b - c) = a \cdot b - a \cdot c$,

damit gilt natürlich auch $a \cdot (b + c - d + f) = a \cdot b + a \cdot c - a \cdot d + a \cdot f$.

In Worten: Wird eine Klammer mit einer Zahl multipliziert, muss jedes Glied in der Klammer mit dieser Zahl multipliziert werden.

Kommutativgesetz: Das Kommutativgesetz sagt aus, dass sich eine Summe nicht ändert, wenn man die Summanden vertauscht, und dass sich ein Produkt nicht ändert, wenn man die Faktoren vertauscht.

$a + b = b + a$ und $a \cdot b = b \cdot a$

2 Rechnen mit Klammern

Ausklammern: Verwendet man das Distributivgesetz wie im unteren Beispiel, so spricht man von Ausklammern. Ein *gemeinsamer Faktor*, der in allen Gliedern einer Summe oder einer Differenz enthalten ist, kann ausgeklammert werden.

$a \cdot b + a \cdot c - a \cdot d + a \cdot f = a \cdot (b + c - d + f)$

Ausmultiplizieren: Zwei Klammern werden miteinander multipliziert, indem *jedes* Glied der ersten Klammer mit *jedem* Glied der zweiten Klammer multipliziert wird. $(a + b) \cdot (c + d) = a \cdot c + a \cdot d + b \cdot c + b \cdot d$

Klammern allgemein: Natürlich wird man unnötige Klammersetzungen vermeiden. Wenn die Reihenfolge der Rechenschritte entsprechend der Regeln (→ Seite 34, Nr. 4) klar sind, muss keine Klammer gesetzt werden. Trotzdem ist es immer besser, eine Klammer zuviel als eine zu wenig zu haben.

Jede Klammer, die geöffnet wird, muss auch wieder geschlossen werden!
Tipp: Zähle die öffnenden und die schließenden Klammerzeichen, also die Zeichen „(" und „)" – es müssen immer gleich viele sein!

3 Rechnen mit Potenzen

So wie die Addition gleicher Zahlen über die Multiplikation kürzer geschrieben werden kann ($4+4+4+4+4+4+4 = 7 \cdot 4$) kann auch die Multiplikation mit gleichen Faktoren kürzer geschrieben werden: $a \cdot a \cdot a \cdot a \cdot a \cdot a \cdot a \cdot a = a^8$.
Die Anzahl der gleichen Faktoren wird als Hochzahl geschrieben.
Beispiel: $2^4 = 2 \cdot 2 \cdot 2 \cdot 2 = 16$; $5^3 = 5 \cdot 5 \cdot 5 = 125$; $3^3 = 3 \cdot 3 \cdot 3 = 27$; $cm^3 = cm \cdot cm \cdot cm$

4 Die Reihenfolge der Berechnungen

Bei umfangreichen Rechenaufträgen ist es sehr wichtig, dass man sich an die folgenden **Rechenregeln** hält:

- Rechnungen in Klammern werden immer zuerst ausgeführt.
- Bei mehreren Klammern berechnet man zuerst die innerste Klammer, dann die „nächstinnere" usw.
- Potenzrechnungen werden vor Punktrechnungen ausgeführt.
- Die Punktrechnung (· und :) kommt vor der Strichrechnung (+ und –).
- Es wird von links nach rechts gerechnet.

Reihenfolge:
1. Klammer zuerst
2. Innere Klammer vor äußerer Klammer
3. Potenz vor Punkt
4. Punkt vor Strich
5. Von links nach rechts

Mach dir diese Reihenfolge anhand des folgenden Beispiels noch einmal klar. Versuche, dabei jeden Schritt zu verstehen. Der nach den Regeln jeweils richtige, nächste Schritt ist blau hinterlegt, das Ergebnis daraus in der folgenden Zeile blau gedruckt. Rechts siehst du die entsprechende Regel.

$600 - 4 \cdot (2 \cdot (80 - 3 \cdot (2 + 2 \cdot 3)) + 2)$	innerste Klammer suchen
$= 600 - 4 \cdot (2 \cdot (80 - 3 \cdot (4 + 2 \cdot 3)) + 2)$	Punktrechnung in innerster Klammer
$= 600 - 4 \cdot (2 \cdot (80 - 3 \cdot (4 + 6)) + 2)$	innerste Klammer
$= 600 - 4 \cdot (2 \cdot (80 - 3 \cdot 10) + 2)$	Punktrechnung in innerster Klammer
$= 600 - 4 \cdot (2 \cdot (80 - 30)) + 2)$	innerste Klammer
$= 600 - 4 \cdot (2 \cdot 50 + 2)$	Punktrechnung in Klammer
$= 600 - 4 \cdot (100 + 2)$	Klammer
$= 600 - 4 \cdot 102$	Punktrechnung
$= 600 - 408$	
$= 192$	

Schreibe alle Umformungen immer sauber untereinander, sonst verlierst du schnell den Überblick!

TEST 1 „Klammer zuerst“ vor „Punkt vor Strich“

Berechne die Aufgaben und beachte dabei die Rechenregeln. Wenn du dir nicht sicher bist, schreibe die Aufgaben sauber untereinander ins Heft oder drucke den Test von der CD aus.

1 a) $3 + 5 \cdot 4 - 6 =$ b) $26 - 50 : 2 + 3 =$

c) $33 - 10 : 2 + 5 =$ d) $5 \cdot 4 + 2 - 10 =$

2 a) $4 \cdot (10 + 3) - 2 =$ b) $40 - 2 \cdot (3 + 7) - 1 =$

c) $200 : (10 - 5) + 6 =$ d) $44 - 4 \cdot (6 - 2) =$

3 a) $3 \cdot ((40 : 2) \cdot (5 - 3) + 1) =$ b) $2 \cdot (44 : (23 - 3 \cdot 4) - 3) =$

4 a) $100 - 40 - 16 - 5 - 1 =$ b) $100 - (40 - 16 - 5 - 1) =$

c) $100 - (40 - 16) - 5 - 1 =$ d) $100 - 40 - ((16 - 5) - 1) =$

e) $(100 - 40) - (16 - 5) - 1 =$ f) $100 - (40 - 16 - (5 - 1)) =$

g) $100 - (40 - (16 - 5) - 1) =$ h) $100 - (40 - (16 - (5 - 1))) =$

5 a) $3 + 4 \cdot 2 =$

b) $2 + (4 - 3) \cdot 8 =$

c) $(6 - 3) + 3 \cdot 6 =$

d) $3 \cdot ((6 - 4) + 5) =$

e) $40 + 3 \cdot (20 + 2(10 - 5) + 3) + 10 =$

f) $300 - 600 : (10 + 4\,(20 - 10) + 10) =$

g) $36 : (6 : 3) =$

h) $(36 : 6) : 3 =$

i) $36 : 6 : 3 =$

j) $44 - 20 - 10 =$

TEST 2 Rechnen mit Klammern

1 Setze die Klammern so, dass das Ergebnis stimmt.

a) $3 \cdot 20 - 10 + 1 = 31$

b) $3 \cdot 20 - 10 + 1 = 49$

c) $3 \cdot 20 - 10 + 1 = 33$

d) $9 \cdot 6 - 4 \cdot 2 + 3 \cdot 3 = 21$

e) $9 \cdot 6 - 4 \cdot 2 + 3 \cdot 3 = 45$

f) $9 \cdot 6 - 4 \cdot 2 + 3 \cdot 3 = 10$

g) $9 \cdot 6 - 4 \cdot 2 + 3 \cdot 3 = 109$

h) $9 \cdot 6 + 4 \cdot 2 + 3 \cdot 3 = 114$

i) $9 \cdot 6 + 4 \cdot 2 + 3 \cdot 3 = 459$

j) $9 \cdot 6 + 4 \cdot 2 + 3 \cdot 3 = 207$

2 Setze ein Klammerpaar so, dass das Ergebnis möglichst klein wird.
Gib das Ergebnis an.

a) $24 - 10 + 3 \cdot 2 =$

b) $1000 : 20 : 10 =$

c) $33 + 24 : 3 - 2 =$

d) $20\,000 : 50 - 10 \cdot 10 =$

3 Löse im Heft.

a) $(45 : (2 + 7) - 3 + (50 - 6 \cdot 3)) \cdot 2$

b) $3 \cdot (4 \cdot (5 \cdot (6 + 21 : 7) + 1) + 2)$

4 Eine Zahl wird um 1 erhöht, dann das Ergebnis verdoppelt.
Dieses Ergebnis wird um 2 erhöht und dann verdreifacht.
Danach wird das Ergebnis um 3 erhöht und vervierfacht.
Schreibe den Term auf (setze dabei für jeden der Rechenschritte Klammern) und gib das Ergebnis an, wenn man

a) mit der Zahl 1 startet.

b) mit der Zahl 5 startet.

c) mit der Zahl 10 startet.

d) anstelle von Zahlen den Platzhalter z einsetzt?

(setze dabei für jeden der Rechenschritte Klammern)

TEST 3 Textaufgaben

1 Die Halbwertszeit ist die Zeit, in der genau die Hälfte einer radioaktiven Substanz zerfällt. Ein Uranisotop hat die Halbwertszeit von 2 Stunden.
Wie viel des Uranisotops der Masse 1 kg 200 g ist nach 6 Stunden noch vorhanden? Versuche, eine allgemeine Formel zu finden, bevor du mit den Zahlen rechnest.

2 Welche Zahl ergibt 15, wenn man sie zunächst um 3 vermindert, das Ergebnis verdoppelt, zu diesem Ergebnis 5 addiert und diese Summe durch 3 dividiert?

3 Auf Svens Konto tut sich viel. Nachdem Sven zunächst 100 € abgehoben hat, hat er den Kontostand durch eine Einzahlung verdoppelt. Danach zahlte er noch 200 € ein, um auf 1000 € zu kommen.
Wie hoch war wohl der alte Kontostand?

4 Die Stadt will vier Grundstücke verkaufen. Eigentlich wollte der Stadtkämmerer bei allen Grundstücken denselben Quadratmeterpreis erzielen. Aber im Laufe der Zeit musste er die Preise doch ändern, da nicht jedes der Grundstücke gleich begehrt war.
Beim Grundstück A (6000 m^2 groß) konnte der Preis gehalten werden.
Beim 5000 m^2 großen Grundstück B wurde der Quadratmeter um 10 € billiger verkauft.
C war als Grundstück wegen der kleinen Größe von 4500 m^2 sehr begehrt, für den Quadratmeter konnten 8 € mehr eingenommen werden, während beim Grundstück D bei 8000 m^2 zwar der Preis für den Quadratmeter gehalten werden konnte, der Käufer aber einen Nachlass von 2000 € auf den Gesamtpreis erhielt.
Für alle vier Grundstücke nahm der Stadtkämmerer 2 216 500 € ein.
Wie hoch war sein ursprünglich vorgesehener Quadratmeterpreis?

Lösungen zu Test 1

1

a)	b)	c)	d)
$3 + 5 \cdot 4 - 6$	$26 - 50 : 2 + 3$	$33 - 10 : 2 + 5$	$5 \cdot 4 + 2 - 10$
$= 3 + 20 - 6$	$= 26 - 25 + 3$	$= 33 - 5 + 5$	$= 20 + 2 - 10$
$= 17$	$= 4$	$= 33$	$= 12$

2

a)	b)	c)	d)
$4 \cdot (10 + 3) - 2$	$40 - 2 \cdot (3 + 7) - 1$	$200 : 5 + 6$	$44 - 4 \cdot (6 - 2)$
$= 4 \cdot 13 - 2$	$= 40 - 2 \cdot 10 - 1$	$= 40 + 6$	$= 44 - 16$
$= 50$	$= 19$	$= 46$	$= 28$

Aus Platzgründen schreiben wir hier die Lösungen nicht mehr untereinander, du solltest das aber auf jeden Fall tun – vor allem, wenn du einen Fehler gemacht hast! Kürze erst ab, wenn du dir ganz sicher bist.

3
a) $3 \cdot (40 : 2 \cdot (5 - 3) + 1) = 3 \cdot (20 \cdot 2 + 1) = 123$
b) $2 \cdot (44 : (23 - 3 \cdot 4) - 3) = 2 \cdot (44 : 11 - 3) = 2 \cdot 1 = 2$
c) $((120 - 5 \cdot (2 + 3)) : 5) \cdot 20 = ((120 - 25) : 5) \cdot 20 = 19 \cdot 20 = 380$
d) $6 - (5 - (3 - 1)) = 6 - (5 - 2) = 6 - 3 = 3$

4
a) $100 - 40 - 16 - 5 - 1 = 38$
b) $100 - (40 - 16 - 5 - 1) = 100 - 18 = 82$
c) $100 - (40 - 16) - 5 - 1 = 100 - 24 - 5 - 1 = 70$
d) $100 - 40 - ((16 - 5) - 1) = 100 - 40 - (11 - 1) = 100 - 40 - 10 = 50$
e) $(100 - 40) - (16 - 5) - 1 = 60 - 11 - 1 = 48$
f) $100 - (40 - 16 - (5 - 1)) = 100 - (40 - 16 - 4) = 100 - 20 = 80$
g) $100 - (40 - (16 - 5) - 1) = 100 - (40 - 11 - 1) = 100 - 28 = 72$
h) $100 - (40 - (16 - (5 - 1))) = 100 - (40 - (16 - 4)) = 100 - (40 - 12) = 100 - 28 = 72$

5
a) $3 + 4 \cdot 2 = 11$
b) $2 + (4 - 3) \cdot 8 = 10$
c) $(6 - 3) + 3 \cdot 6 = 21$
d) $3 \cdot ((6 - 4) + 5) = 21$
e) $40 + 3 \cdot (20 + 2(10 - 5) + 3) + 10 = 149$
f) $300 - 600 : 10 + (4 \cdot (20 - 10) + 10) = 290$
g) $36 : (6 : 3) = 18$
h) $(36 : 6) : 3 = 2$
i) $36 : 6 : 3 = 2$
j) $44 - 20 - 10 = 14$

Lösungen zu Test 2

1

a) $3 \cdot (20 - 10) + 1 = 31$

b) $3 \cdot 20 - (10 + 1) = 49$

c) $3 \cdot (20 - 10 + 1) = 33$

d) $9 \cdot 6 - (4 \cdot 2 + 3) \cdot 3 = 21$

e) $9 \cdot (6 - 4) \cdot 2 + 3 \cdot 3 = 45$

f) $9 \cdot 6 - 4 \cdot (2 + 3 \cdot 3) = 10$

g) $(9 \cdot 6 - 4) \cdot 2 + 3 \cdot 3 = 109$

h) $9 \cdot 6 + 4 \cdot (2 + 3) \cdot 3 = 114$

i) $9 \cdot (6 + 4 \cdot 2 + 3) \cdot 3 = 459$

j) $9 \cdot (6 + 4 \cdot 2 + 3 \cdot 3) = 207$

2

a) $24 - (10 + 3 \cdot 2) = 24 - 16 = 8$

b) $(1000 : 20) : 10 = 50 : 10 = 5$

c) $(33 + 24) : 3 - 2 = 19 - 2 = 17$

d) $20\,000 : 50 - 10 \cdot 10 = 400 - 100 = 300$

3

a) $(45 : (2 + 7) - 3 + (50 - 6 \cdot 3)) \cdot 2$

$= (45 : 9 - 3 + (50 - 18)) \cdot 2$

$= (5 - 3 + 32) \cdot 2$

$= 34 \cdot 2$

$= 68$

b) $3 \cdot (4 \cdot (5 \cdot (6 + 21 : 7) + 1) + 2)$

$= 3 \cdot (4 \cdot (5 \cdot (6 + 3) + 1) + 2)$

$= 3 \cdot (4 \cdot (5 \cdot 9 + 1) + 2)$

$= 3 \cdot (4 \cdot 46 + 2)$

$= 3 \cdot (184 + 2)$

$= 3 \cdot 186$

$= 558$

4

a) Für Anfangszahl 1:

$(((((1 + 1) \cdot 2) + 2) \cdot 3) + 3) \cdot 4$

$= ((((2 \cdot 2) + 2) \cdot 3) + 3) \cdot 4$

$= (((4 + 2) \cdot 3) + 3) \cdot 4$

$= (6 \cdot 3 + 3) \cdot 4$

$= (18 + 3) \cdot 4$

$= 21 \cdot 4$

$= 84$

b) Für Anfangszahl 5:

$(((((5 + 1) \cdot 2) + 2) \cdot 3) + 3) \cdot 4$

$= ((((6 \cdot 2) + 2) \cdot 3) + 3) \cdot 4$

$= (((12+2) \cdot 3) +3) \cdot 4$

$- (14 \cdot 3 + 3) \cdot 4$

$= (42 + 3) \cdot 4$

$= 45 \cdot 4$

$= 180$

c) Für Anfangszahl 10:

$(((((10 + 1) \cdot 2) + 2) \cdot 3) + 3) \cdot 4$

$= ((((11 \cdot 2) + 2) \cdot 3) + 3) \cdot 4$

$= (((22 + 2) \cdot 3) + 3) \cdot 4$

$= (24 \cdot 3 + 3) \cdot 4$

$= (72 + 3) \cdot 4$

$= 75 \cdot 4$

$= 300$

d) Allgemein mit Platzhalter z:

$(((((z + 1) \cdot 2) + 2) \cdot 3) + 3) \cdot 4$

$= (((2z + 2) + 2) \cdot 3 + 3) \cdot 4$

$= ((2z + 4) \cdot 3 + 3) \cdot 4$

$= (6z + 12 + 3) \cdot 4$

$= (6z + 15) \cdot 4$

$= 24z + 60$

Lösungen zu Test 3

1 Masse am Anfang x

Nach 1. Halbwertszeit $x:2$

Nach 2. Halbwertszeit $(x:2):2$

Nach 3. Halbwertszeit $((x:2):2):2$ usw.

Im Zahlenbeispiel: $(((1200:2):2):2) = 150$.

Nach 6 Stunden sind noch 150 g des Isotops vorhanden.

2 Eine Zahl wird um 3 vermindert. $x - 3$

Das Ergebnis wird verdoppelt: $2 \cdot (x - 3)$

Es werden 5 addiert: $2 \cdot (x - 3) + 5$

Die Summe wird durch 3 geteilt $(2 \cdot (x - 3) + 5):3$

Es ergibt sich die Zahl 15: $(2 \cdot (x - 3) + 5):3 = 15$

$(2 \cdot (x - 3) + 5):3 = 15$

$x = 23$ $\Rightarrow$ 23 ist die gesuchte Zahl.

Achte darauf, wann du Klammern setzen musst und wann nicht!

3 Kontostand am Anfang: x

100 € abgehoben $x - 100$

durch Einzahlung verdoppelt: $2 \cdot (x - 100)$

+ 200 € = 1000 € $2 \cdot (x - 100) + 200 = 1000$

$2 \cdot (x - 100) + 200 = 1000$

$x = 500$ $\Rightarrow$ Der alte Kontostand betrug 500 €.

4 Der gewünschte Quadratmeterpreis ist x.

Grundstücksbezeichnung	A	B	C	D
Kosten pro Quadratmeter	x	$x - 10$	$x + 8$	x
Grundstückspreis	$6000 \cdot x$	$5000 \cdot (x - 10)$	$4500 \cdot (x + 8)$	$8000 \cdot x - 2000$

$$6000x + 5000 \cdot (x - 10) + 4500 \cdot (x + 8) + 8000x - 2000 = 2\,216\,500$$
$$6000x + 5000x - 50\,000 + 4500x + 36\,000 + 8000x - 2000 = 2\,216\,500$$
$$23\,500x - 16\,000 = 2\,216\,500$$
$$23\,500x = 2\,232\,500$$
$$x = 95$$

Der geplante Quadratmeterpreis betrug 95 €.

4 Gleichungen

1 Begriff der Gleichung und Wahrheitswert der Aussage

Unter einem **mathematischen Term** (oder kurz nur Term) versteht man einen Rechenausdruck, der aus Zahlen, Rechenzeichen, Platzhaltern, Maßeinheiten und Klammern besteht. Die folgenden Ausdrücke sind Terme:
$3 - 25 : 7$; $3 \cdot (4 - 25x + 17)$; $2\,m + 3\,cm + 4\,dm + 5\,km$; $4\,h\ 24\,min - 40\,min$

Steht zwischen zwei Termen ein Gleichheitszeichen entsteht eine **Gleichung**.
Eine Gleichung beschreibt eine **wahre** oder eine **falsche** Aussage.
Beispiel 1: $3\,kg\ 500\,g + 200\,g = 3700\,g$.
Diese Gleichung beschreibt eine wahre Aussage.
Beispiel 2: $3\,kg\ 500\,g + 500\,g = 3700\,g$
Diese Gleichung beschreibt eine falsche Aussage.

2 Variable, Lösung, Lösungsmenge

In Termen kann man anstelle von Zahlen auch einen Platzhalter (**Variable**) für die Zahlen einsetzen. Dieser Platzhalter ersetzt dann die Zahl. Als Platzhalter verwendet man üblicherweise Buchstaben vom Ende des Alphabets, meist x, y oder z. Natürlich sind auch andere Zeichen und Symbole erlaubt.
Bei einer Multiplikation von Variable und Zahl lässt man den Malpunkt weg.
Beispiel 3: $3x = 3 \cdot x$; $4k = 4 \cdot k$

Setzt man in einer Gleichung für eine Variable eine Zahl ein, entsteht eine wahre oder falsche Aussage. **Zahlen, die zu einer wahren Aussage führen, heißen Lösungen.**

Beispiel 4: $2x + 5 = 15$
Ersetzt man den Platzhalter x durch die Zahl 5 ($2 \cdot 5 + 5 = 15$), erhält man eine wahre Aussage. 5 ist somit die **Lösung** der Gleichung. Ersetzt man x durch 4, erhält man eine falsche Aussage ($2 \cdot 4 + 5 \neq 15$). 4 ist also *keine* Lösung.

Lösungen von Gleichungen nennt man auch **Lösungsmenge**.
Die Gleichung aus Beispiel 4 hat eine Lösung, die 5; man schreibt $L = \{5\}$.
Die Gleichung $7 + x \cdot x = 8 \cdot x$ hat zwei Lösungen, $L = \{1, 7\}$.
Wenn Gleichungen *keine* Lösung haben, ist die Lösungsmenge eine sogenannte „leere Menge“; man schreibt $L = \{\ \}$.

3 Verändern der Terme einer Gleichung

Man verändert die Lösungsmenge einer Gleichung nicht, wenn man bei beiden Termen (also auf beiden Seiten der Gleichung) dieselben Rechenoperationen durchführt. Man kann also auf beiden Seiten der Gleichung eine Zahl bzw. einen Term addieren, subtrahieren, multiplizieren oder durch eine Zahl bzw. einen Term dividieren.

Beispiel 5:

$2x + 5 = 15$	hat dieselbe Lösungsmenge wie
$2x = 10$	(auf beide Seiten wurde 5 subtrahiert) oder
$20x + 50 = 150$	(beide Seiten wurden mit 10 multipliziert)

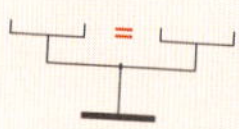

Stelle dir eine Gleichung wie eine Waage vor: Um sie nicht „aus dem Gleichgewicht" zu bringen, musst du immer *auf beiden Seiten* (des „="-Zeichens) dieselbe Rechenoperation ausführen.

4 Lösen von Gleichungen

Eine Gleichung löst man, indem man die Variable auf der linken Seite isoliert.

- Alle Summanden, die die Variable enthalten, werden auf eine Seite, alle Summanden ohne Variablen auf die andere Seite gebracht (mittels der geeigneten Strichrechnung).
- Man fasst beide Seiten zusammen.
- Durch eine geeignete Punktrechnung wird dann die Variable isoliert.

Die ausgeführte Rechenoperation wird stets hinter einen senkrechten Strich neben die Gleichung geschrieben.

Beispiel 6:

$5x - 13 = 14 + 2x$	$\mid -2x$	Wir subtrahieren auf beiden Seiten 2 x, sodass die Variable nur noch links vorkommt.
$5x - 2x - 13 = 14$	$\mid +13$	Wir addieren auf beiden Seiten die Zahl 13, sodass nun links alle Summanden mit Variablen, rechts alle Summanden ohne Variable stehen.
$5x - 2x = 14 + 13$		Auf beiden Seiten wird zusammengefasst.
$3x = 27$	$\mid :3$	Wir dividieren durch den „Vorfaktor" der Variablen,
$x = 27 : 3$		rechnen aus, und erhalten
$\mathbf{x = 9}$		den Wert der Variablen x, also die Lösung der Gleichung.

TEST 1 Terme und Gleichungen

1 Kreuze die mathematischen Terme an.

☐ $3 + 4 - 5$ ☐ es regnet ☐ 2 ist doppelt so groß wie 1

☐ $4 \cdot x = 35$ ☐ $33\,\text{kg} + 2\,\text{g}$ ☐ $3t - 4x$

2 Kreuze „w“ an, falls die Aussage wahr ist, und „f“, falls sie falsch ist.

a) $3\,\text{kg} = 5000\,\text{g} - 2\,\text{kg}$ w☐ f☐ b) $2 \cdot 14 = 25 + 2$ w☐ f☐

c) $217 : 11 = 19$ Rest 8 w☐ f☐ d) $25 = 26$ w☐ f☐

e) $3\,\text{h}\ 2\,\text{min} = 10\,919\,\text{s} + 1\,\text{s}$ w☐ f☐ f) $3 + 2 \cdot 5 = 5 \cdot 2 + 3$ w☐ f☐

3 x ist ein Platzhalter für eine natürliche Zahl. Für welche Werte von x entsteht eine wahre Aussage? Gib die Lösungsmenge an.

a) $2x = 18$; L = { } b) $x - 1 = 3 - x$; L = { }

c) $72 - x = 35$; L = { } d) $x + 123 = 200$; L = { }

e) $5x + 120 = 200$; L = { } f) $34 = 5 + x$; L = { }

g) $121 : x = 11$; L = { } h) $2 + x = x + 2$; L = { }

4 Die Variable x bezeichnet eine natürliche Zahl. Gib die Lösungsmenge an.

a) $3x = 15$; L = { } b) $x - 3 = 9 - x$; L = { }

c) $82 - x = 59$; L = { } d) $x + 199 = 205$; L = { }

e) $7x + 29 = 99$; L = { } f) $94 = 9 + x$; L = { }

g) $255 : x = 17$; L = { } h) $2 + x = x + 3$; L = { }

5 Setze zunächst für x im Kopf die angegebene Zahl ein und wähle danach y so, dass eine wahre Aussage entsteht.

	$y - 3 = 9 - x$	$y - x = 59$	$2x + 200 = 5y$	$7x + 2y = 99$	$9y = 8x$	$255 : x = 6 + 3y$
x	1	15	25	7	18	17
y						

6 Berechne den y-Wert für den vorgegebenen x-Wert so, dass eine wahre Aussage entsteht.

a) $3x = 5y$ $\quad x = 5 \quad \Rightarrow \quad y =$

b) $x - 3 = 9 + y$ $\quad x = 20 \quad \Rightarrow \quad y =$

c) $y - x = 59$ $\quad x = 60 \quad \Rightarrow \quad y =$

d) $x + 9y = 205$ $\quad x = 196 \quad \Rightarrow \quad y =$

e) $7x - 3y = 9$ $\quad x = 21 \quad \Rightarrow \quad y =$

f) $2y = 9 + x$ $\quad x = 3 \quad \Rightarrow \quad y =$

g) $2x + 1 = 3y - 1$ $\quad x = 2 \quad \Rightarrow \quad y =$

7 Gib für jede Ungleichung drei verschiedene Lösungen an.

$3x > 15$	$x - 3 < 19$	$82 - x > 59$	$x + 199 > 205$	$7x + 29 < 99$	$94 > 9 + x$	$255 - 3x < 17$

8 Hier haben sich Fehler in der Lösungsmenge eingeschlichen.
Streiche die falschen Zahlen durch.

a) $3x - 4 = 8$; $L = \{2; 4; 6; 8; 10\}$

b) $2 + x = 3$; $L = \{1; 2; 3; 4; 5\}$

c) $x - 10 = 10 - x$; $L = \{5; 10; 20; 50; 100\}$

d) $3x - 7 = 14$; $L = \{3; 6; 7; 14; 21\}$

e) $3x + 2 = 2 + 3x$; $L = \{2; 4; 5; 6; 7\}$

f) $3x - 2 = 2 - 3x$; $L = \{2; 4; 5; 6; 7\}$

g) $2 + 2 = x + 2$; $L = \{1; 2; 3; 4; 5\}$

h) $2x - 4 = x - 2$; $L = \{2; 4; 6; 8; 10\}$

9 Auch bei diesen Ungleichungen wurde die Lösungsmenge falsch berechnet.

a) $2 + x > 3$; $L = \{1; 2; 3; 4; 5\}$

b) $x - 4 < 5$; $L = \{1; 2; 3; 4; 5\}$

c) $2x + 3 > 4$; $L = \{1; 2; 3; 4; 5\}$

d) $x + 2 > 2x$; $L = \{1; 2; 3; 4; 5\}$

e) $x - 3 < x + 4$; $L = \{10; 11; 12; 13; 14\}$

f) $2x + 1 > x + 2$; $L = \{1; 2; 3; 4; 5\}$

g) $4x - 7 < x + 4$; $L = \{2; 3; 4; 5; 6\}$

h) $3x + 2 > 2x + 3$; $L = \{1; 2; 3; 4; 5\}$

TEST 2 Einfache Gleichungen lösen

1 Für eine einfache Balkenwaage stehen folgende Gewichte zur Verfügung: 1 g, 1 g, 1 g, 5 g, 10 g, 10 g, 10 g, 50 g, 100 g, 100 g, 100 g, 500 g, 1 kg, 1 kg, 1 kg. Gib an, wie du die Gewichte legst, wenn du die folgenden Mengen Zucker abwiegen willst:

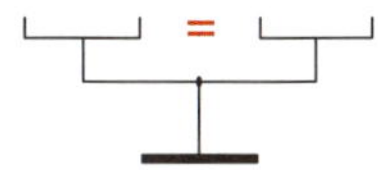

a) 115 g links: 100 g + 10 g + 5 g; rechts: Zucker

b) 2 kg 270 g

c) 940 g

d) 90 g

e) 6 kg

2 Ändere beide Seiten der Gleichung so, dass auf der linken Seite nur noch der Platzhalter x steht. Berechne danach den Platzhalter.

a) $3 + x = 18$ $x = 18 - 3 = 15$ b) $7 \cdot x = 56$ $x = \quad = \quad$

c) $x - 17 = 3$ $x = \quad = \quad$ d) $x : 5 = 3$ $x = \quad = \quad$

e) $18 + x = 99$ $x = \quad = \quad$ f) $16 - x = 1$ $x = \quad = \quad$

3 a) $7 + x = 51$ $x = \quad = \quad$ b) $6 \cdot x = 66$ $x = \quad = \quad$

c) $x - 19 = 9$ $x = \quad = \quad$ d) $x : 7 = 12$ $x = \quad = \quad$

e) $98 + x = 99$ $x = \quad = \quad$ f) $36 - x = 9$ $x = \quad = \quad$

g) $x : 3 = 33$ $x = \quad = \quad$ h) $x : 7 = 7$ $x = \quad = \quad$

4 a) $9 + x = 28$ $x = \quad = \quad$ b) $3 \cdot x = 111$ $x = \quad = \quad$

c) $x - 9 = 39$ $x = \quad = \quad$ d) $x : 7 = 13$ $x = \quad = \quad$

e) $38 + x = 51$ $x = \quad = \quad$ f) $33 - x = 29$ $x = \quad = \quad$

g) $x : 5 = 9$ $x = \quad = \quad$ h) $2x + 4 = 16$ $x = \quad = \quad$

TEST 3 Gleichungen umformen und lösen

Ab jetzt musst du die Gleichungen zweimal umformen. Beginne mit der Strichrechnung („+“ und „–“). Ist auf der linken Gleichungsseite keine Strichrechnung mehr vorhanden, isoliere die Variable x durch eine geeignete Punktrechnung („·“ oder „:“). Denk dran: Da bei einer Gleichung die beiden Seiten gleich sind, kann man sie vertauschen, ohne dadurch die Gleichung zu verändern.

1

Gleichung	$3x + 4 = 25$	$6 + 12x = 3 \cdot 24$	$82 + 7x = 13 \cdot 9$
1. Umformung			
2. Umformung			
Ergebnis			

2

Gleichung	$25 = 3x + 4$	$72 = 6 + 12x$	$22 + 3x = 4 \cdot 7$
1. Umformung			
2. Umformung			
Ergebnis			

3 Bringe zunächst alle Terme mit x-Ausdrücken auf eine Seite der Gleichung und fasse sie zusammen. Löse dann die Gleichung wie in Aufgabe 1 und 2.
Dabei gilt: $5x + 3x = 8x$; $3 \cdot 5x = 15x$; $345x - 253x = 92x$.

Gleichung	$2x - 9 = 18 - x$	$17 + 9x = 41 + 3x$	$4 + 23x = 90 - 20x$

4 Berechne.

Gleichung	$4 + 4x = 21 - 13x$	$4x - 4 \cdot 18 = x + 3$
Gleichung	$2 + 4x - 17 = 12 - 3x + 8$	$5x - 3 = 7 + 5x$

5 Fasse zunächst alle x auf einer Seite der Gleichung zusammen. Tausche dann, falls nötig, die Seiten.

Gleichung	$14 + 2x = 4x + 2$	$6 \cdot 3x + 14 = 20x$

TEST 4 Zahlenrätsel und Textaufgaben

1 Zieht man vom Dreifachen einer Zahl 5 ab, erhält man das Doppelte der Zahl plus 14. Welche Zahl ist gesucht?

2 a) Zieht man vom Dreifachen einer Zahl 2 ab, erhält man das Doppelte der Zahl plus 10. Bestimme über eine Gleichung diese Zahl.

b) Welche Zahl wird um 34 größer, wenn man sie verdreifacht?

c) Erhöht man die Zahl z um 13 und multipliziert man dieses Ergebnis mit 4, so erhält man den 5. Teil der Zahl 640. Wie groß ist z?

3 Beatrice möchte ein Fahrrad kaufen, das für 970 € angeboten wird. Der Händler bietet auch Ratenzahlung an, Beatrice müsste dann allerdings 50 € mehr bezahlen und diesen (höheren) Ratenzahlungspreis in 12 gleich hohen Monatsraten begleichen. Wie hoch ist eine Rate? Stelle eine Gleichung auf.

4 a) Carina ist in 10 Jahren 3-mal so alt wie heute. Wie alt ist Carina heute?

b) Vor 5 Jahren war Daniel erst halb so alt wie er im nächsten Jahr sein wird. Wie alt ist er heute?

c) Vor 3 Jahren war Fabio halb so alt wie er in 3 Jahren sein wird. Wie alt ist er heute?

Lösungen zu Test 1

1 „Es regnet." und „2 ist doppelt so groß wie eins" sind keine Terme.

2 a) w☒ f☐ b) w☐ f☒ c) w☒ f☐ d) w☐ f☒
e) w☒ f☐ f) w☒ f☐

3 a) L = {9} b) L = {2} c) L = {37} d) L = {77}
e) L = {16} f) L = {29} g) L = {11} h)* L = {ℕ}

4 a) L = {5} b) L = {6}
c) L = {23} d) L = {6}
e) L = {10} f) L = {85}
g) L = {15} h)** L = { }

* L = ℕ (bei Aufgabe 3 h) bedeutet, dass alle Zahlen der Menge der natürlichen Zahlen eine wahre Aussage ergeben.

** L = { } (bei Aufgabe 4 h) bedeutet, die Lösungsmenge ist leer; es gibt keine Lösung.

5

y	11	74	50	25	16	3

6 a) y = 3 b) y = 8 c) y = 60 d) y = 1
e) y = 4 f) y = 6 g) y = 2

7 Die drei angegebenen Lösungen sind nur Beispielzahlen aus der größeren Lösungsmenge.

$3x > 15$	$x - 3 < 19$	$82 - x > 59$	$x + 199 > 205$	$7x + 29 < 99$	$94 > 9 + x$	255 − 3x < 1/
6, 7, 8	17, 18, 19	1, 2, 3	7, 8, 9	6, 7, 8	82, 83, 84	82, 83, 84

8 a) $3x - 4 = 8$; L = {~~2~~; 4; ~~6~~; ~~8~~; ~~10~~}
b) $2 + x = 3$; L = {1; ~~2~~; ~~3~~; ~~4~~; ~~5~~}
c) $x - 10 = 10 - x$; L = {~~5~~; 10; ~~20~~; ~~50~~; ~~100~~}
d) $3x - 7 = 14$; L = {~~3~~; ~~6~~; 7; ~~14~~; ~~21~~}
e) $3x + 2 = 2 + 3x$; L = {2; 4; 5; 6; 7}
f) $3x - 2 = 2 - 3x$; L = {~~2~~; ~~4~~; ~~5~~; ~~6~~; ~~7~~}
g) $2 + 2 = x + 2$; L = {~~1~~; 2; ~~3~~; ~~4~~; ~~5~~}
h) $2x - 4 = x - 2$; L = {2; ~~4~~; ~~6~~; ~~8~~; ~~10~~}

9 a) $2 + x > 3$; L = {~~1~~; 2; 3; 4; 5}
b) $x - 4 < 5$; L = {1; 2; 3; 4; 5}
c) $2x + 3 > 4$; L = {1; 2; 3; 4; 5}
d) $x + 2 > 2x$; L = {1; ~~2~~; ~~3~~; ~~4~~; ~~5~~}
e) $x - 3 < x + 4$; L = {10, 11, 12, 13; 14}
f) $2x + 1 > x + 2$; L = {~~1~~; 2; 3; 4; 5}
g) $4x - 7 < x + 4$; L = {2; 3; ~~4~~; ~~5~~; ~~6~~}
h) $3x + 2 > 2x + 3$; L = {~~1~~; 2; 3; 4; 5}

Lösungen zu Test 2

1 a) links: 100 g, 10 g, 5 g; rechts: Zucker

b) links: 1 kg, 1 kg, 100 g, 100 g, 50 g, 10 g, 10 g; rechts: Zucker

c) links: 1 kg; rechts: 50 g, 10 g; Zucker

d) links: 100 g; rechts: 10 g; Zucker

e) links: 1 kg, 1 kg, 1 kg; rechts: Zucker;
und dann diesen Vorgang noch einmal wiederholen,
weil nicht genügend Gewichte zur Verfügung stehen.

2 a) $x = 18 - 3 = 15$ b) $x = 56:7 = 8$
c) $x = 3 + 17 = 20$ d) $x = 3 \cdot 5 = 15$
e) $x = 99 - 18 = 81$ f) $x = 16 - 1 = 15$

3 a) $x = 51 - 7 = 44$ b) $x = 66 : 6 = 11$
c) $x = 9 + 19 = 28$ d) $x = 12 \cdot 7 = 84$
e) $x = 99 - 98 = 1$ f) $x = 36 - 9 = 27$
g) $x = 33 \cdot 3 = 99$ h) $x = 7 \cdot 7 = 49$

4 a) $x = 28 - 9 = 19$ b) $x = 111 : 3 = 37$
c) $x = 39 + 9 = 48$ d) $x = 13 \cdot 7 = 91$
e) $x = 51 - 38 = 13$ f) $x = 33 - 29 = 4$
g) $x = 9 \cdot 5 = 45$ h) $x = (16 - 4) : 2 = 6$

Lösungen zu Test 3

1

Gleichung	$3x + 4 = 25$	$6 + 12x = 3 \cdot 24$	$82 + 7x = 13 \cdot 9$
1. Umformung	$3x = 25 - 4$	$12x = 72 - 6$	$7x = 117 - 82$
2. Umformung	$x = 21 : 3$	$x = 66 : 6$	$x = 35 : 7$
Ergebnis	$x = 7$	$x = 11$	$x = 5$

2

Gleichung	$25 = 3x + 4$	$72 = 6 + 12x$	$22 + 3x = 4 \cdot 7$
1. Umformung	$3x = 25 - 4$	$12x = 72 - 6$	$3x = 28 - 22$
2. Umformung	$x = 21 : 3$	$x = 66 : 6$	$x = 6 : 3$
Ergebnis	$x = 7$	$x = 11$	$x = 2$

3

Gleichung	$2x - 9 = 18 - x$	$17 + 9x = 41 + 3x$	$4 + 23x = 90 - 20x$
x auf eine Seite	$3x - 9 = 18$	$17 + 6x = 41$	$4 + 43x = 90$
1. Umformung	$3x = 18 + 9$	$6x = 41 - 17$	$43x = 90 - 4$
2. Umformung	$x = 27 : 3$	$x = 24 : 6$	$x = 86 : 43$
Ergebnis	$x = 9$	$x = 4$	$x = 2$

4

Gleichung	$4 + 4x = 21 - 13x$	$4x - 4 \cdot 18 = x + 3$	$2 + 4x - 17 = 12 - 3x + 8$	$5x - 3 = 7 + 5x$
x auf eine Seite	$4 + 17x = 21$	$3x - 72 = 3$	$7x - 15 = 20$	$-3 \neq 7$
1. Umformung	$17x = 21 - 4$	$3x = 75$	$7x = 35$	falsche Aussage, daher keine Lösung
2. Umformung	$x = 17 : 17$	$x = 75 : 3$	$x = 35 : 7$	
Ergebnis	$x = 1$	$x = 25$	$x = 5$	

5

Gleichung	$14 + 2x = 4x + 2$	$6 \cdot 3x + 14 = 20x$
x auf eine Seite	$14 = 2x + 2$	$14 = 2x$
evtl. Seitentausch	$2x + 2 = 14$	$2x = 14$
1. Umformung	$2x = 12$	$x = 14 : 2$
2. Umformung	$x = 12 : 2$	
Ergebnis	$x = 6$	$x = 7$

Lösung zu Test 4

1 Nenne die gesuchte Zahl x und wandle die Aussagen im Text in Terme um:

„Zieht man vom Dreifachen einer Zahl 5 ab“: $3x - 5$

„erhält man das Doppelte der Zahl plus 14“: $= 2x + 14$

$3x - 5 = 2x + 14 \quad | -2x$

$x - 5 = 14 \quad | +5$

$x = 19 \quad \Rightarrow$ Die gesuchte Zahl ist 19.

2 a) „Zieht man vom Dreifachen der Zahl 2 ab …“: $3 \cdot x - 2$

„… erhält man das Doppelte der Zahl plus 10“: $= 2 \cdot x + 10$

$3x - 2 = 2x + 10 \quad | -2x$

$3x - 2x - 2 = 10 \quad | +2$

$x = 12 \quad \Rightarrow$ Die gesuchte Zahl ist 12.

b) $3x = x + 34 \Rightarrow$ Die gesuchte Zahl ist 17.

c) $(z + 13) \cdot 4 = 640 : 5 \Rightarrow$ Die gesuchte Zahl ist 19.

3 Höhe einer Rate: x; 12 gleichhohe Raten: $12 \cdot x$; Preis + 50 €: 970 + 50

$12 \cdot x = 1020 \quad | :12$

$x = 85 \quad \Rightarrow$ Eine Rate beträgt 85 €.

4 a) Alter jetzt: x Jahre; in 10 Jahren: $x + 10$; dreimal so alt wie heute: $= 3x$

$3x = x + 10 \quad | -x$

$2x = 10 \quad | :2$

$x = 5 \quad \Rightarrow$ Carina ist 5 Jahre alt.

b) Alter jetzt: x; vor 5 Jahren: $x - 5$; im nächsten Jahr: $x + 1$; $(x - 5)$ ist halb so groß wie $(x + 1)$, wir verdoppeln $(x - 5)$, damit es gleich groß wird: $2 \cdot (x - 5)$

$2 \cdot (x - 5) = x + 1 \quad |$ ausmultiplizieren

$2x - 10 = x + 1 \quad | -x, +10$

$x = 11 \quad \Rightarrow$ Daniel ist 11 Jahre alt.

c) $2(x - 3) = x + 3 \quad |$ ausmultiplizieren

$2x - 6 = x + 3 \quad | -x, +6$

$x = 9 \quad \Rightarrow$ Fabio ist 9 Jahre alt.

5 Teilbarkeit natürlicher Zahlen

1 Teilbarkeit

Eine natürliche Zahl ist durch eine natürliche Zahl teilbar, wenn bei der Division kein Rest entsteht.

Beispiel 1: 21 ist durch 3 teilbar, weil $21 : 3 = 7$ gilt.
22 ist nicht durch 3 teilbar, weil $22 : 3 = 7$ Rest 1 gilt und ein Rest bleibt.

Die Zahl, durch die geteilt wird, heißt **Teiler** (Divisor), → Seite 20 Nr. 1.
Wichtig: Jede Zahl ist durch 1 und durch sich selber teilbar.
Beispiel 2: $13 : 13 = 1$ und $13 : 1 = 13$, es gibt jeweils keinen Rest.

2 Teilbarkeitsregeln

Eine Zahl ist

- **durch 2 teilbar**, wenn die letzte Ziffer der Zahl durch 2 teilbar ist.
- **durch 3 teilbar**, wenn die Quersumme der Zahl (also die Summe der einzelnen Ziffern) durch 3 teilbar ist.
- **durch 5 teilbar**, wenn die letzte Ziffer der Zahl 0 oder 5 ist.
- **durch 6 teilbar**, wenn die letzte Ziffer durch 2 teilbar und zudem ihre Quersumme durch 3 teilbar ist.
- **durch 9 teilbar**, wenn die Quersumme der Zahl durch 9 teilbar ist.
- **durch 10 teilbar**, wenn die letzte Ziffer der Zahl eine 0 ist.

3 Primzahlen und Primfaktorzerlegung

Hat eine Zahl *genau zwei* Teiler (die 1 und sich selbst), so heißt diese Zahl **Primzahl**. Es gibt unendlich viele Primzahlen!

Beispiel 3:

- 3 ist Primzahl, da sich die Zahl 3 nur durch 3 und 1 ohne Rest teilen lässt.
- 4 ist keine Primzahl, da sich die Zahl 4 nicht nur durch 1 und 4 sondern auch durch 2 ohne Rest teilen lässt.
- Die 1 ist keine Primzahl, da sie nur einen einzigen Teiler hat.

Merke: 1 ist keine Primzahl!

Beispiel 4: Beispiele von Primzahlen: 2, 3, 5, 7, 11, 13, 17, 19, 23, 29, ..., 1583, 1597, ...

Jede Zahl, die nicht selbst Primzahl ist, ist darstellbar als Produkt von Primzahlen. Wir nennen dieses Produkt aus Primzahlen **Primfaktorzerlegung.**

Beispiel 5: $42 = 2 \cdot 3 \cdot 7$; $105 = 3 \cdot 5 \cdot 7$; $136 = 2 \cdot 2 \cdot 2 \cdot 17$; $2197 = 13 \cdot 13 \cdot 13$

Gehe bei der Zerlegung schrittweise vor: Beginne damit, die Zahl durch die kleinste Primzahl zu teilen, schreibe das Ergebnis als Produkt hin und nimm dir dann den zweiten Faktor vor. Fahre damit so lange fort, bis auch der letzte Faktor eine Primzahl ist. Dabei solltest du natürlich die Teibarkeitsregeln beherrschen. Es darf nie ein Rest bleiben.

Beispiel 6:

$60 = 2 \cdot 30 = 2 \cdot 2 \cdot 15 = 2 \cdot 2 \cdot 3 \cdot 5$

Beispiel 7:

$67\,626 = 2 \cdot 33\,813 = 2 \cdot 3 \cdot 11\,271 = 2 \cdot 3 \cdot 3 \cdot 3757 = 2 \cdot 3 \cdot 3 \cdot 13 = 289 = 2 \cdot 3 \cdot 3 \cdot 13 \cdot 17 \cdot 17$

4 ggT (größter gemeinsamer Teiler)

Der **ggT** zweier Zahlen ist die **größte Zahl, durch die beide Zahlen teilbar sind.**

Verfahren zur Bestimmung des ggT zweier Zahlen:

- Man zerlegt beide Zahlen in ihre Primfaktoren.
- Man multipliziert alle **gemeinsamen** Faktoren der beiden Zerlegungen.

Beispiel 8: ggT (140, 180) = ?,

Wir zerlegen zuerst beide Zahlen in ihre Primfaktoren: $140 = 2 \ 2 \ 5 \ 7$ und $180 = 2 \cdot 2 \cdot 3 \cdot 3 \cdot 5$; markieren die Primzahlen, die in beiden vorkommen und multiplizieren sie: $2 \cdot 2 \cdot 5 = 20$

⇒ Der größte gemeinsame Teiler ist also: ggT (140, 180) = 20

5 kgV (kleinstes gemeinsames Vielfaches)

Das **kgV** zweier Zahlen ist **die kleinste Zahl, die Teiler beider Zahlen ist.**

Verfahren zur Bestimmung des kgV zweier Zahlen:

- Man zerlegt beide Zahlen in ihre Primfaktoren.
- Man multipliziert jeweils die höchste auftretende Zahl der Primfaktoren miteinander.

Beispiel 9: kgV (140, 180) = ?,

Primfaktorzerlegung: $140 = 2 \cdot 2 \cdot 5 \cdot 7$ und $180 = 2 \cdot 2 \cdot 3 \cdot 3 \cdot 5$.

Damit sind die 2 zweimal, die 3 zweimal, die 5 einmal und die 7 einmal die höchsten gemeinsam auftretenden Primzahlen der beiden Zahlen; sie werden multipliziert: $2 \cdot 2 \cdot 3 \cdot 3 \cdot 5 \cdot 7 = 1260$

⇒ Das kleinste gemeinsame Vielfache ist also: kgV (140, 180) = 1260

TEST 1 Teilbarkeitsregeln und Primfaktorzerlegung

1 Kreuze die Felder an, in denen die Frage mit „ja“ beantwortet werden kann.

Ist die Zahl	34 568	2315	12	67	1986	300	6435	7620
durch 2 teilbar?								
durch 3 teilbar?								
durch 5 teilbar?								
durch 6 teilbar?								
durch 9 teilbar?								
durch 10 teilbar?								

2 Gib alle ein- und zweistelligen Primzahlen an.

3 Gib für jede der folgenden Zahlen drei verschiedene Vielfache an.

Zahl	5	17	45	129	333	242	535	7620
Vielfaches								
Vielfaches								
Vielfaches								

4 Zerlege alle Zahlen von 1 bis 30 in Ihre Primfaktoren.

1	2	3	4	5	6	7	8	9	10

11	12	13	14	15	16	17	18	19	20

21	22	23	24	25	26	27	28	29	30

TEST 2 Zerlegungen: Bestimmen von ggT und kgV

1 Zerlege die beiden Zahlen (wie im Beispiel) jeweils in Primfaktoren und bestimme damit den ggT und das kgV.

Zahl 1	Zerlegung Zahl 1	Zahl 2	Zerlegung Zahl 2	ggT	kgV
4	$2 \cdot 2$	6	$2 \cdot 3$	2	$2 \cdot 2 \cdot 3 = 12$
6		8			
5		7			
2		8			
6		9			
8		9			
10		12			
100		80			
12		30			
12		24			
60		28			
33		40			
15		18			
24		36			
29		72			
72		64			

2 Zerlege im Heft die drei Zahlen jeweils in Primfaktoren und bestimme damit den ggT und das kgV der Zahlengruppe.

a) 6, 8, 10 b) 4, 5, 6 c) 12, 18, 20 d) 20, 30, 40
e) 24, 36, 48 f) 3, 7, 11 g) 60, 120, 240

TEST 3 Textaufgaben

1 Du kaufst in der Pause ein belegtes Brötchen für 90 Cent und zahlst mit einer 1-Euro-Münze. Die Münzen des Rückgelds können unterschiedlich gestückelt sein. Gib in der Tabelle alle Möglichkeiten an.

	Anzahl der verschiedenen Geldstücke									
10 Cent	1									
5 Cent	0									
2 Cent	0									
1 Cent	0									

2 Der Garten von Ronja hat zwei Ebenen. Eine Treppe soll vom unteren Gartenteil zum oberen Gartenteil führen. Der Höhenunterschied beträgt 1 m 20 cm. Eine Gartenbaufirma bietet Treppenstufen ab der Höhe von 12 cm bis zur Höhe von 26 cm an. Zwischen diesen Stufenhöhen sind alle Höhen in vollen Zentimeterschitten erhältlich (also 12 cm, 13 cm, 14 cm, ... bis zu 26 cm). Welche Stufenhöhen kann Ronja wählen und wie viele Stufen braucht sie jeweils, wenn sie alle Stufen gleich hoch machen will?

3 Ein neues Haus muss noch mit Treppen ausgestattet werden. Von der Straße zur Haustür ist ein Höhenunterschied von 1 m 20 cm zu überwinden. Vom Erdgeschoss zum oberen Stockwert sind es 2 m 20 cm. Natürlich sollen alle Treppenstufen gleich hoch sein und nicht unter 15 cm und nicht über 24 cm hoch sein. Welche Stufenhöhe kann man wählen, wenn zwischen 15 cm und 24 cm Stufenhöhe jede Höhe in vollen Zentimeterschritten erhältlich ist?

4 Eine Mineralwasserkiste ist 36 cm lang und 27 cm breit. Wie lange muss ein Regalbrett mindestens sein, damit man ohne Platzverlust die Kisten sowohl der Länge als auch der Breite nach lagern kann? Gib zusätzlich zwei weitere Längen an, die dieselbe Forderung erfüllen.

5 Bestimme die kleinste Zahl, die durch alle einstellige Zahlen ohne Rest teilbar ist.

TEST 4 Vermischte Aufgaben zu kgV und ggT

1 Gib jeweils zwei Zahlen zwischen 2 und 10 an, bei denen

a) die größere Zahl das kgV der beiden Zahlen ist.

b) die kleinere Zahl der ggT der beiden Zahlen ist.

c) die Hälfte der größeren Zahl der ggT ist.

d) die Hälfte der größeren Zahl das kgV ist.

2 a) Unter welchen Umständen ist bei zwei Zahlen der ggT gleich dem kgV?

b) Kann der ggT größer als das kgV sein?

c) Wann ist der ggT halb so groß wie das kgV zweier Zahlen?

d) Gibt es auch Teiler, die keine Primzahlen sind?

3 a) Gib zwei Zahlen an, die den ggT 24 und das kgV 840 haben.

b) Gibt es zwei Zahlen, die kleiner sind als 10 und ein kgV von über 50 haben? Wenn ja, gib ein solches Zahlenpaar an.

c) Gib drei einstellige Zahlen an, deren ggT kleiner 20 und deren kgV größer 100 ist.

4 Begründe, warum die folgenden Aussagen wahr oder falsch sind.

a) Ist eine Zahl durch 3 teilbar, ist auch das Zehnfache der Zahl durch 3 teilbar.

b) Ist eine Zahl durch 3 teilbar, so ist die Summe aus dieser Zahl und der Zahl 9 auch durch 3 teilbar.

c) Ist eine gerade Zahl durch 9 teilbar, so ist sie auch durch 6 teilbar.

d) Ist eine Zahl größer als 100 und durch 3 teilbar, dann ist sie auch durch 30 teilbar.

e) Es gibt keine Zahl, die durch 2, 3 und 5 geteilt jeweils den Rest 1 ergibt.

5 Teilbarkeit natürlicher Zahlen

Lösungen zu Test 1

1

Ist die Zahl	34568	2315	12	67	1986	300	6435	7620
durch 2 teilbar?	✗		✗		✗	✗		✗
durch 3 teilbar?			✗		✗	✗	✗	✗
durch 5 teilbar?		✗				✗	✗	✗
durch 6 teilbar?			✗		✗	✗		✗
durch 9 teilbar?							✗	
durch 10 teilbar?						✗		✗

2 Primzahlen < 100: 2; 3; 5; 7; 11; 13; 17; 19, 23, 29, 31, 37, 41, 43, 47, 53, 59, 61, 67, 71, 73, 79, 83, 89, 97

3 Es gibt mehr als drei Vielfache, also gibt es mehrere richtige Lösungen. Jedes Vielfache eines Vielfachen ist auch wieder ein Vielfaches der ursprünglichen Zahl. So ist 10 ein Vielfaches von 5, und damit sind auch 3 · 10 oder 7 · 10 Vielfache von 5. Hier wurde zum Beispiel mit 2, mit 3 und mit 10 multipliziert:

Zahl	5	17	45	129	333	242	535	7620
Vielfaches	10	34	90	258	666	482	1070	15240
Vielfaches	15	51	135	387	999	726	1605	22860
Vielfaches	50	170	450	1290	3330	2420	5350	76200

4 p bedeutet Primzahl, die Zahl ist nicht weiter zerlegbar.

1	2	3	4	5	6	7	8	9	10
nicht zerlegbar	p	p	2 · 2	p	2 · 3	p	2 · 2 · 2	3 · 3	2 · 5

11	12	13	14	15	16	17	18	19	20
p	2 · 2 · 3	p	2 · 7	3 · 5	2 · 2 · 2 · 2	p	2 · 3 · 3	p	2 · 2 · 5

21	22	23	24	25	26	27	28	29	30
3 · 7	2 · 11	p	2 · 2 · 2 · 3	5 · 5	2 · 13	3 · 3 · 3	2 · 2 · 7	p	2 · 3 · 5

Lösungen zu Test 2

1

Zahl 1	Zerlegung Zahl 1	Zahl 2	Zerlegung Zahl 2	ggT	kgV
4	2·2	6	2·3	2	2·2·3 = 12
6	2·3	8	2·2·2	2	2·2·2·3 = 24
5	5	7	7	1	5·7 = 35
2	2	8	2·2·2	2	2·2·2 = 8
6	2·3	9	3·3	3	2·3·3 = 18
8	2·2·2	9	3·3	1	2·2·2·3·3 = 72
10	2·5	12	2·2·3	2	2·2·3·5 = 60
100	2·2·5·5	80	2·2·2·2·5	2·2·5 = 20	2·2·2·2·5·5 = 400
12	2·2·3	30	2·3·5	2·3 = 6	2·2·3·5 = 60
12	2·2·3	24	2·2·2·3	2·2·3 = 12	2·2·2·3 = 24
60	2·2·3·5	28	2·2·7	2·2 = 4	2·2·3·5·7 = 420
33	3·11	40	2·2·2·5	1	2·2·2·3·5·11 = 1320
15	3·5	18	2·3·3	3	2·3·3·5 = 90
24	2·2·2·3	36	2·2·3·3	2·2·3 = 12	2·2·2·3·3 = 72
29	29	100	2·2·5·5	1	2·2·5·5·29 = 2900
72	2·2·2·3·3	64	2·2·2·2·2·2	2·2·2 = 8	2·2·2·2·2·2·3·3 = 576

2

Zahlen	Zerl. Zahl 1	Zerl. Zahl 2	Zerl. Zahl 3	ggT	kgV
6, 8, 10	2·3	2·2·2	2·5	2	2·2·2·3·5 = 120
4, 5, 6	2·2	5	2·3	1	2·2·3·5 = 60
12, 18, 20	2·2·3	2·3·3	2·2·5	2	2·2·3·3·5 = 180
20, 30, 40	2·2·5	2·3·5	2·2·2·5	2·5 = 10	2·2·2·3·5 = 120
24, 36, 48	2·2·2·3	2·2·3·3	2·2·2·2·3	2·2·3 =12	2·2·2·2·3·3 = 144
3, 7, 11	3	7	11	1	3·7·11 = 231
60, 120, 240	2·2·3·5	2·2·2·3·5	2·2·2·2·3·5	2·2·3·5=60	2·2·2·2·3·5= 240

Lösungen zu Test 3

1

	Anzahl der verschiedenen Geldstücke									
10 Cent	1	0	0	0	0	0	0	0	0	0
5 Cent	0	2	1	1	1	0	0	0	0	0
2 Cent	0	0	2	1	0	4	3	2	1	0
1 Cent	0	0	1	3	5	2	4	6	8	10

2 Die Treppe ist 120 cm hoch. Die Höhe der Stufen muss also Teiler von 120 cm sein. Zerlege 120 in Primfaktoren: $120 = 2 \cdot 60 = 2 \cdot 2 \cdot 30 = 2 \cdot 2 \cdot 2 \cdot 15 = 2 \cdot 2 \cdot 2 \cdot 3 \cdot 5$. Produkte aus diesen Primfaktoren sind immer Teiler auch von 120: 12 cm, 15 cm, 20 cm und 24 cm. Ronja kann wählen:
10 Stufen mit 12 cm, 8 Stufen mit 15 cm,
6 Stufen mit 20 cm oder 5 Stufen mit 24 cm

Alle Produkte aus den Primfaktoren ergeben neue Teiler!

3 1. Schritt: Für die Treppe, die von der Straße zur Haustüre führt, müssen Stufen verwendet werden, bei denen die Höhe ein Teiler von 120 cm ist.
$120 = 2 \cdot 60 = 2 \cdot 2 \cdot 30 = 2 \cdot 2 \cdot 2 \cdot 15 = 2 \cdot 2 \cdot 2 \cdot 3 \cdot 5$
2. Schritt: Für die Treppe vom 1. in den 2. Stock sind 220 cm Höhe zu überwinden, hier muss die Stufenhöhe also ein Teiler von 220 cm sein.
$220 = 2 \cdot 110 = 2 \cdot 2 \cdot 55 = 2 \cdot 2 \cdot 5 \cdot 11$
3. Schritt: Gemeinsame Teiler sind 2, 4, 10, und 20.
Man wird die Stufenhöhe 20 cm wählen.

4 Wenn die Kisten der Länge nach gestapelt werden, muss das Regalbrett ein Vielfaches von 36 cm lang sein. Werden die Kisten der Breite nach gestapelt, muss das Brett ein Vielfaches von 27 cm lang sein, wir suchen also das kgV von 36 $(2 \cdot 2 \cdot 3 \cdot 3)$ und 27 $(3 \cdot 3 \cdot 3)$; $\text{kgV}(36, 27) = 2 \cdot 2 \cdot 3 \cdot 3 \cdot 3 = 108$.
Das Regal muss mindestens 108 cm lang sein, aber auch jedes Vielfache von 108 erfüllt dieselben Bedingungen: $108\text{ cm} \cdot 2 = 216\text{ cm}$; $108\text{ cm} \cdot 3 = 324\text{ cm}$; $108\text{ cm} \cdot 4 = 432\text{ cm}$, ...

5 Gesucht ist das kgV der Zahlen 2, 3, 4, 5, 6, 7, 8, 9. Es ist $2 \cdot 2 \cdot 2 \cdot 3 \cdot 3 \cdot 5 \cdot 7 = 2520$.

Es gibt sehr viele Textaufgaben nach dem Schema der Aufgaben 2, 3 und 4. Versuche, sie wirklich zu verstehen!

Lösungen zu Test 4

1 a) 4 und 8, 2 und 8 oder 3 und 9.
b) 4 und 8, 2 und 8 oder 3 und 9.
c) 4 und 2, 6 und 3 oder 8 und 4.
d) Keine Lösung möglich.

2 a) Nur wenn beide Zahlen gleich sind.
b) Nein, ein Teiler kann nie größer als das kgV sein.
c) Nur wenn die größere Zahl das Zweifache der kleineren Zahl ist.
d) Natürlich. 10 ist Teiler von 100 und 10 ist keine Primzahl.

3 a) Beide Zahlen müssen $24 = 2 \cdot 2 \cdot 2 \cdot 3$ enthalten und Teiler von $840 = 2 \cdot 2 \cdot 2 \cdot 3 \cdot 5 \cdot 7$ sein. Das sind: $24 \cdot 5 = 120$ und $24 \cdot 7 = 168$.
Sonst sind nur noch die Zahlen 24 und 840 selbst möglich.
b) Die größten einstelligen Zahlen sind 8 und 9 mit dem kgV $8 \cdot 9 = 72$. Es gibt also solche Zahlen (7 und 8 und 7 und 9 erfullen die Bedingung ebenfalls).
c) Durch Probieren findet man sehr leicht drei Zahlen mit einem ggT kleiner als 20 und mit einem kgV größer 100. Beide Bedingungen erfüllen beispielsweise 7, 8, 9, die teilerfremd sind und damit den ggT 1 und das kgV $7 \cdot 8 \cdot 9 = 504$ haben.

4 a) wahr: Bei der Primfaktorzerlegung kommt nur noch $\ldots \cdot 2 \cdot 5$ dazu. War vorher die 3 bei der Zerlegung dabei, ist sie nach der Multiplikation mit 10 immer noch dabei.
b) wahr: Man kann 3 ausklammern.
c) wahr: Durch 9 teilbar bedeutet auch durch 3 teilbar, und gerade heißt durch 2 teilbar. Damit ist die Zahl auch durch $2 \cdot 3 = 6$ teilbar.
d) falsch: Ein Beispiel zeigt dies: $3 \cdot 3 \cdot 3 \cdot 3 \cdot 3 = 234$ ist durch 3 teilbar, aber weder durch 2 noch durch 5, also auch nicht durch $2 \cdot 3 \cdot 5 = 30$ teilbar.
e) falsch: Die Zahl muss ungerade sein, um bei der Division durch 2 den Rest 1 zu haben. Die Quersumme der Zahl muss eine durch 3 teilbare Zahl +1 ergeben, also 4, 7, 10, 13, ... Die Zahl muss als letzte Ziffer 6 oder 1 haben (wegen des Teilens durch 5). 6 kann es aber nicht sein, da es eine ungerade Zahl sein muss. $\Rightarrow$ Die letze Ziffer der Zahl ist 1 (damit ist sie auch ungerade) und ihre Quersumme ist um 1 höher als eine durch drei teilbare Zahl; z. B.: 31 oder 121 oder 1111. Es gibt unendlich viele solcher Zahlen!

6 Ganze Zahlen WISSEN

1 Die ganzen Zahlen auf dem Zahlenstrahl

Verlängert man den **Zahlenstrahl** (→ Seite 6, Nr. 1) nach links erhält man links von der 1 die Zahl 0 und danach die **negativen Zahlen**.

−9 −8 −7 −6 −5 −4 −3 −2 −1 0 1 2 3 4 5 6 7 8 9

Die negativen Zahlen, die 0 und die positiven Zahlen werden zusammen **ganze Zahlen** ($\mathbb{Z}$) genannt. Wie bei den natürlichen Zahlen gilt auch für die ganzen Zahlen, dass nach rechts auf dem Zahlenstrahl die Zahlen größer und nach links die Zahlen kleiner werden.
Das Zeichen „–" wird also sowohl also als Rechenzeichen (minus) als auch als Vorzeichen (bei negativen Zahlen) verwendet.

Spiegelt man eine Zahl b am Ursprung, erhält man ihre **Gegenzahl**. Eine Zahl a heißt Gegenzahl der Zahl b, wenn die Summe der beiden Zahlen 0 ist.
Beispiel 1: -3 ist Gegenzahl von 3, da $-3 + 3 = 0$;

2 Klammern bei negativen Zahlen

Es werden nie zwei Operationszeichen (Rechenzeichen) hintereinander geschrieben, hier muss dann eine Klammer gesetzt werden.
Beispiel 2:

dreimal die Zahl minus 3	→	$3 \cdot (-3)$,	keinesfalls: $3 \cdot -3$
minus die Zahl -5	→	$-(-5)$,	keinesfalls: $--5$
plus die Zahl -8	→	$+(-8)$,	keinesfalls: $+-8$
geteilt durch die Zahl -3	→	$:(-3)$,	keinesfalls: $:-3$

3 Strichrechnung mit ganzen Zahlen

$10 + 6 = 16$	$-10 + 6 = -4$	Addiert man eine positive Zahl, so geht man auf dem Zahlenstrahl nach rechts.
$10 - 6 = 4$	$-10 - 6 = -16$	Subtrahiert man eine positive Zahl, so geht man auf dem Zahlenstrahl nach links.
$10 + (-6) = 4$	$-10 + (-6) = -16$	Addiert man eine negative Zahl, so geht man auf dem Zahlenstrahl nach links.
$10 - (-6) = 16$	$-10 - (-6) = -4$	Subtrahiert man eine negative Zahl, so geht man auf dem Zahlenstrahl nach rechts.

Es gilt: Eine Zahl wird subtrahiert, indem man die Gegenzahl addiert.
Beispiel 3: $15 - 10 = 15 + (-10)$; $-15 - (-5) = -15 + 5$; $35 - (-5) = 35 + 5$

4 Punktrechnung mit ganzen Zahlen

Auf → Seite 20 steht: **Eine Zahl wird mit einer anderen Zahl multipliziert, indem man eine der Zahlen so oft zu sich selber addiert, wie dies die andere Zahl angibt.** Dies gilt auch bei ganzen Zahlen.

Beispiel 4: $3 \cdot 4 = 4 + 4 + 4 = 12$; oder $3 \cdot 4 = 3 \cdot 3 \cdot 3 \cdot 3 = 12$

bei negativen Zahlen: $3 \cdot (-4) = (-4) + (-4) + (-4) = -12$

Für die Division gilt $-12 : (-4) = 3$, weil $3 \cdot (-4) = -12$ ist.

Beispiel 5:

Zahl 1	8	8	−8	−8
Zahl 2	2	−2	2	−2
Zahl 1 · Zahl 2	16	−16	−16	16
Zahl 1 : Zahl 2	4	−4	−4	4

Gleiche Vorzeichen ergeben ein positives Produkt (bzw. einen positiven Quotienten).
Ungleiche Vorzeichen ergeben ein negatives Produkt (bzw. einen negativen Quotienten).

5 Die Reihenfolge der Rechenoperationen

Die Rechengesetze und -regeln, die auf → Seite 34 genauer besprochen wurden, gelten ebenso für die ganzen Zahlen und somit auch für die negativen Zahlen. Man muss hier nur noch zusätzlich auf die Vorzeichen achten und sich gut konzentrieren.

Reihenfolge:
1. Klammer zuerst
2. Innere Klammer vor äußerer Klammer
3. Punkt vor Strich
4. Von links nach rechts

Beispiel 6:

$-3 \cdot (2 - 5)$
$= (-3) \cdot (-3)$
$= 9$

$-(12 : (-3 - 1) + 4 : (-2))$
$= -(12 : (-4) - 2)$
$= -(-3 - 2)$
$= 5$

$35 - (20 - 3 \cdot 5)$
$= 35 - (20 - 15)$
$= 35 - 5$
$= 30$

$3 + (-3) \cdot (12 : (5 - 7) + 7$
$= 3 - 3 \cdot (12 : (-2) + 7)$
$= 3 - 3 \cdot (-6 + 7)$
$= 3 - 3 \cdot 1 = 0$

6 Negative Größen

Auf den ersten Blick können Größen nicht kleiner als Null werden. Die absolut kürzeste Strecke muss doch 0 m lang sein? Die Praxis zeigt aber, dass es sehr wohl negative Größen gibt: Es gibt Gebiete, die unter dem Meeresspiegel liegen und deshalb eine negative Höhe haben. Es gibt Schulden auf dem Konto (also negative Geldbeträge). Es gibt Temperaturen unter 0 °C (Minusgrade) usw. Nur negative Gewichte gibt es wirklich nicht ...

TEST 1 Vergleich, Addition und Subtraktion

1 Gib jeweils Gegenzahl oder Zahl an.

Zahl	−432	1	−1			2		17	−17		0
Gegenzahl				−234	14		17			17	

2 Gib an, ob man von der ersten Zahl nach links (l) oder nach rechts (r) auf dem Zahlenstrahl gehen muss, um zur zweiten Zahl zu kommen.

1. Zahl	277	−1	−5	5	−399	−1	0	−3	123	25	0
2. Zahl	269	0	−4	4	−400	1	100	3	−31	−1	1
l oder r											

3 Setze das richtige Zeichen ein: „<“ oder „>“ oder „=“.

a) 13 ☐ −14 b) 27 ☐ 30 c) −27 ☐ −30 d) 1899 ☐ 1987

e) −110 ☐ −10 f) − 29 ☐ − 28 g) 17 ☐ 18 h) −17 ☐ 18

i) 17 ☐ −18 j) −17 ☐ −18 k) 0 ☐ −1 l) 1 ☐ 0

m) −2 ☐ 1 n) −5 ☐ −4 o) 13 ☐ 31 p) −13 ☐ −31

4 Überlege zuerst, ob das Ergebnis positiv oder negativ wird, und trage „p“ für positiv und „n“ für negativ in die erste Zeile ein. Berechne dann im Kopf.

−3 − (−4)	37 − 41	18 − (−19)	−19 + (−20)	−1 − (−1)	1 + (−2)	13 + (−13)	1 + (−1)

5 Berechne. Schreibe die Nebenrechnungen, wenn nötig, ins Heft!

a) −3 + (−4) − (−5) = ☐

b) 12 − 12 − (−12) − 12 = ☐

c) 10 − 20 − 10 − (−20) = ☐

d) −110 + (−100) − 20 + 100 = ☐

e) − 45 − (−45) − (−45) = ☐

f) −6 − (−4) + (−7) − (−12) = ☐

g) 1 − 1 + 1 + (−1) − (−1) = ☐

h) −(−(−2) −3) = ☐

TEST 2 Multiplikation und Division

1 Ist das Produkt von Zahl a mit Zahl b positiv (p), negativ (n) oder 0?

Zahl a	13	27	−27	1899	−110	17	−17	17	−17	0	1	−2	13
Zahl b	−1	30	−30	1987	−10	18	18	−18	−18	−1	0	1	31
p/n/0													

2
a) $(-4)\cdot 5 =$
b) $-4\cdot 5 =$
c) $4\cdot 5 =$
d) $-4\cdot(-5) =$
e) $(-4)\cdot(-5) =$
f) $-4+(-5) =$
g) $-(-4)\cdot(-5) =$
h) $4(-5) =$
i) $-4(-5)+4\cdot 5 =$

3
a) $(-4):2 =$
b) $-4:2 =$
c) $4:2 =$
d) $-4:(-2) =$
e) $(-4):(-2) =$
f) $-(-4):2 =$
g) $-(-4):(-2) =$
h) $4:(-2) =$
i) $-4:(-2)+4:2 =$

4
a) $(-3)\cdot(-3)\cdot(-3) =$
b) $4\cdot(-2)\cdot 3\cdot(-5) =$
c) $28:(-7) =$
d) $(-1)\cdot 2\cdot(-3)\cdot 4 =$
e) $(-1)\cdot(-2)\cdot(-3)\cdot 4 =$
f) $(-2)\cdot(-3)\cdot(-4)\cdot(-2) =$

5

·	4	−4	2	−2	−(−7)
−3	−12				
10					
−7					
5					
−(−8)					

:	4	−2	−3	12	−(−1)
12		−6			
−24					
48					
−36					
−(−48)					

6 Setze eine ganze Zahl ein, mit der eine wahre Aussage entsteht.

a) $3\cdot$ ___ $=-21$
b) ___ $:(-5)=-3$
c) $-(12):(-4)=$ ___
d) $-24:$ ___ $=8$
e) $-24:$ ___ $=24$
f) $16\cdot$ ___ $=-160$
g) ___ $:23=-5$
h) $-17:$ ___ $=1$
i) $4\cdot$ ___ $\cdot$ ___ $=100$

TEST 3 Rechnen mit Klammern

1

Term	$3+(-4)$	$3-(-4)$	$-3+(-4)$	$-3-(-4)$	$3-4$	$-3+(-4)$	$3+4$	$3+(-4)$
Ergebnis								

2

$12:12$	$(-12):12$	$(-12):(-12)$	$15:(-1)$	$(-15):(-3)$	$1:(-1)$	$-(-6):(-3)$	$234:(-234)$

3 Hier fehlt ein Klammerpaar. Setze es und berechne danach den Term.

a) $3 \cdot - 4 =$ b) $6 - - 5 =$

c) $- - 15 \cdot (-3) =$ d) $33 + - 17 =$

e) $-238 : - 17 =$ f) $35 : - 7 =$

4 Setze ein Klammerpaar so ein, dass eine wahre Aussage entsteht.

a) $-3 - 5 \cdot (-2) = -4$ b) $-3 - 5 \cdot (-2) = -30$

c) $-3 - 5 \cdot (-2) = -13$ d) $30 : (-5) + 10 - (-5) = 11$

e) $30 : (-5) + 10 - (-5) = 3$ f) $30 : (-5) + 10 - (-5) = 9$

5 Berechne den Wert des Terms.

a) $-3(-17+(-5+8))$ b) $(30:(-6))\cdot(-4+3)$

c) $30:((-6)\cdot(-4+3))$ d) $3(4(-5))$

e) $2-(-3(-4(5-8)))-(-3)$ f) $3\cdot(15:(-3)+(-21):(-7))$

6 Berechne den Term schrittweise im Heft.

a) $32-(-17)\cdot(3-12) =$ b) $3\cdot 2-(-17)\cdot(3-12) =$

c) $-32-(-17)\cdot(3-12) =$ d) $32-(-17)\cdot(12-12) =$

e) $(3\cdot 2-(-7))\cdot(3-12) =$ f) $32-(-7)\cdot(-12-12) =$

Lösungen zu Test 1

1

Zahl	−432	1	−1	234	−14	2	−17	17	−17	−17	0
Gegenzahl	432	−1	1	−234	14	−2	17	−17	17	17	0

2

1. Zahl	277	−1	−5	5	−399	−1	0	−3	123	25
2. Zahl	269	0	−4	4	−400	1	100	3	−31	−1
l oder r	l	r	r	l	l	r	r	r	l	l

3
a) $13 > -14$ b) $27 < 30$ c) $-27 > -30$ d) $1899 < 1987$
e) $-110 < -10$ f) $-29 < -28$ g) $17 < 18$ h) $-17 < 18$
i) $17 > -18$ j) $-17 > -18$ k) $0 > -1$ l) $1 > 0$
m) $-2 < 1$ n) $-5 < -4$ o) $13 < 31$ p) $-13 > -31$

4

−3 − (−4)	37 − 41	18 − (−19)	−19 + (−20)	−1 − (−1)	1 + (−2)	13 + (−13)	1 + (−1)
p	n	p	n	–	n	–	–
1	−4	37	−39	0	−1	0	0

5
a) $-3 + (-4) - (-5) = -3 - 4 + 5 = -7 + 5 = -2$
b) $12 - 12 - (-12) - 12 = 12 - 12 + 12 - 12 = 0$
c) $10 - 20 - 10 - (-20) = 10 - 20 - 10 + 20 = 0$
d) $-110 + (-100) - 20 + 100 = -110 - 100 - 20 + 100 = -130$
e) $-45 - (-45) - (-45) = -45 + 45 + 45 = 45$
f) $-6 - (-4) + (-7) - (-12) = -6 + 4 - 7 + 12 = 3$
g) $1 - 1 + 1 + (-1) - (-1) = 1 - 1 + 1 - 1 + 1 = 1$
h) $-(-(-2) - 3) = -2 - 3 = -5$

Lösungen zu Test 2

1

Zahl a	13	27	−27	1899	−110	17	−17	17	−17	0	1	−2	13
Zahl b	−1	30	−30	1987	−10	18	18	−18	−18	−1	0	1	31
p/n/0	n	p	p	p	p	p	n	n	p	0	0	n	p

2
a) $(-4)\cdot 5 = -20$ b) $-4\cdot 5 = -20$ c) $4\cdot 5 = 20$
d) $-4\cdot(-5) = 20$ e) $(-4)\cdot(-5) = 20$ f) $-4 + (-5) = -9$
g) $-(-4)\cdot(-5) = -20$ h) $4\cdot(-5) = -20$ i) $-4\cdot(-5) + 4\cdot 5 = 40$

3
a) $(-4):2 = -2$ b) $-4:2 = -2$ c) $4:2 = 2$
d) $-4:(-2) = 2$ e) $(-4):(-2) = 2$ f) $-(-4):2 = 2$
g) $-(-4):(-2) = -2$ h) $4:(-2) = -2$ i) $-4:(-2) + 4:2 = 4$

4
a) $(-3)\cdot(-3)\cdot(-3) = -27$ b) $4\cdot(-2)\cdot 3\cdot(-5) = 120$
c) $28:(-7) = -4$ d) $(-1)\cdot 2\cdot(-3)\cdot 4 = 24$
e) $(-1)\cdot(-2)\cdot(-3)\cdot 4 = -24$ f) $(-2)\cdot(-3)\cdot(-4)\cdot(-2) = 48$

5

·	4	−4	2	−2	−(−7)
−3	−12	12	−6	6	−21
10	40	−40	20	−20	70
−7	−28	28	−14	14	−49
5	20	−20	10	−10	35
−(−8)	32	−32	16	−16	56

:	4	−2	−3	12	−(−1)
12	3	−6	−4	1	12
−24	−6	12	8	−2	−24
48	12	−24	−16	4	48
−36	−9	18	12	−3	−36
−(−48)	12	−24	−16	4	48

6
a) $3\cdot(-7) = -21$ b) $15:(-5) = -3$ c) $-(12):(-4) = 3$
d) $-24:(-3) = 8$ e) $-24:(-1) = 24$ f) $16\cdot(-10) = -160$
g) $(-115):23 = -5$ h) $-17:(-17) = 1$ i) $4\cdot 5\cdot 5 = 100$ oder
$4\cdot(-5)\cdot(-5) = 100$

Lösungen zu Test 3

1

Term	$3+(-4)$	$3-(-4)$	$-3+(-4)$	$-3-(-4)$	$3-4$	$-3+(-4)$	$3+4$	$3+(-4)$
Ergebnis	-1	7	-7	1	-1	-7	7	-1

2

$12:12$	$(-12):12$	$(-12):(-12)$	$15:(-1)$	$(-15):(-3)$	$1:(-1)$	$-(-6):(-3)$	$234:(-234)$
1	-1	1	-15	5	-1	-2	-1

3 a) $3\cdot(-4)=-12$ b) $6-(-5)=11$ c) $-(-15)\cdot(-3)=-45$
d) $33+(-17)=16$ f) $-238:(-17)=14$ g) $35:(-7)=-5$

4 a) $-(3-5)\cdot(-2)=-4$ b) $-3(-5\cdot(-2))=-30$
c) $-(3-5\cdot(-2))=-13$ d) $30:((-5)+10)-(-5)=11$
e) $30:((-5)+10-(-5))=3$ f) $30:(-5)+(10-(-5))=9$

5 a) $-3(-17+(-5+8))$
$=-3(-17+3)$
$=-3\cdot(-14)=42$

b) $(30:(-6))\cdot(-4+3)$
$=(-5)\cdot(-1)$
$=5$

c) $30:((-6)\cdot(-4+3))$
$=30:((-6)\cdot(-1))$
$=30:6$
$=5$

d) $3(4(-5))$
$=3\cdot(-20)$
$=-60$

e) $2-(-3(-4(5-8)))-(-3)$
$=2-(-3((-4)\cdot(-3)))+3$
$=2-(-3\cdot12)+3$
$=2-(-36)+3$
$=41$

f) $3\cdot(15:(-3)+(-21):(-7))$
$=3\cdot(-5+3)$
$=3\cdot(-2)$
$=-6$

6 a) $32-(-17)\cdot(3-12)=32-(-17)\cdot(-9)=32-153=-121$
b) $3\cdot2-(-17)\cdot(3-12)=6-(-17)\cdot(-9)=6-153=-147$
c) $-32-(-17)\cdot(3-12)=-32-(-17)\cdot(-9)=-32-153=-185$
d) $32-(-17)\cdot(12-12)=32-(-17)\cdot0=32-0=32$
e) $(3\cdot2-(-7))\cdot(3-12)=(6-(-7))\cdot(-9)=(6+7)\cdot(-9)=-117$

7 Rechnen mit Bruchzahlen WISSEN

1 Bruchteile und Bruchschreibweise

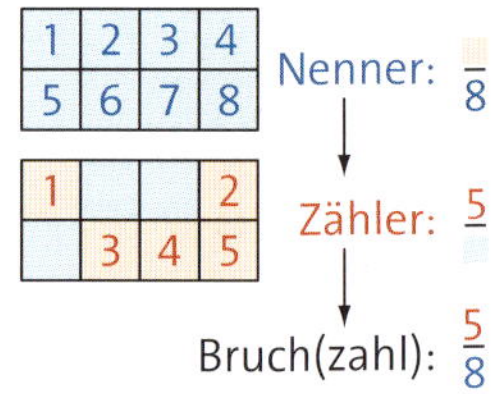

Der **Nenner** b (z. B. 8) gibt an, in wie viele gleiche Teile das Ganze aufzuteilen ist.
Der **Zähler** a (z. B. 5) besagt, wie viele dieser Teile zusammenzufassen sind.
Die **Bruchzahl** bzw. der **Bruch** $\frac{a}{b}$ $\left(\text{z. B. } \frac{5}{8}\right)$ fasst beide Vorgänge zusammen, kurz: **Bruch** = $\frac{\text{Zähler}}{\text{Nenner}}$.

2 Gemischte Zahlen, echte und unechte Brüche

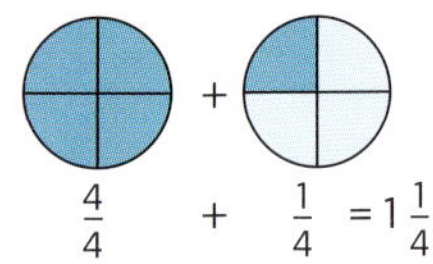

Eine gemischte Zahl ist die Summe aus einer natürlichen Zahl und einem echten Bruch. Bei einer **gemischten Zahl** wird das Pluszeichen zwischen der natürlichen Zahl und dem Bruch nicht geschrieben: $1 + \frac{1}{4} = 1\frac{1}{4}$.
Bei einem **echten Bruch** ist der Zähler kleiner als der Nenner: $\frac{1}{4}, \frac{5}{9}, \frac{7}{12} \ldots$
Beim **unechten Bruch** ist der Zähler größer oder gleich dem Nenner: $\frac{5}{4}, \frac{7}{3}, \frac{8}{8} \ldots$

Gemischte Zahlen lassen sich stets auch als unechte Brüche notieren, und umgekehrt: $1\frac{1}{4} = \frac{4}{4} + \frac{1}{4} = \frac{5}{4}$; $2\frac{3}{7} = \frac{14}{7} + \frac{3}{7} = \frac{17}{7}$; $\frac{15}{8} = \frac{8}{8} + \frac{7}{8} = 1\frac{7}{8}$, $\frac{12}{3} = 4$.

3 Kürzen, erweitern und vergleichen

Kürzen: Teile Zähler und Nenner durch dieselbe Zahl, z. B. $\frac{9}{15} = \frac{9:3}{15:3} = \frac{3}{5}$

Erweitern: Multipliziere Zähler und Nenner mit derselben Zahl, z. B. $\frac{5}{11} = \frac{5 \cdot 3}{11 \cdot 3} = \frac{15}{33}$
Beim Kürzen und Erweitern ändert sich der Wert des Bruches nicht.

Ein Bruch wird **vollständig gekürzt**, wenn man ihn mit dem **größten gemeinsamen Teiler (ggT)** von Zähler und Nenner kürzt, z. B.: $\frac{12}{18} = \frac{12:6}{18:6} = \frac{2}{3}$, denn der ggT von 12 und 18 ist 6. Man schreibt auch: ggT(12; 18) = 6.
Unvollständig gekürzte Brüche lassen sich weiter kürzen.

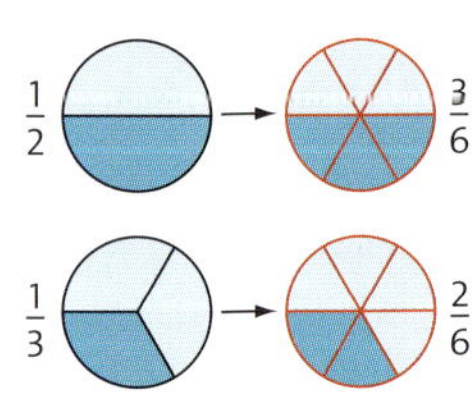

Der **Hauptnenner** zweier Brüche ist das **kleinste gemeinsame Vielfache (kgV)** ihrer Nenner.

Ein **Größenvergleich von Brüchen** wird möglich, wenn man sie auf ihren Hauptnenner erweitert:
$\frac{1}{3} = \frac{2}{6}$ und $\frac{1}{2} = \frac{3}{6}$, denn kgV (2; 3) = 6, also: $\frac{1}{3} = \frac{2}{6} < \frac{3}{6} = \frac{1}{2}$.

4 Bruchteile von Größen

Gehe bei diesen Aufgabentypen wie im Beispiel gezeigt vor.

Tipp: Wiederhole die Umrechnung von Maßzahlen (→ Seite 7).

Beispiel 1: Drücke 8 cm in Dezimetern aus.

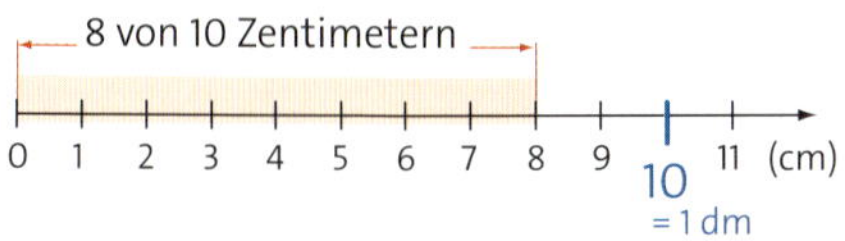

$1\,\text{cm} = \frac{1}{10}\,\text{dm}$

$8\,\text{cm} = \frac{8}{10}\,\text{dm} = \frac{8:2}{10:2}\,\text{dm} = \frac{4}{5}\,\text{dm}$

Beispiel 2: 45 min = ☐ h?

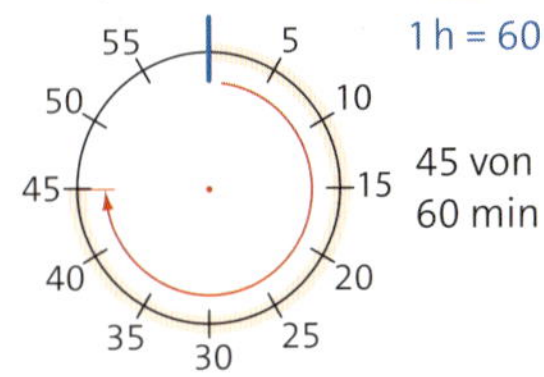

$1\,\text{min} = \frac{1}{60}\,\text{h}$

$45\,\text{min} = \frac{45}{60}\,\text{h} = \frac{45:15}{60:15}\,\text{h} = \frac{3}{4}\,\text{h}$

5 Addition und Subtraktion von Brüchen

Haben beide Brüche **gleiche Nenner**, werden einfach die Zähler addiert oder subtrahiert. Das Ergebnis sollte, falls möglich, gekürzt werden.

Beispiel 3: $\frac{1}{8} + \frac{3}{8} = \frac{1+3}{8} = \frac{4}{8} = \frac{4:4}{8:4} = \frac{1}{2}$ oder $\frac{5}{12} - \frac{7}{12} = \frac{5-7}{12} = -\frac{2}{12} = -\frac{2:2}{12:2} = -\frac{1}{6}$

Haben die Brüche **verschiedene Nenner**, müssen sie zunächst auf ihren Hauptnenner erweitert werden.

Beispiel 4: $\frac{1}{2} + \frac{2}{3} = \frac{3}{6} + \frac{4}{6} = \frac{3+4}{6} = \frac{7}{6} = 1\frac{1}{6}$ oder $\frac{7}{18} - \frac{11}{12} = \frac{14}{36} - \frac{33}{36} = \frac{14-33}{36} = -\frac{19}{36}$

Enthält die Aufgabe **gemischte Zahlen**, gibt es zwei Möglichkeiten.

1. Alle gemischten Zahlen werden in unechte Brüche verwandelt.

Beispiel 5: $\frac{2}{5} + 4\frac{5}{6} = \frac{17}{5} + \frac{29}{6} = \frac{102}{30} + \frac{145}{30} = \frac{102+145}{30} = \frac{247}{30} = 8\frac{7}{30}$

2. Man berechnet die ganzzahligen Anteile und die Brüche getrennt. So werden große Zahlen im Zähler vermieden.

Beispiel 6: $3\frac{2}{5} + 4\frac{5}{6} = (3+4) + \left(\frac{2}{5} + \frac{5}{6}\right) = 7 + \frac{12+25}{30} = 7 + \frac{37}{30} = 7 + 1\frac{7}{30} = 8\frac{7}{30}$

Wenn die Zwischenergebnisse der ganzzahligen und der gebrochenen Anteile verschiedene Vorzeichen haben, ist die 1. Methode oft günstiger.

Beispiel 7: $3\frac{3}{8} - 4\frac{1}{8} = (3-4) + \left(\frac{3}{8} - \frac{1}{8}\right) = -1 + \frac{1}{4} = -\frac{4}{4} + \frac{1}{4} = -\frac{3}{4}$,

einfacher wäre: $3\frac{3}{8} - 4\frac{1}{8} = \frac{27}{8} - \frac{33}{8} = -\frac{6}{8} = -\frac{3}{4}$

6 Multiplikation und Division von Brüchen

Zwei Brüche werden miteinander **multipliziert**, indem die beiden Zähler und die beiden Nenner miteinander multipliziert werden: $\frac{a}{b} \cdot \frac{c}{d} = \frac{a \cdot c}{b \cdot d}$,
zum Beispiel: $\frac{4}{8} \cdot \frac{5}{9} = \frac{4 \cdot 5}{7 \cdot 9} = \frac{20}{63}$.

Die Brüche sollten, falls möglich, zunächst gekürzt werden.

Beispiel 8: $\frac{3}{11} \cdot \frac{6}{7} = \frac{3 \cdot 6}{11 \cdot 7} = \frac{18}{77}$, $\frac{6}{11} \cdot \frac{5}{8} = \frac{6 \cdot 5}{13 \cdot 8} = \frac{(6:2) \cdot 5}{13 \cdot (8:2)} = \frac{3 \cdot 5}{13 \cdot 4} = \frac{15}{52}$,
$\frac{8}{15} \cdot \frac{5}{12} = \frac{8 \cdot 5}{15 \cdot 12} = \frac{(8:4) \cdot 5}{15 \cdot (12:4)} = \frac{2 \cdot (5:5)}{(15:5) \cdot 3} = \frac{2 \cdot 1}{3 \cdot 3} = \frac{2}{9}$

Gemischte Zahlen werden zunächst in unechte Brüche verwandelt.

Beispiel 9: $\left(-4\frac{2}{3}\right) \cdot \frac{9}{14} = -\frac{14}{3} \cdot \frac{9}{14} = \frac{14 \cdot 9}{3 \cdot 14} = -\frac{1 \cdot 3}{1 \cdot 1} = -\frac{3}{1} - 3$;
$2\frac{2}{3} \cdot 3\frac{3}{4} = \frac{8}{3} \cdot \frac{15}{4} = \frac{8 \cdot 15}{3 \cdot 4} = \frac{2 \cdot 5}{1 \cdot 1} = \frac{10}{1} = 10$

Zwei Brüche werden durcheinander **dividiert**, indem man den ersten Bruch mit dem Kehrwert des zweiten Bruches multipliziert.

Beispiel 10:
$\frac{a}{b} : \frac{c}{d} = \frac{a}{b} \cdot \frac{d}{c} = \frac{a \cdot d}{b \cdot c}$, z. B.: $\frac{3}{8} : \frac{7}{12} = \frac{3}{8} \cdot \frac{12}{7} = \frac{3 \cdot 3}{2 \cdot 7} = \frac{9}{14}$, $2\frac{1}{2} : 5\frac{5}{8} = \frac{5}{2} : \frac{45}{8} = \frac{5}{2} \cdot \frac{8}{45} = \frac{1 \cdot 4}{1 \cdot 9} = \frac{4}{9}$

Bei **Doppelbrüchen** wird der Hauptbruchstrich als Divisionszeichens „:" aufgefasst. Gemischte Zahlen werden in unechte Brüche verwandelt.

Beispiel 11:
$\frac{4\frac{7}{10}}{\frac{4}{5}} = \frac{47}{10} : \frac{4}{5} = \frac{47}{10} \cdot \frac{5}{4} = \frac{47 \cdot 1}{2 \cdot 4} = \frac{47}{8} = 5\frac{7}{8}$; $\frac{3\frac{1}{2}}{2\frac{5}{6}} = 3\frac{1}{2} : 2\frac{5}{6} = \frac{7}{2} : \frac{17}{6} = \frac{7}{2} \cdot \frac{6}{17} = \frac{7 \cdot 3}{1 \cdot 17} = \frac{21}{17} = 1\frac{4}{17}$

7 Das Rechnen mit rationalen Zahlen

Alle als Brüche darstellbaren Zahlen werden zur **Menge der rationalen Zahlen** ($\mathbb{Q}$) zusammengefasst. So ist z. B. auch $-2 = -\frac{4}{2} = -\frac{6}{3} = \ldots$ eine rationale Zahl. Für das Rechnen mit rationalen Zahlen gelten alle Rechenregeln und Gesetze, die auch beim Rechnen mit natürlichen Zahlen ($\mathbb{N}$) und ganzen Zahlen ($\mathbb{Z}$) gelten.

Regeln: Punkt- vor Strichrechnung; „Klammer zuerst"-Regel (→ Seite 34)

Gesetze: Kommutativgesetz, Assoziativgesetz, Distributivgesetz (→ Seite 33)

Beispiel 12: $\frac{2}{3}\cdot\frac{4}{5}-\frac{7}{12}=\frac{8}{15}-\frac{7}{12}=\frac{32-35}{60}=-\frac{3}{60}=-\frac{1}{20}$ (Punkt- vor Strichrechnung)

Beispiel 13: $\frac{2}{3}\cdot\left(\frac{4}{5}-\frac{7}{12}\right)=\frac{2}{3}\cdot\frac{48-35}{60}=\frac{2\cdot 13}{3\cdot 60}=\frac{1\cdot 13}{3\cdot 30}=\frac{13}{90}$ (Klammer zuerst)

Beispiel 14: $\frac{9}{10}\cdot\left(\frac{5}{12}-\frac{15}{18}\right)=\frac{9}{10}\cdot\frac{5}{12}-\frac{9}{10}\cdot\frac{15}{18}=\frac{3\cdot 1}{2\cdot 4}-\frac{1\cdot 3}{2\cdot 2}=\frac{3}{8}-\frac{3}{4}=\frac{3-6}{8}=-\frac{3}{8}$ (Distributivgesetz)

8 Bruchterme und Rechenbäume

Mithilfe von Rechenbäumen kann man den Fortschritt der Berechnungen, insbesondere für umfangreichere Rechenterme, verdeutlichen.

Beispiel 15:

$$2\frac{7}{9}\cdot\left(\frac{3}{4}-\frac{3}{2}\right)+3\frac{3}{4}:\frac{5}{6}$$
$$=2\frac{7}{9}\cdot\left(\frac{3-6}{4}\right)+3\frac{3}{4}:\frac{5}{6}$$
$$=2\frac{7}{9}\cdot\left(-\frac{3}{4}\right)+3\frac{3}{4}:\frac{5}{6}$$
$$=\frac{25}{9}\cdot\left(-\frac{3}{4}\right)+\frac{15}{4}:\frac{5}{6}$$
$$=-\frac{25\cdot 3}{9\cdot 4}+\frac{15\cdot 6}{4\cdot 5}$$
$$=-\frac{25\cdot 1}{3\cdot 4}+\frac{3\cdot 3}{21}$$
$$=-\frac{25}{12}+\frac{9}{2}$$
$$=\frac{-25+54}{12}$$
$$=\frac{29}{12}=2\frac{5}{12}$$

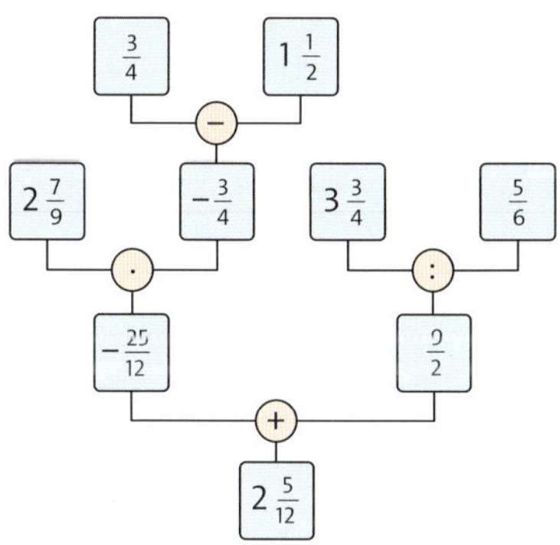

9 Rechenaufträge

Auch bei der Bearbeitung von Rechenaufträgen geht man in gewohnter Weise vor (→ Seite 20).

Beispiel 16: Dividiere die Summe aus $\frac{1}{6}$ und $\frac{3}{8}$ durch die Differenz von $\frac{3}{4}$ und $\frac{4}{5}$.

$$\left(\frac{1}{6}+\frac{3}{8}\right):\left(\frac{3}{4}-\frac{4}{5}\right)=\frac{4+9}{24}:\left(\frac{15-16}{20}\right)$$
$$=\frac{13}{24}:\left(-\frac{1}{20}\right)$$
$$=-\frac{13\cdot 20}{24\cdot 1}$$
$$=-\frac{65}{6}=-10\frac{5}{6}$$

Präge dir die Bedeutung der in Rechenaufträgen häufig auftretenden Fachbegriffe Summe, Differenz, Produkt und Quotient gut ein! (→ Seite 20)

7 Rechnen mit Bruchzahlen TESTEN

TEST 1 Bruchteile darstellen

1 Welcher Bruch entspricht den dunkel markierten Anteilen?

a) 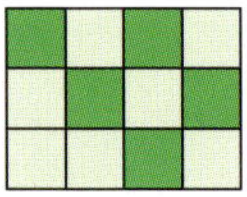

b) 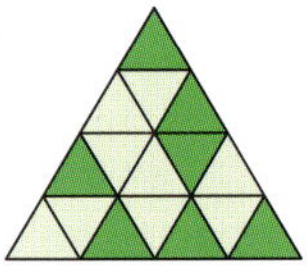

c) 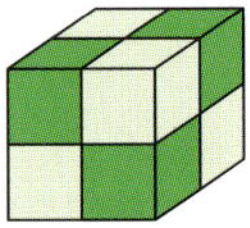

2 Stelle den Bruch als Anteile der Fläche dar.

a) $\frac{1}{8}$ 

b) $\frac{3}{4}$ 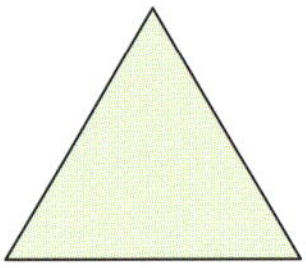

c) $\frac{1}{3}$ 

3 Wandle den unechten Bruch in gemischte Zahlen um bzw. umgekehrt.

a) $\frac{11}{5} =$

b) $-\frac{34}{7} =$

c) $\frac{120}{24} =$

d) $1\frac{4}{13} =$

e) $-4\frac{5}{16} =$

f) $23\frac{3}{7} =$

4 Notiere die Maßzahl in der vorgegebenen Maßeinheit.

a) 40 cm = ____ m

b) 35 min = ____ h

c) $1\frac{3}{8}$ kg = ____ g

d) $\frac{9}{25}\,m^2 =$ ____ cm^2

e) $\frac{1}{4}$ h = ____ s

f) 625 000 $mm^3 =$ ____ dm^3

5 Der Bruch $\frac{3}{4}$ soll auf dem Zahlenstrahl dargestellt werden. Beschreibe deine Vorgehensweise anhand einer Zeichnung und erläutere dein Vorgehen im Heft.

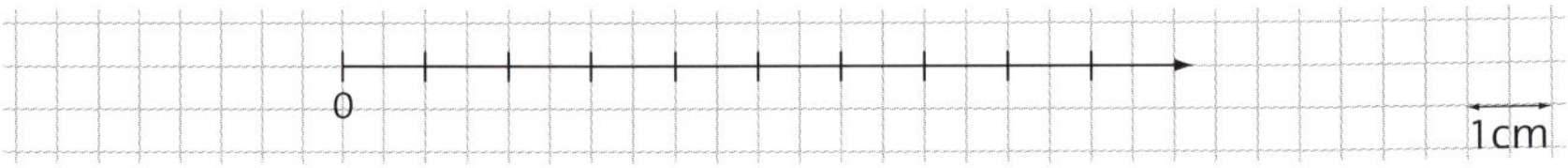

TEST 2 Brüche kürzen, erweitern und vergleichen

1 Bilde alle Brüche, kürze sie, falls möglich, und gib dein Ergebnis, falls erforderlich, als gemischte Zahl an.

		Zähler			
		2	6	21	35
Nenner	6				
	8				
	15				
	28				

2 Erweitere die Brüche so, dass die vorgegebenen Zähler bzw. Nenner auftreten.

a) $\frac{5}{7} = \frac{}{42}$ b) $\frac{3}{8} = \frac{21}{}$ c) $\frac{7}{18} = \frac{84}{}$

d) $\frac{7}{18} = \frac{}{72}$ e) $\frac{14}{19} = \frac{}{209}$ f) $\frac{15}{27} = \frac{255}{}$

g) $\frac{3}{4} = \frac{}{-12}$ h) $\frac{3}{5} = -\frac{36}{}$

3 Lies alle markierten Brüche ab und gib sie in aufsteigender Reihenfolge an.

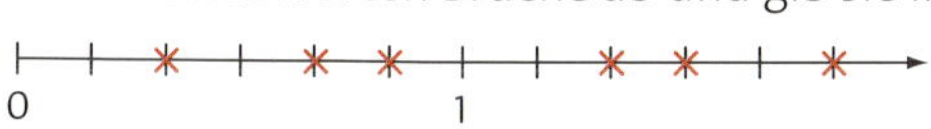

4 Ordne die folgenden Brüche in aufsteigender Reihenfolge an:

a) $\frac{3}{4}$ und $\frac{5}{8}$ b) $\frac{11}{18}$, $\frac{5}{9}$ und $\frac{7}{12}$

c) $\frac{5}{6}$, $\frac{7}{10}$, $\frac{2}{3}$ und $\frac{11}{15}$

5 „Zwischen zwei beliebigen Brüchen liegt stets mindestens ein weiterer Bruch!“ Begründe die Behauptung mithilfe selbst gewählter Beispiele.

TEST 3 Brüche addieren und subtrahieren

1 Berechne, kürze und gib, wo möglich, als gemischte Zahl an.

a) $\frac{11}{14} + \frac{9}{14} =$ b) $\frac{5}{18} - \frac{17}{18} =$ c) $\frac{7}{8} + \frac{7}{12} =$ d) $\frac{9}{10} - \frac{14}{15} =$

2 Berechne so, dass möglichst keine großen Zahlen auftreten.

a) $1\frac{4}{5} + 3\frac{3}{5} =$ b) $3\frac{5}{7} - 2\frac{3}{7} =$ c) $4\frac{1}{6} - 2\frac{7}{9} =$ d) $3\frac{7}{9} - 5\frac{5}{12} =$

3 Gib das Ergebnis in der vorgegebenen Maßeinheit an.

a) $\frac{1}{2}$m + 10 cm = cm = m

b) $\frac{3}{4}$h − 25 min = min = h

c) $4\frac{1}{4}$kg − 600 g = g = kg

4 Verkleinere die Summe aus $2\frac{4}{9}$ und $3\frac{1}{5}$ um $6\frac{13}{15}$.

5 Welche Zahl musst du für x wählen, damit die Gleichung stimmt?

a) $x + \frac{2}{5} = 2\frac{1}{5}$ b) $x - \frac{4}{9} = 1\frac{5}{6}$

c) Beschreibe ganz allgemein, wie du vorgehst, um Gleichungen dieser Art zu lösen.

TEST 4 Brüche multiplizieren und dividieren

1 Bestimme alle Produkte.

		2. Faktor			
		$\frac{3}{10}$	$-\frac{8}{21}$	12	$2\frac{2}{35}$
1. Faktor	$-\frac{5}{6}$				
	$1\frac{5}{9}$				

2 Die nebenstehende Zeichnung stellt eine Divisionsaufgabe dar. Notiere die beiden Möglichkeiten, diese Divisionsaufgabe zu berechnen, berechne dann beide Aufgaben. Was stellst du fest?

3 Ein großes Aquarium ist $1\frac{3}{5}$ m lang, $\frac{3}{4}$ m tief und $\frac{2}{3}$ m hoch. Wie lange dauert es, das Aquarium komplett mit Wasser zu füllen, wenn die Zuleitung $18\frac{3}{4}\,\ell$ Wasser pro Minute liefert? (Hinweis: $1\,\ell \triangleq 1\,dm^3$)

4 Welche Zahl musst du für x wählen, damit die Gleichung stimmt?

a) $x \cdot 8\frac{6}{13} = 2\frac{10}{39}$

b) $x : 9\frac{3}{8} = 2\frac{22}{25}$

TEST 5 Bruchterme berechnen und darstellen

1 Notiere den entsprechenden Bruchterm, berechne ihn und ergänze den Rechenbaum:

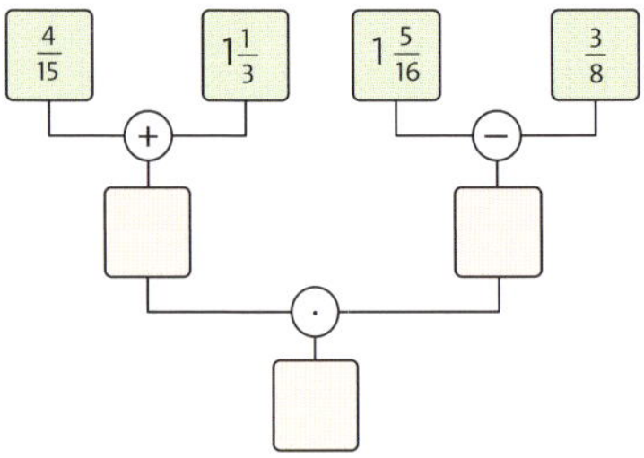

2 Berechne die Werte x und y, die im Rechenbaum fehlen:

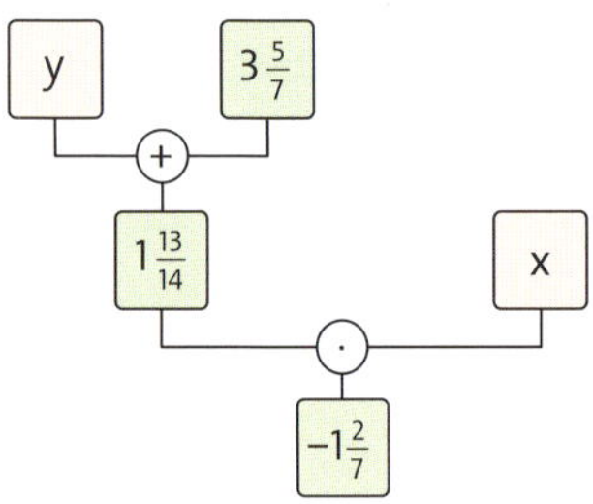

3 Teile $6\frac{1}{9}$ durch die Differenz aus dieser Zahl und $2\frac{3}{4}$, multipliziere dann den Quotienten mit der Summe aus $\frac{9}{40}$ und $\frac{3}{16}$.
Bearbeite diesen Rechenauftrag und zeichne den zugehörenden Rechenbaum.

4 An den Ecken einer rechteckigen Pappe schneidest du vier gleich große Quadrate aus. Jetzt kannst du die überstehenden Teile entlang der Falzkanten hochklappen. Du erhältst eine oben offene Schachtel.
Welcher Bruchteil der Kartonfläche wurde als Abfall herausgeschnitten?
Leite den entsprechenden Bruchterm her, berechne ihn und erkläre dein Ergebnis!

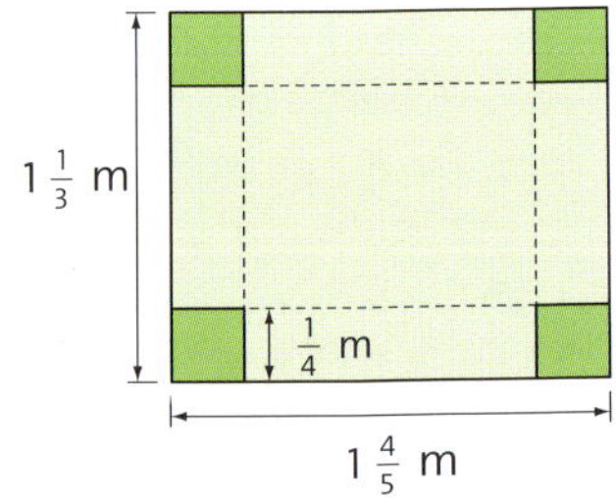

7 Rechnen mit Bruchzahlen LÖSUNGEN

Lösungen zu Test 1

1 a) Das Rechteck wurde in $3 \cdot 4 = 12$ gleiche Quadrate aufgeteilt, von denen 5 Stück dunkel markiert sind. Somit lautet der Bruch $\frac{5}{12}$.

b) 7 der 16 Dreiecke sind dunkel markiert: $\frac{7}{16}$.

c) 3 der 8 kleinen Würfel sind dunkel markiert: $\frac{3}{8}$.

2 a) 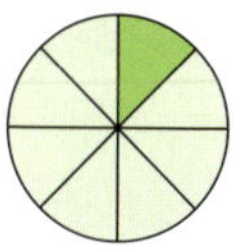

b) 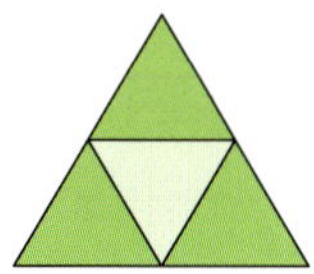

c) 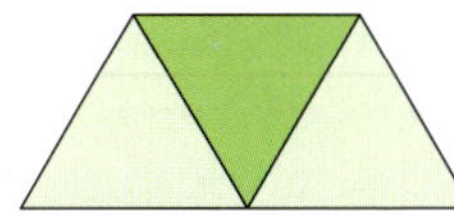

3 a) Fasse $\frac{11}{5}$ als Divisionsaufgabe (11 : 5) auf: $11 : 5 = 2$ Rest 1, also: $\frac{11}{5} = 2\frac{1}{5}$

b) $-34 : 7 = -4$ Rest 6: $-\frac{34}{7} = -4\frac{6}{7}$

c) $120 : 24 = 5$ Rest 0: $\frac{120}{24} = 5$

d) $1\frac{4}{13} = \frac{13 \cdot 1 + 14}{13} = \frac{17}{3}$

e) $-4\frac{5}{16} = -\frac{16 \cdot 4 + 5}{16} = -\frac{69}{16}$

f) $23\frac{3}{7} = \frac{7 \cdot 23 + 3}{7} = \frac{164}{7}$

zu 3 e): Vorsicht! Wenn ein Minuszeichen vor einer gemischten Zahl steht, bezieht es sich immer auf den ganzzahligen *und* den gebrochenen Anteil der Zahl!
$-4\frac{5}{16} = -4 - \frac{5}{16} = -\left(4 + \frac{5}{16}\right)$

4 a) $40\,\text{cm} = \frac{40}{100}\,\text{m} = \frac{2 \cdot 20}{5 \cdot 20}\,\text{m} = \frac{2}{5}\,\text{m}$

b) $35\,\text{min} = \frac{35}{60}\,\text{h} = \frac{35 : 5}{60 : 5} = \frac{7}{12}\,\text{h}$

c) $1\frac{3}{8}\,\text{kg} = \frac{11}{8}\,\text{kg} = \frac{11 \cdot 125}{8 \cdot 125}\,\text{kg} = \frac{1375}{1000}\,\text{kg} = 1375\,\text{g}$, denn $1\,\text{kg} = 1000\,\text{g}$.

d) $\frac{9}{25}\,\text{m}^2 = \frac{9 \cdot 400}{25 \cdot 400}\,\text{m}^2 = \frac{3600}{10\,000}\,\text{m}^2 = 3600\,\text{cm}^2$, denn $1\,\text{m}^2 = 100\,\text{dm}^2 = 10\,000\,\text{cm}^2$.

e) $\frac{1}{4}\,\text{h} = \frac{900}{3600}\,\text{h} = 900\,\text{s}$, denn $1\,\text{h} = 60\,\text{min} = 3600\,\text{s}$.

f) $625\,000\,\text{mm}^3 = \frac{625\,000}{1\,000\,000}\,\text{dm}^3 = \frac{625}{1000}\,\text{dm}^3 = \frac{5}{8}\,\text{dm}^3$,
denn $1\,\text{dm}^3 = 1000\,\text{cm}^3 = 1\,000\,000\,\text{mm}^3$.

5 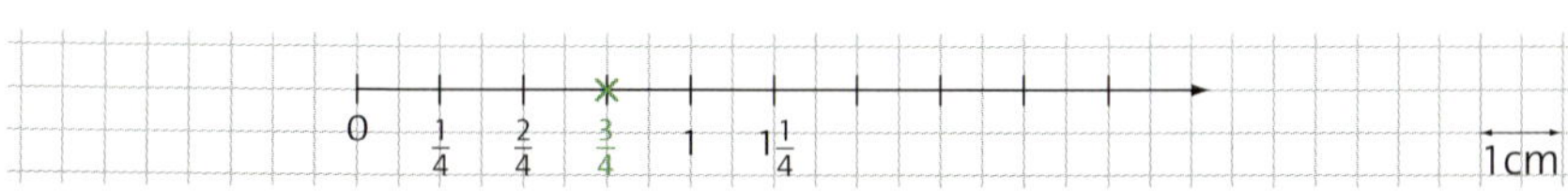

1. Ich wähle die Einheit 1, entsprechend dem Nenner 4, bei 4 cm.
2. Die Einheitsstrecke (von 0 bis 1) setzt sich deshalb aus vier gleichen Teilstrecken von je 1 cm Länge zusammen.
3. Ich markiere den Bruch $\frac{3}{4}$, entsprechend dem Zähler 3, bei 3 cm. Vom Nullpunkt ausgehend werden somit 3 der 4 gleichen Teile erfasst.

Lösungen zu Test 2

1

		Zähler			
		2	6	21	35
Nenner	6	$\frac{2}{6}=\frac{1}{3}$	$\frac{6}{6}=\frac{1}{1}=1$	$\frac{21}{6}=\frac{7}{2}=3\frac{1}{2}$	$\frac{35}{6}=5\frac{5}{6}$
	8	$\frac{2}{8}=\frac{1}{4}$	$\frac{6}{8}=\frac{3}{4}$	$\frac{21}{8}=2\frac{5}{8}$	$\frac{35}{8}=4\frac{3}{8}$
	15	$\frac{2}{15}$	$\frac{6}{15}=\frac{2}{5}$	$\frac{21}{15}=\frac{7}{5}=1\frac{2}{5}$	$\frac{35}{15}=\frac{7}{3}=2\frac{1}{3}$
	28	$\frac{2}{28}=\frac{1}{14}$	$\frac{6}{28}=\frac{3}{14}$	$\frac{21}{28}=\frac{3}{4}$	$\frac{35}{28}=\frac{5}{4}=1\frac{1}{4}$

Bei Fragen sieh dir die **Beispiele 8 und 9** auf Seite 72 an.

2

a) $\frac{5}{7}=\frac{5\cdot 6}{7\cdot 6}=\frac{30}{42}$ b) $\frac{3}{8}=\frac{3\cdot 7}{8\cdot 7}=\frac{21}{56}$ c) $\frac{7}{18}=\frac{7\cdot 12}{18\cdot 12}=\frac{84}{216}$

d) $\frac{7}{18}=\frac{7\cdot 4}{18\cdot 4}=\frac{28}{72}$ e) $\frac{14}{19}=\frac{14\cdot 11}{19\cdot 11}=\frac{154}{209}$ f) $\frac{15}{27}=\frac{15\cdot 17}{27\cdot 17}=\frac{255}{459}$

g) $\frac{3}{4}=\frac{3\cdot(-3)}{4\cdot(-3)}=\frac{-9}{-12}$ h) $\frac{3}{5}=\frac{3\cdot(-12)}{5\cdot(-12)}=\frac{-36}{-60}=-\frac{36}{-60}$

Bestimme zunächst aus dem gegebenem Zähler- oder Nennerpaar den Erweiterungsfaktor. Bei Aufgabe a) rechnest du also $42:7=6$. Anschließend führst du die vollständige Erweiterung durch, bei a) also: $5\cdot 6=30$.

3 Von links beginnend: $\frac{2}{6}=\frac{1}{3}<\frac{4}{6}=\frac{2}{3}<\frac{5}{6}<1\frac{2}{6}=1\frac{1}{3}<1\frac{3}{6}=1\frac{1}{2}<1\frac{5}{6}$

Falls du hier Probleme hast, hilft dir auch die → Aufgabe 5 von Test 1 weiter.

4 Bestimme den Hauptnenner der Brüche, also das kgV der Nenner, und erweitere sie auf diesen Hauptnenner. Anschließend vergleichst du nur noch die erweiterten Zähler:

a) $\frac{5}{8}<\frac{3}{4}=\frac{3\cdot 2}{4\cdot 2}=\frac{6}{8}$ b) $\frac{5}{9}=\frac{20}{36}<\frac{7}{12}=\frac{21}{36}<\frac{11}{18}=\frac{22}{36}$

c) $\frac{2}{3}=\frac{20}{30}<\frac{7}{10}=\frac{21}{30}<\frac{11}{15}=\frac{22}{30}<\frac{5}{6}=\frac{25}{30}$

5 Bei Brüchen mit gleichem Nenner, z. B. $\frac{3}{7}$ und $\frac{4}{7}$, muss man nur mit 2 erweitern: $\frac{3}{7}=\frac{6}{14}<\frac{7}{14}<\frac{8}{14}=\frac{4}{7}$. Bei Brüchen mit verschiedenen Nennern, z. B. $\frac{3}{5}$ und $\frac{3}{4}$, erweitert man auf den Hauptnenner: $\frac{3}{5}=\frac{12}{20}<\frac{13}{20}<\frac{15}{20}=\frac{3}{4}$.

Lösungen zu Test 3

1 a) $\frac{11}{14} + \frac{9}{14} = \frac{11+9}{14} = \frac{20}{14} = \frac{10}{7} = 1\frac{3}{7}$

b) $\frac{5}{18} - \frac{17}{18} = \frac{5-17}{18} = -\frac{12}{18} = -\frac{2}{3}$

c) $\frac{7}{8} + \frac{7}{12} = \frac{7 \cdot 3}{8 \cdot 3} + \frac{7 \cdot 2}{12 \cdot 2} = \frac{21}{24} + \frac{14}{24} = \frac{21+14}{24} = \frac{35}{24} = 1\frac{11}{24}$

d) $\frac{9}{10} - \frac{14}{15} = \frac{9 \cdot 3}{10 \cdot 3} - \frac{14 \cdot 2}{15 \cdot 2} = \frac{27}{30} - \frac{28}{30} = \frac{27-28}{30} = -\frac{1}{30}$

Bei Unklarheiten sieh dir die **Beispiele 3 und 4** auf Seite 71 an.

2 a) $1\frac{4}{5} + 3\frac{3}{5} = (1+3) + \left(\frac{4}{5} + \frac{3}{5}\right) = 4 + \frac{7}{5} = 4 + 1\frac{2}{5} = 5\frac{2}{5}$

b) $3\frac{5}{7} - 2\frac{3}{7} = (3-2) + \left(\frac{5}{7} - \frac{3}{7}\right) = 1 + \frac{2}{7} = 1\frac{2}{7}$

c) $4\frac{1}{6} - 2\frac{7}{9} = (4-2) + \left(\frac{3}{18} - \frac{14}{18}\right) = 2 + \left(-\frac{11}{18}\right) = 1 + \frac{18}{18} - \frac{11}{18} = 1\frac{7}{18}$

d) $3\frac{7}{9} - 5\frac{5}{12} = (3-5) + \left(\frac{28}{36} - \frac{15}{36}\right) = -2 + \frac{13}{36} = -1 - \frac{36}{36} + \frac{13}{36} = -1 - \frac{23}{36} = -1\frac{23}{36}$

Bei Fragen hilft dir das **Beispiel 5** auf Seite 71 weiter.

3 a) $\frac{1}{2}\,\text{m} + 10\,\text{cm} = \frac{50}{100}\,\text{m} + 10\,\text{cm} = 50\,\text{cm} + 10\,\text{cm} = 60\,\text{cm} = \frac{60}{100}\,\text{m} = \frac{3}{5}\,\text{m}$

b) $\frac{3}{4}\,\text{h} - 25\,\text{min} = \frac{45}{60}\,\text{h} - 25\,\text{min} = 45\,\text{min} - 25\,\text{min} = 20\,\text{min} = \frac{20}{60}\,\text{h} = \frac{1}{3}\,\text{h}$

c) $4\frac{1}{4}\,\text{kg} - 600\,\text{g} = \frac{4250}{1000}\,\text{kg} - 600\,\text{g} = 4250\,\text{g} - 600\,\text{g} = 3650\,\text{g} = 3\frac{650}{1000}\,\text{kg} = 3\frac{13}{20}\,\text{kg}$

Wenn du hier Probleme hast, sieh dir **Beispiele 1 und 2** auf Seite 71 an.

4 $\left(2\frac{4}{9} + 3\frac{1}{5}\right) - 6\frac{13}{15} - (2+3) + \left(\frac{20}{45} + \frac{9}{45}\right) - 6\frac{13}{15} - 5\frac{29}{45} - 6\frac{39}{45} - (5-6) + \left(\frac{29}{45} - \frac{39}{45}\right)$

$= -1 + \left(-\frac{10}{45}\right) = -1 - \frac{2}{9} = -1\frac{2}{9}$

Bei Fragen hilft dir das **Beispiel 16** auf Seite 73 weiter.

5 a)

$x + \frac{2}{5} = 2\frac{1}{5} \quad \left| -\frac{2}{5}\right.$

$x = 2\frac{1}{5} - \frac{2}{5}$

$x = 1 + \frac{6}{5} - \frac{2}{5}$

$x = 1\frac{4}{5}$

b)

$x - \frac{4}{9} = 1\frac{5}{6} \quad \left| +\frac{5}{6}\right.$

$x = 1\frac{5}{6} + \frac{4}{9}$

$x = 1 + \frac{15}{18} + \frac{8}{18}$

$x = 2\frac{5}{18}$

c) Ich isoliere die Unbekannte x auf der linken Seite der Gleichung und rechne den rechten Term aus. (Siehe auch → Seite 42, Nr. 4.)

Lösungen zu Test 4

1

		2. Faktor			
		$\frac{3}{10}$	$-\frac{8}{21}$	12	$2\frac{2}{35}$
1. Faktor	$-\frac{5}{6}$	$-\frac{5\cdot3}{6\cdot10} = -\frac{1\cdot1}{2\cdot2} = -\frac{1}{4}$	$\frac{5\cdot8}{6\cdot21} = \frac{5\cdot4}{3\cdot21} = \frac{20}{63}$	$\frac{-5\cdot12}{6} = -\frac{5\cdot2}{1} = -10$	$-\frac{5\cdot72}{6\cdot35} = -\frac{1\cdot12}{1\cdot7} = -\frac{12}{7} = -1\frac{5}{7}$
	$1\frac{5}{9}$	$\frac{14\cdot3}{9\cdot10} = \frac{7\cdot1}{3\cdot5} = \frac{7}{15}$	$-\frac{14\cdot8}{9\cdot21} = -\frac{2\cdot8}{9\cdot3} = -\frac{16}{27}$	$\frac{14\cdot12}{9} = \frac{14\cdot4}{3} = \frac{56}{3} = 18\frac{2}{3}$	$\frac{14\cdot72}{9\cdot35} = \frac{2\cdot8}{1\cdot5} = \frac{16}{5} = 3\frac{1}{5}$

Bei Problemen helfen dir die **Beispiele 8 und 9** auf Seite 72.

2 1. Möglichkeit:

$\left(2\frac{1}{2}:3\frac{5}{6}\right):4\frac{1}{3}$

$= \left(\frac{5}{2}:\frac{23}{6}\right):\frac{13}{3}$

$= \left(\frac{5}{2}\cdot\frac{6}{23}\right):\frac{13}{3}$

$= \frac{15}{23}\cdot\frac{3}{13}$

$= \frac{45}{299}$

2. Möglichkeit:

$2\frac{1}{2}:\left(3\frac{5}{6}:4\frac{1}{3}\right)$

$= \frac{5}{2}:\left(\frac{23}{6}:\frac{13}{3}\right)$

$= \frac{5}{2}:\left(\frac{23}{6}\cdot\frac{3}{13}\right)$

$= \frac{5}{2}\cdot\frac{26}{23}$

$= \frac{65}{23} = 2\frac{19}{23}$

Bei der Division von Brüchen gilt das Assoziativgesetz (→ Seite 33) nicht: $\left(\frac{a}{b}:\frac{c}{d}\right):\frac{e}{f} \neq \frac{a}{b}:\left(\frac{c}{d}:\frac{e}{f}\right)$.

Ich erhalte, je nachdem, wo ich das Klammerpaar setze, unterschiedliche Ergebnisse: $\frac{45}{299} \neq 2\frac{19}{23}$

3 Zunächst wird das Volumen berechnet:

$1\frac{3}{5}\cdot\frac{3}{4}\cdot\frac{2}{3} = \frac{8}{5}\cdot\frac{3}{4}\cdot\frac{2}{3} = \frac{8\cdot4\cdot2}{5\cdot4\cdot3} = \frac{2\cdot2}{5} = \frac{4}{5}\,m^3$

$\frac{4}{5}\,m^3 = \frac{4000}{5}\,dm^3 = 800\,dm^3 = 800\,\ell$

Zur Berechnung der Zeit muss man $800\,\ell$ durch $18\frac{3}{4}\,\frac{\ell}{min}$ teilen:

$800 : 18\frac{3}{4} = 800 : \frac{75}{4} = \frac{800\cdot4}{75} = \frac{32\cdot4}{3} = \frac{128}{3} = 42\frac{2}{3}\,min$

4 a) $x = 2\frac{10}{39} : 8\frac{6}{13} = \frac{88}{39}\cdot\frac{13}{110} = \frac{4\cdot1}{3\cdot5} = \frac{4}{15}$

b) $x = 2\frac{22}{25}\cdot9\frac{3}{8} = \frac{72}{25}\cdot\frac{75}{8} = \frac{9\cdot3}{1\cdot1} = 27$

Bei Problemen hilft dir → Aufgabe 5 von Test 3 weiter.

Lösungen zu Test 5

1 **Rechenbaum:**

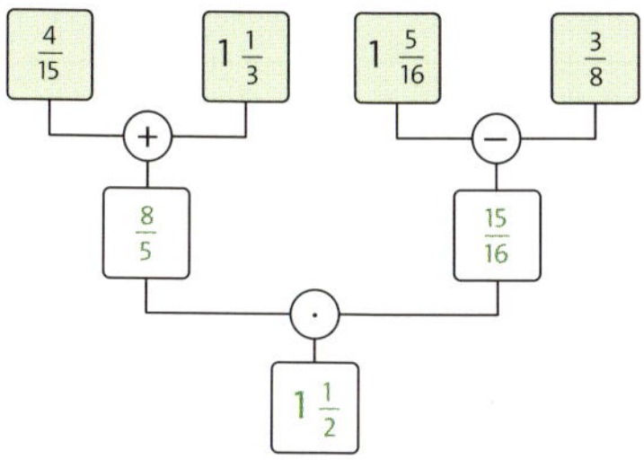

Bruchterm und Berechnung:

$$\left(\frac{4}{15}+1\frac{1}{3}\right)\cdot\left(1\frac{5}{16}-\frac{3}{8}\right)=\left(\frac{4}{15}+\frac{20}{15}\right)\cdot\left(\frac{21}{16}-\frac{6}{16}\right)$$
$$=\frac{24}{15}\cdot\frac{15}{16}$$
$$=\frac{3\cdot 1}{1\cdot 2}$$
$$=\frac{3}{2}=1\frac{1}{2}$$

Siehe auch **Beispiel 15** auf Seite 73.

2 $x=\left(-1\frac{2}{7}\right):1\frac{13}{14}=-\frac{9}{7}\cdot\frac{14}{27}=-\frac{1\cdot 2}{1\cdot 3}=-\frac{2}{3}$

$y=1\frac{13}{14}-3\frac{5}{7}=\frac{27}{14}-\frac{26}{7}=\frac{27-52}{14}=-\frac{25}{14}=-1\frac{11}{14}$

Zu Aufgabe 2: Beide Berechnungen erfordern diejenigen Rechenzeichen, die zu den im Rechenbaum angeführten Rechenzeichen entgegengesetzt sind!

3 $\left(6\frac{1}{9}:\left(6\frac{1}{9}-2\frac{3}{4}\right)\right)\cdot\left(\frac{9}{40}+\frac{3}{16}\right)$

$=\left(\frac{55}{9}:\left(\frac{55}{9}-\frac{11}{4}\right)\right)\cdot\frac{18+15}{80}=\left(\frac{55}{9}:\frac{220-99}{36}\right)\cdot\frac{33}{80}$

$=\left(\frac{55}{9}:\frac{121}{36}\right)\cdot\frac{33}{80}=\frac{55\cdot 36}{9\cdot 121}\cdot\frac{33}{80}=\frac{5\cdot 4}{1\cdot 11}\cdot\frac{33}{80}$

$=\frac{20}{11}\cdot\frac{33}{80}=\frac{1\cdot 3}{1\cdot 4}=\frac{3}{4}$

Siehe auch die **Beispiele 8, 9 und 10** auf Seite 72.

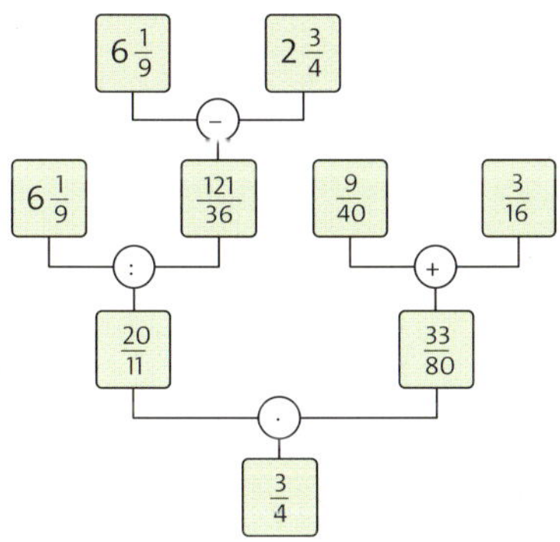

4 Flächeninhalt der Pappe: $1\frac{4}{5}\cdot 1\frac{1}{3}=\frac{9}{5}\cdot\frac{4}{3}=\frac{3\cdot 4}{5\cdot 1}=\frac{12}{5}\,m^2$

Flächeninhalt des Abfalls: $4\cdot\left(\frac{1}{4}\cdot\frac{1}{4}\right)=4\cdot\frac{1}{16}=\frac{4}{16}=\frac{1}{4}\,m^2$

Die Differenz der Flächeninhalte von Pappe und Abfall $\left(1\frac{4}{5}\cdot 1\frac{1}{3}-4\cdot\frac{1}{4}\cdot\frac{1}{4}\right)$ entspricht dem Flächeninhalt der Schachtel. Dieser Term bildet den Nenner des folgenden Bruchterms: $\frac{4\cdot\frac{1}{4}\cdot\frac{1}{4}}{1\frac{4}{5}\cdot 1\frac{1}{3}-4\cdot\frac{1}{4}\cdot\frac{1}{4}}=\frac{\frac{1}{4}}{\frac{12}{5}-\frac{1}{4}}=\frac{\frac{1}{4}}{\frac{48}{20}-\frac{5}{20}}=\frac{\frac{1}{4}}{\frac{43}{20}}=\frac{1}{4}\cdot\frac{20}{43}=\frac{1\cdot 5}{1\cdot 43}=\frac{5}{43}$.

Erklärung: Wenn man sich die Pappfläche in 43 gleich große Teile aufgeteilt denkt, dann deckt die Abfallfläche (die vier Quadraten) hiervon 5 Teile ab.

Anwort: Aus der Pappe wurden $\frac{5}{43}$ herausgeschnitten.

8 Rechnen mit Dezimalbrüchen

1 Dezimalbrüche und Stellenwerttafel

Die **Stellenwerttafel** (→ Seite 7) wird nach rechts um die **Dezimalstellen** Zehntel (z), Hundertstel (h), Tausendstel (t), ... erweitert. So lassen sich Bruchzahlen mit den Nennern 10, 100, 1000, ... in das Dezimalsystem eingliedern und als **Dezimalbrüche** (**Dezimalzahlen**) schreiben.

...	H	Z	E		z	h	t	...
		2	3	,	4	8	1	

$$2 \cdot 10 + 3 \cdot 1 + 4 \cdot \frac{1}{10} + 8 \cdot \frac{1}{100} + 1 \cdot \frac{1}{1000}$$

2 Dezimalbrüche als Brüche schreiben

Jede (endliche) Dezimalzahl lässt sich direkt als Bruch schreiben: Nimm die Stellenwerttafel zuhilfe und schreibe die Zahlen nach dem Komma (die Dezimalen) auf den Nenner. Wähle den Zähler entsprechend der Dezimalstelle.
In der Abbildung oben: $23{,}481 = 23\,\frac{481}{1000}$.
Danach muss der Bruch nur noch gekürzt werden.

Beispiel 1: $0{,}2 = \frac{2}{10} = \frac{2:2}{10:2} = \frac{1}{5}$; $0{,}25 = \frac{25}{100} = \frac{25:25}{100:25} = \frac{1}{4}$; $1{,}0804 = 1\frac{804}{10\,000} = 1\frac{201}{2500}$

3 Brüche als Dezimalbrüche schreiben

Ersetze den Bruchstrich durch ein „:" und führe die Divisionsaufgabe aus.
Dabei können **endliche** oder **unendlich-periodische Dezimalbrüche** entstehen.

Beispiel 2: $\frac{12}{25}$

$12 : 25 = 0{,}48$
120
−100
200
−200
0

endlicher Dezimalbruch

Beispiel 3: $\frac{2}{3}$

$2 : 3 = 0{,}666\ldots = 0{,}\overline{6}$
20
−18
20
−18
2 ...

unendlich-periodischer Dezimalbruch

Beispiel 4: $\frac{5}{6}$

$5 : 6 = 0{,}833 \quad = 0{,}8\overline{3}$
50
−48
20
−18
2 ...

erst ab der zweiten Dezimalstelle periodisch

Tipp: Wenn ein gekürzter Bruch im Nenner nur die Primzahlteiler 2 oder 5 aufweist, lässt er sich ganz leicht **auf den Nenner 10, 100, 1000, ... erweitern**, und damit ganz schnell als Dezimalbrüche schreiben.

Beispiel 5: $\frac{3}{100} = 0{,}03$; $\frac{3}{5} = \frac{3 \cdot 2}{5 \cdot 2} = \frac{6}{10} = 0{,}6$; $\frac{12}{25} = \frac{12 \cdot 4}{25 \cdot 4} = \frac{48}{100} = 0{,}48$

(→ Seite 52, Nr. 2 und 3)

4 Dezimalbrüche runden

Beim Runden betrachtet man diejenige Ziffer, die auf die zu rundende Dezimalstelle folgt.
Ist dies die Ziffer 0, 1, 2, 3 oder 4, so wird **abgerundet**, die Zahl bleibt gleich.
Folgen die Ziffern 5, 6, 7, 8 oder 9, so wird **aufgerundet**, die Zahl wird um 1 erhöht.

Beispiel 6: Der Dezimalbruch 19,845 soll gerundet werden auf die

– Zehnerstelle (Z):	19,845 ≈ 20	9: aufrunden → 1 auf 2 erhöhen
– Einerstelle (E):	19,845 ≈ 20	8: aufrunden → 9 auf 10 erhöhen
– Zehntelstelle (z):	19,845 ≈ 19,8	4: abrunden → 8 bleibt
– Hundertstelstelle (h):	19,845 ≈ 19,85	5: aufrunden → 4 auf 5 erhöhen

Beispiel 7: Kontrolliere eine Rechnung, z. B. 1,08 + 25,625 – 2,407 = 24,298, durch eine **Überschlagsrechnung** mit gerundeten Zahlen:
1,1 + 25,6 – 2,4 = 24,3 und 24,298 ≈ 24,3

5 Addition und Subtraktion von Dezimalbrüchen

Kopfrechnen: Alle Kommas werden so weit verschoben, bis alle Summanden ganzzahlig sind. Diese Verschiebung muss beim Ergebnis wieder rückgängig gemacht werden.

Beispiel 8:

Aufgabe	0,8 + 0,6 = 1,4	1,4 + 0,28 = 1,68	0,32 – 0,5 = – 0,18
Kopfrechnung	8 + 6 = 14	140 + 28 = 168	32 – 50 = – 18

Schriftliches Rechnen: Man schreibt stellengenau untereinander und füllt die unbesetzten Dezimalstellen mit Nullen auf (unten rot gedruckt). Dann wird wie üblich (von rechts nach links) gerechnet.

Beispiel 9:

24,857 + 3,18

```
   24,857
 +  3,180
     1 1
 --------
   28,037
```

0,406 + 43 + 8,75 + 0,099

```
    0,406
   43,000
    8,750
 +  0,099
   1 111
 --------
   52,255
```

2,087 – 1,40946

```
  2,08700
 -1,40846
  1  111
 --------
  0,67854
```

6 Multiplikation und Division von Dezimalbrüchen

Kopfrechnen: Alle Kommas werden wie in den Beispielen verschoben und im Ergebnis wieder eingesetzt.

Beispiel 10:

Aufgabe	$0{,}8 \cdot 0{,}15 = 0{,}120 = 0{,}12$ (1 + 2 = 3 Stellen)	$0{,}24 : 1{,}2 = 0{,}2$ (2 − 1 = 1 Stelle)
Kopfrechnung	$8 \cdot 15 = 120$	$24 : 12 = 2$

Bei der **Multiplikation** mit oder der **Division** durch **10, 100, 1000**, ... wird das Komma einfach um die Anzahl der Nullen nach rechts (bzw. links) verschoben. Dabei werden fehlende Stellen durch Nullen (im Beispiel rot) ergänzt.

Beispiel 11: $2{,}356 \cdot 10 = 23{,}56$; $4{,}3 \cdot 1000 = 4300$; $0{,}057 \cdot 100 = 5{,}7$

Beispiel 12: $23{,}8 : 10 = 2{,}38$; $1{,}8 : 100 = 0{,}018$; $4275 : 1000 = 4{,}275$

Schriftliche Multiplikation: Man multipliziert zunächst ohne das Komma und setzt es erst beim Ergebnis wieder ein: Dazu addiert man die Anzahl der Dezimalstellen der Faktoren und zählt beim Ergebnis diese Stellenanzahl von rechts ab.

Beispiel 13:

```
  2,67 · 4,3
  1068
+  801
 11,481
```
(2 + 1 = 3 Dezimalstellen)

Schriftliche Division: Man verschiebt zunächst das Komma bei Dividend und Divisor um so viele Stellen nach rechts, bis der Divisor ganzzahlig geworden ist, und rechnet dann wie gewohnt. Das Komma wird im Ergebnis dann gesetzt, sobald die erste Dezimalstelle in die Division einbezogen wird.

Beispiel 14:

```
 19,88 : 1,4
   ↓      ↓
 198,8 : 14 = 14,2
−14
  58
 −56
   28
  −28
    0
```

7 Die Umrechnung dezimaler Maßzahlen

Maßangaben mit dezimalen Umrechnungsstufen lassen sich durch Verschiebungen des Kommas leicht in größere oder kleinere Maßeinheiten umrechnen.

Beispiel 15: 10er-Schritte bei Längenmaßen: 1 m = 10 dm, 1 dm = 10 cm, 1 cm = 10 mm; also 7,58 m = 75,8 dm; 438 mm = 4,38 dm

Beispiel 16: 100er-Schritte bei Flächenmaßen:
$1\,m^2 = 100\,dm^2$, $1\,dm^2 = 100\,cm^2$;
also $0{,}0725\,m^2 = 7{,}25\,dm^2$;
$4732{,}4\,cm^2 = 0{,}47324\,m^2$

> Vorsicht! Beim Umrechnen von Uhrzeiten (nicht-dezimal) funktioniert das Komma-Verschieben nicht!
> Hier rechnet man z. B.:
> $2{,}25\,h = 2{,}25 \cdot 60\,min$
> $= 135\,min = 2\,h\,15\,min$

TEST 1 Dezimalbrüche vergleichen und umrechnen

1 Vergleiche die Dezimalbruch-Paare miteinander und entscheide, welches der Relationszeichen „<" oder „>" zutrifft.

a) 2,3467 ☐ 2,3476 b) 0,1000 ☐ 0,0999 c) 14,0495 ☐ 14,049

d) 0,102 ☐ 0,111 e) 1,0 ☐ 0,9999 f) 10,01 ☐ 10,010

2 Gib die Dezimalbrüche 0,995; 0,985; 0,9998; 0,98; 0,998 und 0,986 in aufsteigender Reihenfolge an.

3 Schreibe die Dezimalbrüche als vollständig gekürzte Brüche.

a) 0,25 = b) 0,205 =

c) 0,025 = d) 2,5 =

e) 2,502 = f) 0,525 =

4 Schreibe die Brüche als Dezimalbrüche.

a) $\frac{3}{5}$ = b) $\frac{3}{4}$ =

c) $2\frac{3}{8}$ = d) $7\frac{8}{125}$ =

5 Schreibe die Brüche als Dezimalbrüche (Nebenrechnungen im Heft).

a) $\frac{1}{9}$ = b) $\frac{1}{7}$ = c) $\frac{5}{6}$ =

TEST 2 Dezimalbrüche addieren und subtrahieren

1 Berechne im Kopf.

a) 4,6 + 2,2 = b) 3,8 + 5,4 = c) 9,05 + 4,08 =

d) 0,69 + 1,09 = e) 8,7 − 3,5 = f) 4,2 − 2,4 =

g) 4,5 − 9,6 = h) 0,018 − 0,108 =

2 Runde auf die angegebene Dezimalstelle.

a) 45,37 ≈ (z) b) 19,7 ≈ (E)

c) 0,0459 ≈ (t) d) 0,199 ≈ (h)

3 Berechne schriftlich und prüfe deine Ergebnisse mit einer Überschlagsrechnung, bei der du alle Zahlen auf ihre Zehntelstelle rundest.

a) 17,187 + 5,614 b) 6,8900 + 15,0738 + 0,0462 c) 1,0265 − 0,9168

Überschlag: Überschlag: Überschlag:

4 Gib das Ergebnis in der angegebenen Maßeinheit an.

a) 4,63 m − 78 cm = cm = m

b) 0,0157 t + 35,63 kg = kg = g

c) 14,38 € − 83 Cent = Cent = €

TEST 3 Dezimalbrüche multiplizieren und dividieren

1 Ergänze in folgender Multiplikationstabelle alle fehlenden Zahlen. Schaffst du das im Kopf?

·	6	0,5		
0,8				
	8,4			1,68
0,02			2,6	

2 Multipliziere schriftlich im Heft und runde dein Ergebnis auf die zweite geltende Dezimalstelle. („Geltend“ ist eine von Null verschiedene Ziffer.)

a) 0,82 · 2,75 b) 13,908 · 0,47 c) 0,095 · 0,00562

3 Dividiere schriftlich im Heft und runde auf Hundertstel.

a) 5,448 : 12 b) 2,7696 : 1,2 c) 0,707 : 0,11

4 Bastian, Anna und Fabio fahren zusammen mit Bastians Pkw in den 625 km entfernten Urlaubsort. Der Wagen verbraucht 9,4 Liter Super auf 100 km und wird zu Beginn der Fahrt für 1,20 € pro Liter vollgetankt. Wie viel zahlt jeder der drei Freunde? Rechne im Heft.

5 Bestimme den Flächeninhalt folgender Figuren.

a)

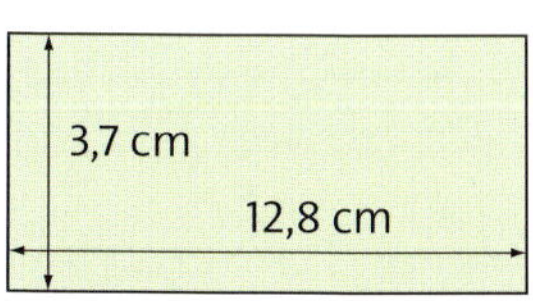

b)

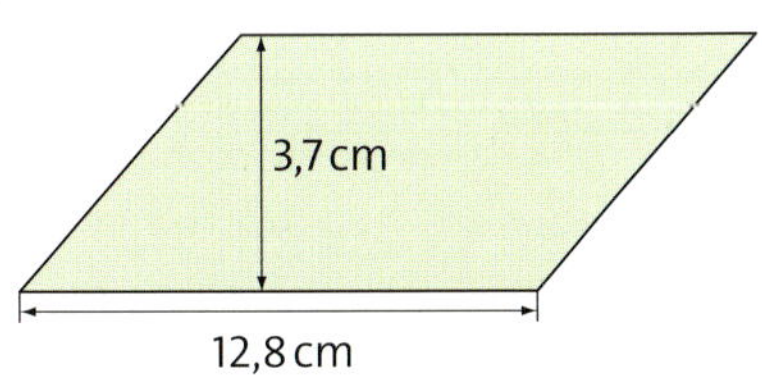

TEST 4 Rechnen mit Dezimalbrüchen

1 a) Setze ein: Gekürzte Brüche ▪ Erweitern ▪ Nenner ▪ 2 oder 5 ▪ Dezimalbruch

__________, deren Nenner nur die Primzahlteiler __________ aufweisen, lassen sich durch __________ auf einen der __________ 10, 100, 1000, ... in einen __________ umwandeln.

b) Wandle in einen Dezimalbruch um:

$\frac{3}{4} =$ __________ $\frac{13}{20} =$ __________ $\frac{21}{35} =$ __________

2 a) Svenja sagt: „Mein Zimmer ist 3,50 m lang und quadratisch." Sven antwortet: „Mein Zimmer ist gleich groß, aber 4,90 m lang!" Wie ist das möglich?

b) Beide Zimmer sollen mit quadratischen Teppichfliesen (50 cm x 50 cm) ausgelegt werden. Wie viele Fliesen werden jeweils benötigt?

3 a) Notiere und berechne den passenden Term und fülle die Leerstellen im Rechenbaum aus.

b) Rechenauftrag: Dividiere das Produkt von 3,2 und 0,06 durch die Differenz von 4,75 und 2,35. Notiere den passenden Term und berechne ihn im Kopf.

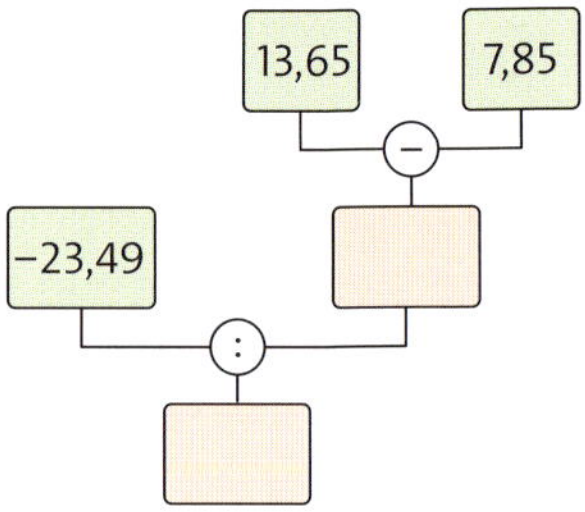

4 $\frac{1}{9}$ führt durch die Division 1 : 9 auf die periodische Dezimalzahl $0,\overline{1}$.

a) Versuche nun, $0,\overline{1}$ wieder rechnerisch in einen Bruch zu verwandeln. (Hinweis: Benutze den Ansatz $x = 0,\overline{1}$ und berechne daraus $10x$. Damit kannst du dann $9x$ herleiten ...)

b) Nun müsstest du folgende unendlich-periodische Dezimalbrüche ganz einfach in Brüche umwandeln können.

$0,\overline{3} =$ __________ $0,0\overline{1} =$ __________

$0,0\overline{3} =$ __________

Lösungen zu Test 1

1 a) 2,3467 < 2,3476 b) 0,1000 > 0,0999
c) 14,0495 > 14,0490 d) 0,102 < 0,111
e) 1,0 > 0,9999 f) 10,01 = 10,01~~0~~

> Bei f) darfst du natürlich die letzte Null weglassen: die Zahlen sind gleich!

2 0,98 < 0,985 < 0,986 < 0,995 < 0,998 < 0,9998

3 a) $0{,}25 = \frac{25}{100} = \frac{1}{4}$ b) $0{,}205 = \frac{205}{1000} = \frac{41}{200}$ c) $0{,}025 = \frac{25}{1000} = \frac{1}{40}$

d) $2{,}5 = 2\frac{5}{10} = 2\frac{1}{2}$ e) $2{,}502 = 2\frac{502}{1000} = 2\frac{251}{500}$ f) $0{,}525 = \frac{525}{1000} = \frac{21}{40}$

4 a) $\frac{3}{5} = \frac{3 \cdot 2}{5 \cdot 2} = \frac{6}{10} = 0{,}6$ b) $\frac{3}{4} = \frac{3 \cdot 25}{4 \cdot 25} = \frac{75}{100} = 0{,}75$

c) $2\frac{3}{8} = 2\frac{3 \cdot 125}{8 \cdot 125} = 2\frac{375}{1000} = 2{,}375$ d) $7\frac{8}{125} = 7\frac{8 \cdot 8}{8 \cdot 125} = 7\frac{64}{1000} = 7{,}064$

5 a)
```
1 : 9 = 0,111... = 0,1̅
10
− 9
 10...
```
$1 : 9 = 0{,}111\ldots = 0{,}\overline{1}$

b)
```
1 : 7 = 0,1428571... = 0,142857 (Periode)
10
− 7
 30
−28
  20
 −14
   60
  −56
    40
   −35
     50
    −49
      10...
```
$1 : 7 = 0{,}1428571\ldots = 0{,}\overline{142857}$

c)
```
5 : 6 = 0,833... = 0,83̅
50
−48
  20
 −18
   20...
```
$5 : 6 = 0{,}833\ldots = 0{,}8\overline{3}$

> Dezimalbrüche können entweder endlich (Aufgabe 4) oder unendlich-periodisch (Aufgabe 5) sein.
> Im letzteren Falle kann die Periode entweder sofort mit der ersten Dezimale (Aufgaben 5a und b) oder aber erst mit einer späteren Dezimale (5c) einsetzen.
> Die Periode kann sich nur über eine Ziffer (5a, c) oder auch über mehrere Ziffern (5b) erstrecken.

Lösungen zu Test 2

1 a) 6,8 b) 9,2 c) 13,13 d) 1,78
e) 5,2 f) 1,8 g) −5,1 h) −0,09

2 a) 45,4 b) 20 c) 0,046 d) 0,20
zu b): Die 9 (E) wird aufgerundet zur 10, daher erhöht sich die 1 (Z) auf 2.
zu d): Die 9 (h) wird aufgerundet zur 10, daher erhöht sich die 1 (z) auf 2.

3 a)
```
   1 7, 1 8 7
 +   5, 6 1 4
   1 1   1
 ------------
   2 2, 8 0 1
```
Ü: 17,2 + 5,6 = 22,8

b)
```
     6, 8 9 0 0
 + 1 5, 0 7 3 8
 +   0, 0 4 6 2
   1 1  2 1 1
 --------------
   2 2, 0 1 0 0
```
Ü: 6,9 + 15,1 + 0,0 = 22,0

c)
```
   1, 0 2 6 5
 − 0, 9 1 6 8
   1    1 1
 ------------
   0, 1 0 9 7
```
Ü: 1,0 − 0,9 = 0,1

Überschlagsrechnung (Ü): Rechne mit gerundeten Zahlen im Kopf und überprüfe, ob das Ergebnis (ungefähr) stimmen kann. Wenn nicht, solltest du deine schriftliche Rechnung prüfen.

4 a) 4,63 m − 78 cm = 463 cm − 78 cm = 385 cm = 3,85 m
b) 0,0157 t + 35,63 kg = 15,7 kg + 35,63 kg = 51,33 kg = 51 330 g
c) 14,38 € − 83 Cent = 1438 Cent − 83 Cent = 1355 Cent = 13,55 €
Bei Problemen sieh dir die **Beispiele 15 und 16** auf Seite 86 noch einmal gut an!

Lösungen zu Test 3

1

·	6	0,5	(260 : 2 = 130) **2** 130	(168 : 14 = 12) **3** 1,2
0,8	(8 · 6 = 48) 4,8	(8 · 5 = 40) 0,4	(8 · 130 = 1040) 104	(8 · 12 = 96) 0,96
(84 : 6 = 14) **1** 1,4	8,4	(14 · 5 = 70) 0,7	(14 · 13 = 182) 182	1,68
0,02	(2 · 6 = 12) 0,12	(2 · 5 = 10) 0,01	2,6	(2 · 12 = 24) 0,024

Hinweis: In den Klammern sind die Hilfestellungen fürs Kopfrechnen angegeben. Die Ziffern **1** → **2** → **3** geben dir an, in welcher Reihenfolge vorzugehen ist, um dann auch alles rechnen zu können!

2 a)
$$\begin{array}{l} 0{,}82 \cdot 2{,}75 \\ \hline 164 \\ \quad 574 \\ \qquad 410 \\ {\scriptstyle 1\,1} \\ \hline 2{,}2550 \\ \approx 2{,}26 \end{array}$$

b)
$$\begin{array}{l} 13{,}908 \cdot 0{,}47 \\ \hline 55632 \\ \quad 97356 \\ {\scriptstyle 1\,1} \\ \hline 6{,}53676 \\ \approx 6{,}54 \end{array}$$

c)
$$\begin{array}{l} 0{,}095 \cdot 0{,}00562 \\ \hline 475 \\ \quad 570 \\ \qquad 190 \\ {\scriptstyle 1\,1} \\ \hline 0{,}0005339 0 \\ \approx 0{,}00053 \end{array}$$

3 a)
$$\begin{array}{l} 5{,}448 : 12 = 0{,}454 \\ 54 \qquad\qquad \approx 0{,}45 \\ \underline{-48} \\ \quad 64 \\ \underline{-60} \\ \quad 48 \\ \underline{-48} \\ \quad\;\; 0 \end{array}$$

b)
$$\begin{array}{l} 2{,}7696 : 1{,}2 \\ \downarrow \qquad \downarrow \\ 27{,}696 : 12 = 2{,}308 \\ \underline{-24} \qquad\qquad \approx 2{,}31 \\ \quad 36 \\ \underline{-36} \\ \quad 096 \\ \underline{-\;\;96} \\ \qquad 0 \end{array}$$

c)
$$\begin{array}{l} 0{,}707 : 0{,}11 \\ \downarrow \qquad \downarrow \\ 70{,}7 : 11 = 6{,}42727\ldots = 6{,}4\overline{27} \\ \underline{-66} \qquad\qquad\qquad \approx 6{,}43 \\ \quad 47 \\ \underline{-44} \\ \quad 30 \\ \underline{-22} \\ \quad 80 \\ \underline{-77} \\ \quad 30\ldots \end{array}$$

4 Verbrauch:

$$\frac{9{,}4\,\ell}{100\,\text{km}} = 0{,}094\,\frac{\ell}{\text{km}}\ (\ell/\text{km})$$

Gesamtverbrauch:

$$\begin{array}{l} 625\,\text{km} \cdot 0{,}094\ \ell/\text{km} \\ \hline 5625 \\ \quad 2500 \\ \hline 58{,}750 = 58{,}75\,\ell \end{array}$$

Gesamtpreis:

$$\begin{array}{l} 58{,}75\,\ell \cdot 1{,}2\ €/\ell \\ \hline 5875 \\ 11750 \\ {\scriptstyle 1\,1\,1} \\ \hline 70{,}500 = 70{,}50\,€ \end{array}$$

Preis pro Person:

$$\begin{array}{l} 70{,}50\,€ : 3 = 23{,}50\ € \\ \underline{-6} \\ \;\;10 \\ \underline{-\;\;9} \\ \quad 15 \\ \underline{-15} \\ \qquad 0 \end{array}$$

Jeder zahlt 23,50 €.

5 a) Fläche des Rechtecks: $A = l \cdot b$

$2{,}8\,\text{cm} \cdot 3{,}7\,\text{cm} = 47{,}36\,\text{cm}^2$

b) ebenfalls $47{,}36\,\text{cm}^2$, denn das Parallelogramm kann durch die abgebildete Umformung in das Rechteck aus a) verwandelt werden.

$$\begin{array}{l} 12{,}8 \cdot 3{,}7 \\ \hline 384 \\ \quad 896 \\ {\scriptstyle 1\,1} \\ \hline 47{,}36\,\text{cm}^2 \end{array}$$

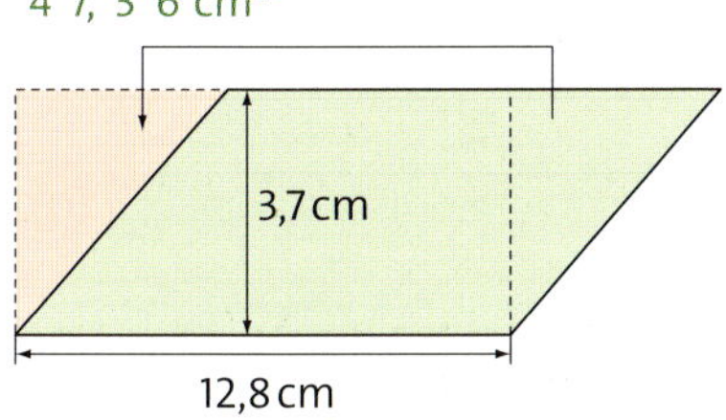

Lösungen zu Test 4

1 a) Gekürzte Brüche, deren Nenner nur die Primzahlteiler 2 oder 5 aufweisen, lassen sich durch Erweitern auf einen der Nenner 10, 100, 1000, ... in einen Dezimalbruch umwandeln.

b) $\frac{3}{4} = \frac{3 \cdot 25}{4 \cdot 25} = \frac{75}{100} = 0{,}75$ denn $4 = 2 \cdot 2$

$\frac{13}{20} = \frac{13 \cdot 5}{20 \cdot 5} = \frac{65}{100} = 0{,}65$ denn $20 = 2 \cdot 2 \cdot 5$

$\frac{21}{35} = \frac{3}{5} = \frac{3 \cdot 2}{5 \cdot 2} = \frac{6}{10} = 0{,}6$ hier: erst durch 7 kürzen!

2 a) Der Flächeninhalt von Svenjas Zimmer beträgt: $3{,}5 \cdot 3{,}5 = 12{,}25\,m^2$

Die Breite von Svens Zimmer ist: $12{,}25\,m^2 : 4{,}9\,m = 122{,}5\,m^2 : 49\,m = 2{,}5\,m$

Svens Zimmer ist einfach entsprechend schmäler.

b) Svenja: $3{,}5\,m : 0{,}5\,m = 7 \Rightarrow$ Benötigt werden $7 \cdot 7 = 49$ Fliesen.

Sven: $2{,}5\,m : 0{,}5\,m = 5$ und $4{,}9\,m : 0{,}5\,m = 9{,}8$

$\Rightarrow$ Benötigt werden $5 \cdot 10 = 50$ Fliesen. Bei 4,9 m Länge müssen Fliesen gekürzt werden. Der Abfall beträgt: $5 \cdot (0{,}1\,m \cdot 0{,}5\,m) = 0{,}25\,m^2 = 1$ Fliese.

3 a)

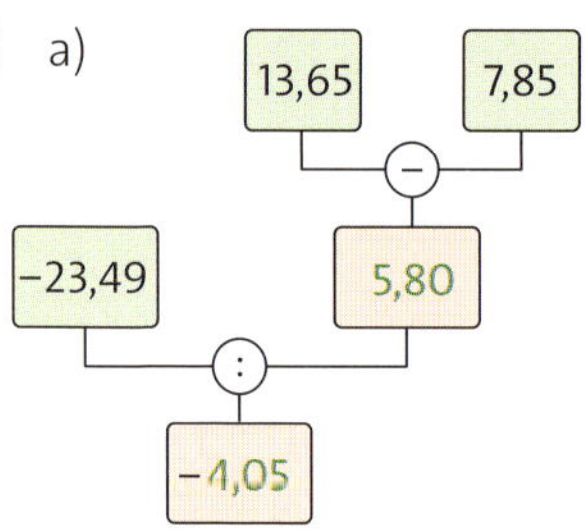

Term: $(-23{,}49) : (13{,}65 - 7{,}85) = (-23{,}49) : 5{,}8 = -4{,}05$

Rechnungen:

```
  1 3, 6 5
−    7, 8 5
    1  1
  ---------
     5, 8 0
```

```
 23,49 : 5,8
   ↓      ↓
 234,9 : 58 = 4,05
−232
    290
   −290
      0
```

b) $(3{,}2 \cdot 0{,}06) : (4{,}75 - 2{,}35) = 0{,}192 : 2{,}4 = 1{,}92 : 24 = 0{,}08$

4 a) Aus $10x = 10 \cdot 0{,}1111... = 1{,}111...$ folgt $9x = 1$.
Durch die Subtraktion fallen alle Dezimalstellen weg. $9x = 1$ bedeutet also $x = 1 : 9 = \frac{1}{9}$, womit die Bruchdarstellung von $0{,}\overline{1}$ gefunden ist.
Durch diese Schreibweise wird deutlich, dass bei der Subtraktion die „0-periodische" Differenz $1{,}\overline{0}$ entsteht. Weil aber alle Endnullen weg gelassen werden können, entsteht auf diese Weise die endliche Zahl 1.

Rechnung zu 4 a):

```
  10 x = 1, 1 1 1 1 ...
−  1 x = 0, 1 1 1 1 ...
  ---------------------
   9 x = 1, 0 0 0 0 ...
```

b) $0{,}\overline{3} = 3 \cdot 0{,}\overline{1} = 3 \cdot \frac{1}{9} = \frac{3}{9} = \frac{1}{3}$

$0{,}0\overline{1} = \frac{1}{10} \cdot 0{,}\overline{1} = \frac{1}{10} \cdot \frac{1}{9} = \frac{1}{90}$

$0{,}0\overline{3} = \frac{3}{10} \cdot 0{,}\overline{1} = \frac{3}{10} \cdot \frac{1}{9} = \frac{1 \cdot 1}{10 \cdot 3} = \frac{1}{30}$

9 Zuordnungen und Proportionalität

1 Zuordnungen und geordnete Zahlenpaare

Beispiel 1: Lena interessiert sich für den Verlauf der Außentemperatur. Sie blickt daher in größeren Zeitabständen auf das Balkon-Thermometer und notiert

in Satzform:	in Kurzform:
– Um 9.00 Uhr beträgt die Temperatur 16 °C.	9.00 Uhr → 16 °C
– Um 11.00 Uhr beträgt die Temperatur 19 °C.	11.00 Uhr → 19 °C
– Um 12.30 Uhr beträgt die Temperatur 21 °C.	12.30 Uhr → 21 °C
Allgemein: Um x Uhr beträgt die Temperatur y °C.	x (Uhr) → y (°C)

Durch die **Zuordnung x → y** wird beschrieben, wie sich y in Abhängigkeit von x verändert. Sich entsprechende Werte von x und y werden als **geordnetes Zahlenpaar (x | y)** notiert. Mehrere Zahlenpaare werden in einer **Wertetabelle** zusammengefasst.

Beispiel 2: (Fortsetzung von Beispiel 1) Du erhältst die folgenden geordneten Wertepaare:

(9.00 | 16); (11.00 | 19); (12.30 | 21); …

Wertetabelle:

x (Uhr)	9.00	11.00	12.30	…
y (°C)	16	19	21	…

2 Darstellung im Achsenkreuz

Ein **Achsenkreuz** wird durch die waagerechte **x-Achse** und die senkrechte **y-Achse** gebildet. Beide Zahlenstrahlen gehen vom **Nullpunkt (0 | 0)** (auch: **Ursprung**) aus. Er wird mit O bezeichnet.

Beispiel 3: Wenn 2 kg Äpfel (Menge x) 1 € (Preis y) kosten, so lässt sich folgende Wertetabelle notieren:

x (kg)	0	2	4	6
y (€)	0	1	2	3

Die **Darstellung im Achsenkreuz** zeigt alle geordneten Zahlenpaare aus der Wertetabelle. Außerdem kann man weitere Zuordnungen bzw. Wertepaare ablesen, z. B. (3 | 1,5) oder (7 | 3,5).

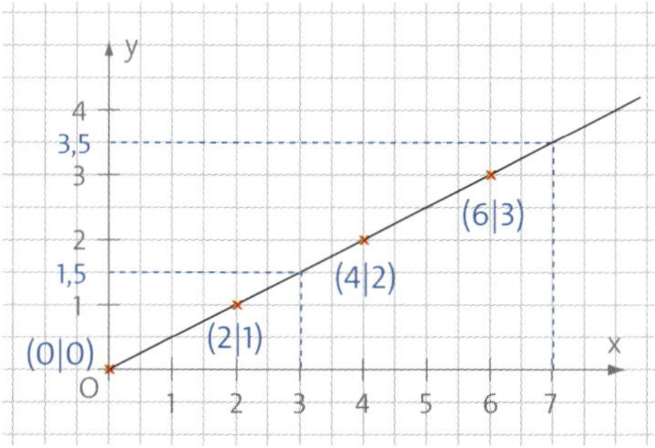

3 Direkte Proportionalität (je mehr desto mehr)

Wenn bei einer Zuordnung $x \to y$ eine Verdopplung, Verdreifachung, ... von x stets zu einer Verdopplung, Verdreifachung, ... von y führt, dann sind die beiden Größen x und y **direkt proportional** (kurz: **proportional**) zueinander.

Beispiel 4: Betrachte noch einmal die Wertetabelle aus Beispiel 3.

a)

·3
·2 ·1,5

x	0	2	4	6
y	0	1	2	3

·2 ·1,5
·3

b)

x	0	2	4	6
y	0	1	2	3
$\frac{x}{y}$	–	$\frac{1}{2}$	$\frac{2}{4} = \frac{1}{2}$	$\frac{3}{6} = \frac{1}{2}$

Du erkennst, dass x und y (direkt) proportional zueinander sind, weil du auf die y-Werte immer die selbe Rechenoperation anwenden kannst wie auf die x-Werte. Wenn du die x-Werte durch die y-Werte teilst (b), stellst du fest, dass das Ergebnis immer gleich ist: Proportionale Zuordnungen sind **quotientengleich**. Die Proportionaliät kannst du also auch daran erkennen, dass die **Konstanz des Quotienten** $\frac{y}{x}$ vorliegt.

c) Die Grafik auf der vorigen Seite zeigt: Alle Zahlenpaare proportionaler Größen führen zu Punkten auf einer **Halbgeraden**, die im Ursprung beginnt (**Ursprungsgerade**).

4 Dreisatzrechnung bei direkter Proportionalität

Beispiel 5: Eine Betriebskantine benötigt täglich 77 kg Kartoffeln, um 220 Personen zu versorgen. Während der Urlaubszeit essen dort jedoch nur 180 Personen. Wieviel Kilogramm Kartoffeln werden dann benötigt?

Die gesuchte Menge wird in drei Schritten (**Dreisatz**) ermittelt:

1. Schritt: Notiere das gegebene Zahlenpaar (220 | 77) so, dass die gesuchte Größe auf der rechten Seite steht.

2. Schritt: Zurückrechnen auf die Einheit (hier: beide Seiten durch 220 dividieren, um die benötigte Menge für *eine* Person zu erhalten).

3. Schritt: Hochrechnen auf die gesuchte Größe (mit 180 Multiplizieren, um die gesuchte Menge für 180 Personen zu ermitteln).

$$\begin{aligned} &220 \text{ P.} \mathrel{\hat=} 77\text{ kg} && \\ :220 \quad &1 \text{ P.} \mathrel{\hat=} \frac{77\text{ kg}}{220} = 0{,}35\text{ kg} && :220 \\ \cdot 180 \quad &180 \text{ P.} \mathrel{\hat=} 0{,}35 \cdot 180 = 63\text{ kg} && \cdot 180 \end{aligned}$$

Tipp: Manchmal ist es sinnvoll, auf eine andere Einheit als die „1" zurückzurechnen! Jeder gemeinsame Teiler der gegebenen und gesuchten Zahl kommt dafür infrage.

5 Indirekte Proportionalität (je mehr, desto weniger)

Wenn bei einer Zuordnung $x \rightarrow y$ eine Verdopplung, Verdreifachung, ... von x stets zur Hälfte, zum dritten Teil, ... von y führt, dann sind die beiden Größen x und y **indirekt proportional** (auch: **umgekehrt proportional**) zueinander.

Beispiel 6:

a)

·3 (von 1 nach 3); ·2 (von 1 nach 2); ·1,5 (von 2 nach 3)

x	1	2	3
y	12	6	4

:2 (von 12 nach 6); :1,5 (von 6 nach 4); :3 (von 12 nach 4)

b)

x	1	2	3
y	12	6	4
x·y	1·12 = 12	2·6 = 12	3·4 = 12

Du erkennst, dass x und y indirekt proportional zueinander sind, weil du auf die y-Werte immer die umgekehrte Rechenoperation anwenden kannst wie auf die x-Werte. Indirekt proportionale Zuordnungen sind **produktgleich**. Die indirekte Proportionalität kannst du also daran erkennen, dass die **Konstanz des Produktes** $x \cdot y$ vorliegt.

6 Dreisatzrechnung bei indirekter Proportionalität

Man geht wie bei der Dreisatzrechnung bei direkter Proportionalität vor, nur muss man jetzt auf beiden Seiten der Entsprechungen (≙) *entgegengesetzte* Rechenoperationen ausführen.

Beispiel 7: 8 Pflücker benötigen 15 Tage, um eine Apfelplantage vollständig abzuernten. Wie lange dauert es, wenn 2 zusätzliche Kräfte eingesetzt werden können?

Mache dir zunächst klar, dass es sich um eine Proportionalität nach dem Schema „je mehr desto weniger" handelt: Je *mehr* Pflücker eingesetzt werden, desto *weniger* Zeit wird benötigt!

:8 (8 P. ≙ 15 d) ·8
1 P. ≙ 15 d · 8 = 120 d — 1 Pflücker braucht 8-mal so lang,
·10 (10 P. ≙ 120 d : 10 = 12 d) :10 — 10 Pflücker schaffen es in einem Zehntel der Zeit.

Überlege immer, vor allem bei Textaufgaben, ob es sich um eine Zuordnung nach dem Schema „je mehr desto mehr" (direkte Proportionalität) oder „je mehr desto weniger" (indirekte Proportionalität) handelt.

9 Zuordnungen und Proportionalität

TEST 1 Zuordnungen und Zahlenpaare

1 Setze ein: Achsenkreuz ▪ Zuordnung ▪ Wertetabelle ▪ geordnetes Zahlenpaar ▪ x ▪ y ▪ senkrecht ▪ proportional

Die ________ $x \rightarrow y$ beschreibt, wie sich die Größe y in Abhängigkeit von der Größe ___ verändert. x und y sind direkt ________ zueinander. Wenn man x verdreifacht, dann muss sich auch ___ verdreifachen. Die Angabe (3 | 5) ist ein ________. Verschiedene Angaben dieser Art können in einer ________ zusammengefasst werden. Die grafische Darstellung einer Zuordnung erfolgt in einem ________. Es besteht aus zwei Zahlenstrahlen, die ________ zueinander liegen.

2 Das Zahlenpaar (3 | 8) gehört zu einer direkt proportionalen Zuordnung. Dann gehören auch die folgenden Zahlenpaare dazu.

a) (6 | ___)   b) (15 | ___)   c) (___ | 24)   d) (___ | 20)

3 Das Zahlenpaar (10 | 6) gehört zu einer indirekt proportionalen Zuordnung. Dann gehören auch die folgenden Zahlenpaare dazu.

a) (6 | ___)   b) (12 | ___)   c) (___ | 30)   d) (___ | 120)

4 a) Gib die abgebildeten Punkte als geordnete Zahlenpaare an.

A(___ | ___); B(___ | ___)

C(___ | ___)

b) Gib zwei weitere Punkte an, die auf der Halbgeraden liegen.

D(___ | ___); E(___ | ___)

c) Zeigt die Abbildung einen proportionalen Zusammenhang? Begründe deine Antwort.

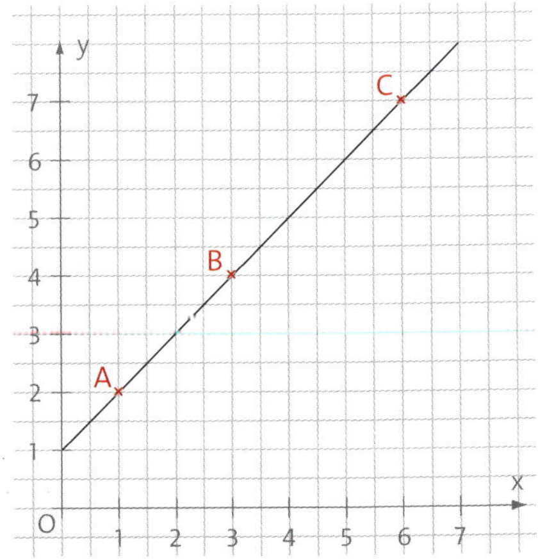

TEST 2 Direkte Proportionalität

1 Kann ein direkt proportionaler Zusammenhang (p) vorliegen, oder nicht (x)?

a) gekaufte Warenmenge und Höhe des Kaufpreises p ☐ x ☐

b) Seitenlänge und Flächeninhalt eines Quadrates p ☐ x ☐

c) Anzahl gedruckter Seiten und Farbverbrauch des Druckers p ☐ x ☐

d) Zähler und Nenner gekürzter Brüche p ☐ x ☐

e) Anzahl jährlicher Regentage und Anzahl verkaufter Regenschirme p ☐ x ☐

2 Vervollständige die Dreisatzrechnungen bei direkter Proportionalität:

a)
:4 (4 ≙ 28)
≙
(≙) ·9

b)
(≙) :7,5
1 ≙ 6
(5,5 ≙)

c)
(≙) :3
≙ 40
·11 (132 ≙)

3 Löse durch Dreisatzrechnung im Heft.

a) An der Kasse eines Blumengeschäfts hört Mark, dass 12 Rosen 14,40 € kosten. Er will einen Strauß von 18 Rosen kaufen. Was kostet der Strauß?

b) Anke schafft beim Radfahr-Training eine Strecke von 66 km in 2 h 12 min. Hat Sie eine Chance, ihre Vereinskameradin zu schlagen, die das letzte Rennen über 80 km in 2,5 h gewann?

4 Aus einem undichten Wasserhahn rinnt alle 2 Minuten 1 Liter Wasser.

a) Stelle diesen Sachverhalt grafisch im Achsenkreuz dar.

b) Vervollständige in der Wertetabelle die blauen Vorgaben mithilfe der Grafik und die roten Vorgaben durch Rechnung.

x		3	2		4	
y	0,5		1	3		5

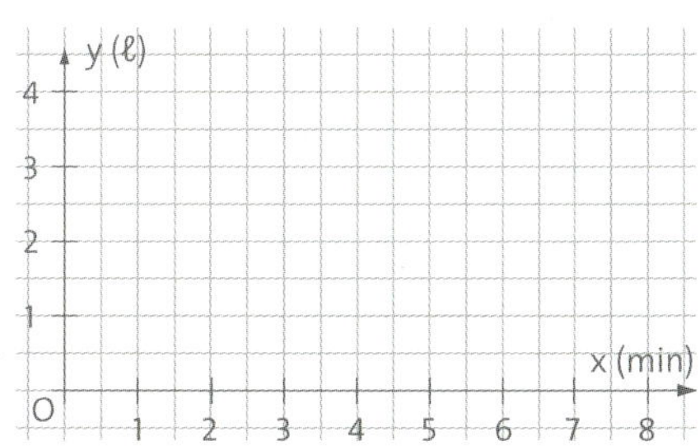

c) Unglücklicherweise ist auch noch der Abfluss der Waschbeckens, das 13 ℓ Wasser fassen kann, ziemlich verstopft, sodass nur 0,5 ℓ Wasser in 3 Minuten abfließen können. Wie lange dauert es, bis das Becken überläuft?

TEST 3 Indirekte Proportionalität

1 Das Zahlenpaar (18 | 7,5) gehört zu einem Paar indirekt proportionaler Größen. Entscheide, welches Zahlenpaar ebenfalls dazu gehört (ip) oder nicht (x).

a) (3 | 45) b) (22 | 6) c) (15 | 9) d) (0,25 | 540)

2 Vervollständige die Dreisatzrechnungen bei indirekter Proportionalität.

a)
:6 (6 ≙ 8)
≙
(≙) :16

b)
:5 (5 ≙)
≙
·25 (≙ 5)

c)
:18 (≙ 4)
≙
(24 ≙) :24

3 Löse in deinem Heft durch Dreisatzrechnung.

a) 8 Arbeiter heben einen 180 m langen Graben in 15 Tagen aus. Noch vor Beginn der Arbeiten melden sich 2 Arbeiter krank. Wie lange dauert es jetzt?

b) Bei einem Rechteck vom Flächeninhalt 20 m^2 misst die Kante a 2,5 m. Wie lang muss a werden, wenn man die andere Kante b bei unverändertem Flächeninhalt um 3 m kürzt?

4 Ein Swimmingpool kann aus bis zu 6 gleich starken Zuläufen gefüllt werden. Wenn 3 Zuläufe geöffnet werden, dann dauert der Wassereinlauf 4 Stunden.

a) Vervollständige die Wertetabelle und trage die Werte in das Achsenkreuz ein.

x (Zul.)	1	2	3	4	6
y (h)					

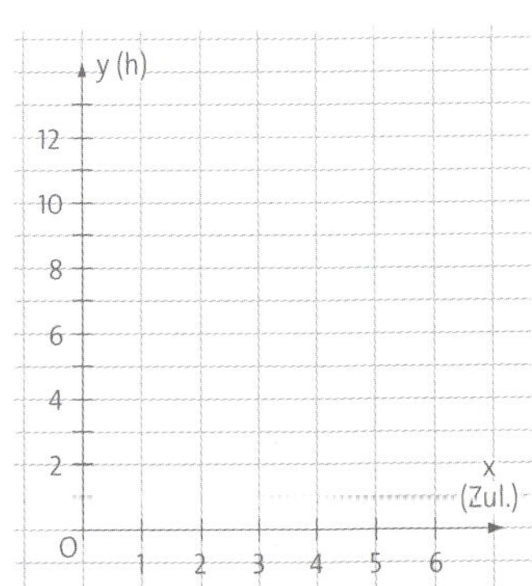

b) Lies aus der Grafik ab, wie lange der Füllvorgang bei 5 Zuläufen etwa dauert.

c) Der Swimmingpool soll durch 2 Zuläufe gefüllt werden. Nach der Hälfte der erforderlichen Zeit tritt ein Pumpenschaden auf, sodass die restliche Wassermenge von nur noch einem Zulauf geliefert werden kann. Wie lange dauert jetzt der gesamte Füllvorgang? Was sagt die Grafik in diesem Fall aus?

TEST 4 Direkte und indirekte Proportionalität

1 Gib an, ob bei den folgenden Zuordnungen eine direkte Proportionalität (p), eine indirekte Proportionalität (ip) oder keiner der beiden Zusammenhänge (x) vorliegt:

a) Die Zimmertemperatur im zeitlichen Verlauf eines Tages.

b) Die Anzahl bedruckter Seiten, die im zeitlichen Verlauf von einer Druckmaschine ausgegeben werden.

c) Die Zeit, die eine Anzahl gleichartiger Pumpen benötigt, um ein Wasserbecken leer zu pumpen.

2 Maria organisiert für 8 Personen eine Fahrt in einen Freizeitpark mit einem gemieteten Kleinbus. Nun melden sich noch zwei Personen zusätzlich an.

a) Sie wollte eigentlich für die Hin- und Rückfahrt 20 ℓ Getränke bereitstellen. Wie viel braucht sie jetzt?

b) Ursprünglich hätte jeder Teilnehmer 10,50 € Fahrtkosten zahlen müssen. Wie teuer wird es jetzt für jeden? (Der Kleinbus kostet gleich viel Miete.)

c) Sie wollten eigentlich um 8 Uhr losfahren, um gegen 10 Uhr anzukommen. Müssen sie nun früher oder später losfahren?

3 Monas und Lisas Vater will den 4,8 m langen und 2,5 m breiten Fußboden der Waschküche mit Kunststofffarbe streichen.

a) Mona soll genügend Farbe im Baumarkt kaufen. Auf einer 0,5-ℓ-Farbdose steht, dass der Inhalt für 5 m^2 ausreicht. Wie viele Dosen muss sie kaufen?

b) Lisa überlegt inzwischen, welche anderen rechteckigen Flächen mit der gleichen Menge Farbe gestrichen werden könnten. Sie trägt dazu verschiedene Fußbodenmaße in ein Achsenkreuz ein. Was fällt auf?

4 Wenn:

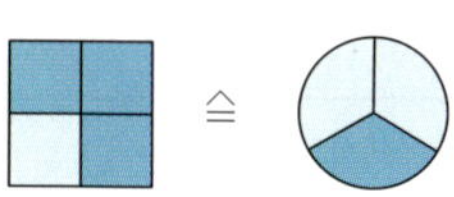

dann auch:

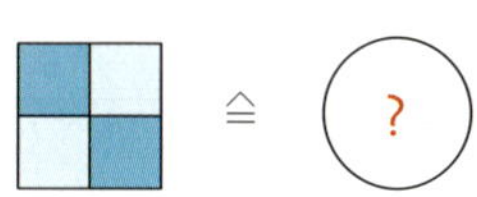

Löse im Heft die bildhaft dargestellte Aufgabe für den Fall

a) der direkten Proportionalität.

b) der indirekten Proportionalität.

Tipp: Beschreibe die Figuren durch Brüche.

Lösungen zu Test 1

1 Die Zuordnung $x \rightarrow y$ beschreibt, wie sich die Größe y in Abhängigkeit von der Größe x verändert. x und y sind direkt proportional zueinander. Wenn man x verdreifacht, dann muss sich auch y verdreifachen. Die Angabe (3 | 5) ist ein geordnetes Zahlenpaar. Verschiedene Angaben dieser Art können in einer Wertetabelle zusammengefasst werden. Die grafische Darstellung einer Zuordnung erfolgt in einem Achsenkreuz. Es besteht aus zwei Zahlenstrahlen, die senkrecht zueinander liegen.

2 a) (6 | 16) b) (15 | 40) c) (9 | 24) d) (7,5 | 20)

zu a): Aus den x-Werten von (3|8) und (6|?) berechnest du mit $3 \cdot 2 = 6$ den Vervielfacher 2. Damit lässt sich der gesuchte y-Wert errechnen: $8 \cdot 2 = 16$.

Bei Problemen hilft dir **Beispiel 4** auf Seite 96 weiter.

3 a) (6 | 10) b) (12 | 5) c) (2 | 30) d) (0,5 | 120)

zu a): Aus den x-Werten von (10|6) und (6|?) berechnest du das Produkt $10 \cdot 6 = 60$. Damit folgt dann der gesuchte y-Wert zu $60 : 6 = 10$.

Alles klar? Falls nicht, sieh dir das **Beispiel 6** auf Seite 97 noch einmal an.

4 a) A (1 | 2); B (3 | 4); C (6 | 7) Wenn du von Punkt A aus eine senkrechte Linie zeichnest, so schneidet sie die x-Achse bei 1. Ebenso schneidet eine waagerechte Linie durch A die y-Achse bei 2.

Wenn du Punkte auf der Halbgeraden wählst, die gleichzeitig auf einem Kreuzungspunkt der Rasterlinien liegen, dann erhältst du natürliche Zahlen für x und y.

b) Mögliche Lösungen sind z. B.: D (0 | 1); E (2 | 3)

c) Nein! Eine Halbgerade, die einen proportionalen Zusammenhang zwischen x und y darstellt, müsste im Ursprung (0 | 0) beginnen.

Bei Fragen hilft dir das **Beispiel 3** auf Seite 95 weiter.

Lösungen zu Test 2

1 a) p☒ x☐ b) p☐ x☒ c) p☒ x☐ d) p☒ x☐ e) p☐ x☒

zu b): Eine verdoppelte Seitenlänge führt auf den vierfachen Flächeninhalt, z. B. $3\,m \cdot 3\,m = 9\,m^2$ und $6\,m \cdot 6\,m = 36\,m^2$ mit $6\,m = 2 \cdot 3\,m$, aber $36\,m^2 = 4 \cdot 9\,m^2$.

Zu d): Wenn du kürzt, z. B. $\frac{3}{6} = \frac{3:3}{6:3} = \frac{1}{2}$, dann änderst du dadurch nicht den Wert des Bruches. Beide Brüche, $\frac{3}{6}$ und $\frac{1}{2}$, sind also quotientengleich.

2 a)

4 ≙ 28
:4 ↓ ↓ :4
1 ≙ 7
·9 ↓ ↓ ·9
9 ≙ 63

b)

7,5 ≙ 45
:7,5 ↓ ↓ :7,5
1 ≙ 6
·5,5 ↓ ↓ ·5,5
5,5 ≙ 33

c)

36 ≙ 120
:3 ↓ ↓ :3
12 ≙ 40
·11 ↓ ↓ ·11
132 ≙ 440

3 a) 12 R. ≙ 14,40 €
1. R. ≙ 14,40 € : 12 = 1,20 €
18 R. ≙ 1,20 € · 18 = 21,60 €

b) 66 km ≙ 2 h 12 min = 132 min
1 km ≙ 132 min 66 = 2 min
80 km ≙ 2 min · 80 = 160 min = 2 h 40 min
2 h 40 min > 2 h 30 min
⇒ Anke sollte noch trainieren!

4 a)

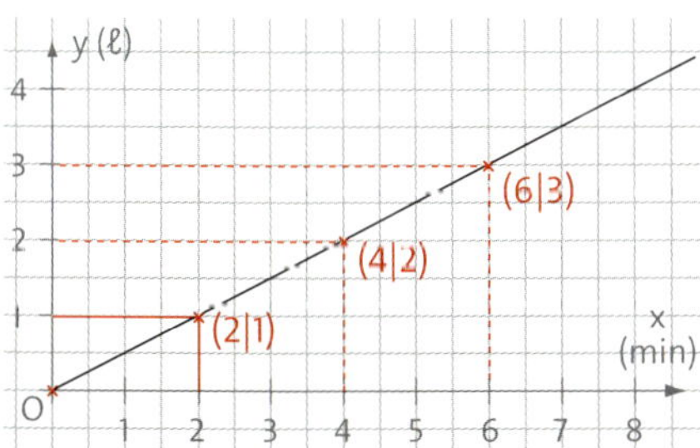

b)

x	1	3	2	6	4	10
y	0,5	1,5	1	3	2	5
$\frac{y}{x}$	0,5	0,5	0,5	0,5	0,5	0,5

Sieh dir das **Beispiel 4 b)** auf Seite 96 noch einmal an!

c) Zulauf: 1 ℓ in 2 min ≙ 3 ℓ in 6 min; Ablauf: 0,5 ℓ in 3 min ≙ 1 ℓ in 6 min
Zulauf – Ablauf: 2 ℓ in 6 min
2 ℓ ≙ 6 min
1 ℓ ≙ 6 min : 2 = 3 min
13 ℓ ≙ 3 min · 13 = 39 min
Das Waschbecken läuft nach 39 Minuten über.

Lösungen zu Test 3

1 Berechne zuerst das Produkt $18 \cdot 7{,}5 = 135$; prüfe dann auf Produktgleichheit.

a) ip denn $3 \cdot 45 = 135$

b) x denn $22 \cdot 6 = 132 \neq 135$

c) ip denn $15 \cdot 9 = 135$

d) ip denn $0{,}25 \cdot 540 = 135$

2

a)

6 ≙ 8

:6 ( ) ·6

1 ≙ 48

·16 ( ) :16

16 ≙ 3

b)

5 ≙ 25

:5 ( ) ·5

1 ≙ 125

·25 ( ) :25

25 ≙ 5

c)

18 ≙ 4

:18 ( ) ·18

1 ≙ 72

·24 ( ) :24

24 ≙ 3

3 a) 8 A. ≙ 15 d

1 A. ≙ 15 d · 8 = 120 d

6 A. ≙ 120 d : 6 = 20 d

6 Arbeiter benötigen 20 Tage.

b) 8 m ≙ 2,5 m

1 m ≙ 2,5 m · 8 = 20 m

5 m ≙ 20 m : 5 = 4 m

Die Kante a muss dann 4 m lang sein.

zu b): Die ursprüngliche Länge von b beträgt $b = 20\,m^2 : 2{,}5\,m = 8\,m$, dies entspricht der Kantenlänge $a = 2{,}5\,m$ (1. Zeile).
Gesucht ist die Länge von a für $b = 8\,m - 3\,m = 5\,m$ (3. Zeile).

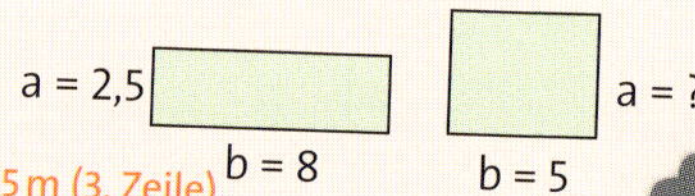

4 a) Das Produkt der Zahlen muss dem Produkt des vorgegebenen Zahlenpaares, also $3 \cdot 4 = 12$ entsprechen; z.B.: (1|12), denn $1 \cdot 12 = 12$.

b) Gehe von der Zahl 5 auf der x-Achse senkrecht hoch bis zur Kurve (Hyperbel) und dann waagerecht bis zur y-Achse. Dort liest du die gesuchte Zuflusszeit von ca. 2,4 h ab.

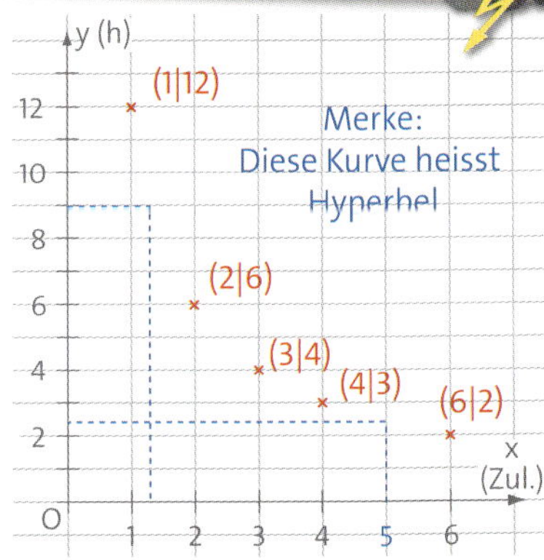

x (Zul.)	1	2	3	4	6
y (h)	12	6	4	3	2

c) 2 Zuläufe benötigen 6 Stunden: 2 Z. · 6 h = 12 Zh (Zh = „Zulaufstunden"). Nach 3 h wurden erst 6 Zh erbracht, sodass die restlichen 12 Zh − 6 Zh = 6 Zh von einem einzigen Zulauf erbracht werden müssen. Dieser Zulauf benötigt weitere 6 Zh : 1 Z = 6 h. Insgesamt: 3 h + 6 h = 9 h. Aus der Grafik liest man ab, dass der Füllzeit von 9 h „effektiv" etwa 1,33 Zuläufe entsprechen (12 Zh : 9 h = $1{,}\overline{3}$ Z).

Lösungen zu Test 4

1 a) x, es gibt keinen solchen Zusammenhang zwischen Temperatur und Tageszeit.

b) p, direkt proportional, denn: *Je länger* die Maschine läuft, *desto mehr* Papier wird bedruckt (je mehr, desto mehr).

c) ip, indirekt proportional, denn: *Je mehr* Pumpen laufen *desto weniger* Zeit wird benötigt.

2 a) Vorüberlegung: *je mehr* Teilnehmer mitfahren, *desto mehr* Getränke werden benötigt; also: direkte Proportionalität.
Sie muss 25 Liter Getränke bereitstellen

8 P. ≙ 20 ℓ
1 P. ≙ 2,5 ℓ
10 P. ≙ 25 ℓ

b) Vorüberlegung: *je mehr* Teilnehmer mitfahren, *desto weniger* muss jeder zahlen (wenn der Betrag nicht von der Personenzahl abhängt, wie das bei einer Miete für einen Wagen der Fall ist). Also: indirekte Proportionalität.
Jeder Teilnehmer zahlt nun 8,40 €.

8 P. ≙ 10,50 €
1 P. ≙ 84 €
10 P. ≙ 8,40 €

c) Die Fahrtzeit hängt nicht von der Zahl der Teilnehmer ab (sondern von Fahrweise und Verkehrsverhältnissen).
Die Abfahrtszeit ändert sich nicht.

3 a) Flächeninhalt $A = 2{,}5\,m \cdot 4{,}8\,m = 12\,m^2$.
Die Zuordnung ist direkt proportional (je mehr Fläche wird, desto mehr Farbe).
$5\,m^2 \triangleq 0{,}5\,\ell$; $1\,m^2 \triangleq 0{,}1\,\ell$; $12\,m^2 \triangleq 1{,}2\,\ell$
Mona muss 3 Dosen (1,5 ℓ) kaufen.

b) Bei gleichem Flächeninhalt ist das Produkt von Breite x und Länge y konstant; die Zuordnung ist also indirekt porportional und die Kurve eine Hyperbel.

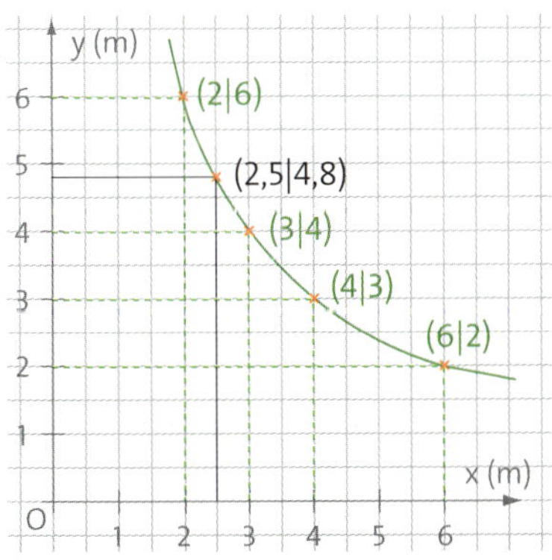

4 a) $\frac{3}{4} \triangleq \frac{1}{3}$

$1 \triangleq \frac{1}{3} : \frac{3}{4} = \frac{4}{9}$

$\frac{2}{4} \triangleq \frac{4}{9} \cdot \frac{2}{4} = \frac{2}{9}$

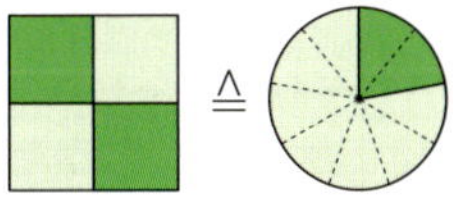

$\frac{2}{9}$ von 360° = 80°

b) $\frac{3}{4} \triangleq \frac{1}{3}$

$1 \triangleq \frac{1}{3} \cdot \frac{3}{4} = \frac{1}{4}$

$\frac{2}{4} \triangleq \frac{1}{4} : \frac{2}{4} = \frac{1}{2}$

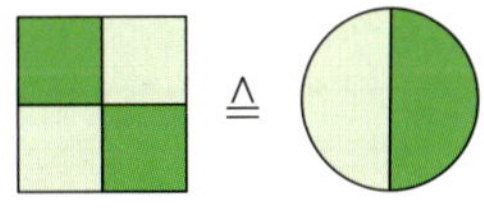

$\frac{12}{2}$ von 360° = 180°

10 Prozentrechnung WISSEN

1 Relative Anteile und Prozentzahlen

Ein Bruch kann als **relativer Anteil r** aufgefasst werden, der angibt, wie viele Teile (Zähler) vom Ganzen (Nenner) gemeint sind (→ Seite 70, Nr. 1). Für Vergleiche (→ Seite 84, Nr. 3) wählt man üblicherweise den Nenner 100 und bezeichnet dann den Zähler als **Prozentzahl p**, aus der sich der entsprechende **Prozentsatz** $p\,\% = \frac{p}{100}$ ergibt.

Beispiel 1: $r = \frac{3}{4} = \frac{3 \cdot 25}{4 \cdot 25} = \frac{75}{100} \Rightarrow p\,\% = 75\,\%$; $r = \frac{3}{25} = \frac{3 \cdot 4}{25 \cdot 4} = \frac{12}{100} \Rightarrow p\,\% = 12\,\%$

Auch umgekehrt lässt sich ein Prozentsatz als relativer Anteil ausdrücken.

Beispiel 2: $p\,\% = 28\,\% \Rightarrow r = \frac{28}{100} = \frac{28:4}{100:4} = \frac{7}{25}$; $p\,\% = 17\,\% \Rightarrow r = \frac{17}{100}$

2 Brüche, Dezimalbrüche und Prozentsätze

Ein Dezimalbruch wird in einen Prozentsatz verwandelt, indem man das Komma um zwei Stellen nach rechts verschiebt (→ Seite 86, Nr. 6).
Eventuell sollte der Dezimalbruch vorher gerundet werden (→ Seite 85, Nr. 4).

Beispiel 3: $0{,}45 = \frac{45}{100} \Rightarrow p\,\% = 45\,\%$; $0{,}057 = \frac{5{,}7}{100} \Rightarrow p\,\% = 5{,}7\,\%$;

$0{,}\overline{3} \approx 0{,}333 \approx \frac{33{,}3}{100} \Rightarrow p\,\% \approx 33{,}3\,\%$

Verwandle Brüche, die du nicht auf den Nenner 100 erweitern kannst, zuerst in einen Dezimalbruch (→ Seite 84, Nr. 3), um ihn als Prozentzahl zu schreiben.

Beispiel 4: $\frac{1}{6} = 0{,}1\overline{6} \approx 0{,}167 \Rightarrow p\,\% \approx 16{,}7\,\%$; $\frac{2}{7} = 0{,}\overline{285714} \approx 0{,}286 \Rightarrow p\,\% \approx 28{,}6\,\%$

3 Prozentsätze, Prozent- und Grundwerte bestimmen

Wenn die Gesamtheit (**Grundwert G**) und der hieran bezeichnete Anteil (**Prozentwert W**) bekannt sind, kann man den **Prozentsatz p %** bestimmen. Dafür können die Dreisatzmethode oder die Fomeln (siehe Kasten) verwendet werden. Man kann so aus zwei bekannten Größen immer die dritte fehlende Größe berechnen.

$p = \frac{100}{G} \cdot W$

$W = \frac{p}{100} \cdot G$

$G = \frac{100}{p} \cdot W$

Beispiel 5: Wie viel Prozent sind 12 von 30 Stück? Es gilt: $G = 30$; $W = 12$.

Dreisatz-Methode: 30 St. $\hat{=}$ 100 %; 1 S. $\hat{=} \frac{100\,\%}{30}$; 12 St. $\hat{=} \frac{100\,\%}{30} \cdot 12 = 40\,\% = p\,\%$

Berechnung mit Formel: $p = \frac{100}{G} \cdot W$; $p = 100 \cdot \frac{12}{30} = 40$

Beispiel 6: Claudia hat schon 45 % der 12 km langen Route zurückgelegt.

$G = 12\,\text{km}$, $p = 45$; $W = \frac{p}{100} \cdot G \Rightarrow W = \frac{45}{100} \cdot 12\,\text{km} = 5{,}4\,\text{km}$

Beispiel 7: Kai hat 63 € beim Kauf eines Fahrrades gespart, das sind 14 %.

$W = 63\,€$, $p = 14$; $G = \frac{100}{p} \cdot W \Rightarrow G = \frac{100}{14} \cdot 63\,€ = 450\,€$

TEST 1 Prozentsätze bestimmen und umwandeln

1 Gib zum relativen Anteil den entsprechenden Prozentsatz an.

a) $r = \frac{2}{5}$ b) $r = \frac{7}{10}$

c) $r = \frac{13}{40}$ d) $r = 1\frac{3}{8}$

2 Verwandle den Dezimalbruch in einen Prozentsatz mit höchstens einer Dezimalstelle.

a) 0,56 b) 0,375

c) 0,0375 d) 2,2075

3 Ordne der Prozentzahl einen Dezimalbruch und einen gekürzten Bruch zu.

a) p = 22 b) p = 5,5

c) p = 110 d) p = 12,25

4 Wie viel Prozent der Fläche ist dunkel gefärbt?

a)
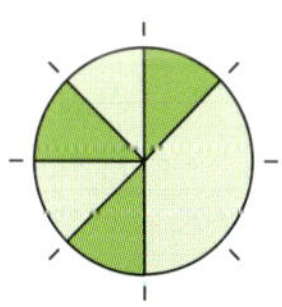

b)
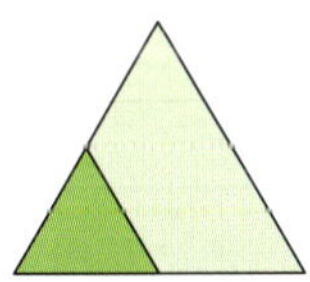

c)
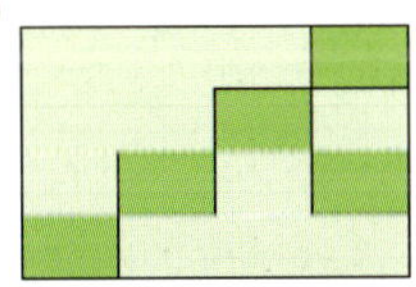

5 a) Wie viel Prozent der roten Zahlen sind Primzahlen?

b) Wie viel Prozent der Primzahlen sind rot?

1	2	3	4
5	6	7	8
9	10	11	12
13	14	15	16

TEST 2 Prozentwerte bestimmen und darstellen

1 Berechne den Prozentwert nach der Dreisatz-Methode.

a) 12 % von 140 €

b) 40 % von 56 kg

2 Berechne den Prozentwert mithilfe der entsprechenden Formel.

a) Bei der Wahl zum Klassensprecher entfallen ca. 72,4 % der 29 Stimmen auf Tanja.

b) Klaus erhält beim Kauf eines Fahrrades 8 % Rabatt auf 340 €. Wie viel bezahlt er?

3 In der Schulzeitschrift zeigt das abgebildete Kreisdiagramm, wie sich die 950 Schülerinnen und Schüler dieses Gymnasiums auf die Unter- (US), Mittel- (MS) und Oberstufe (OS) verteilen. Wie viele Schülerinnen und Schüler besuchen jede Stufe?

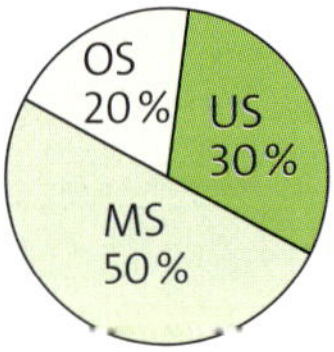

4 Stelle die nebenstehende Auswertung einer Klassenarbeit als Kreisdiagramm dar (im Heft).

Note	1	2	3	4	5	6
Anzahl Schüler	3	6	10	4	2	0

Tipp: Du erhältst die Winkelmaße, indem du den jeweiligen relativen Anteil mit 360° multiplizierst. Diese Winkelmaße kannst du dann im Kreis antragen.

TEST 3 Rechnen mit Prozenten

1 Berechne den Grundwert nach der Dreisatz-Methode.

a) 18 % entsprechen 270 m

b) 35 % entsprechen 21 €

2 Berechne und gib das Ergebnis in der genannten Maßeinheit an.

a)	5 % von	30 € =		€	=		Cent
b)	15 % von	50 kg =		kg	=		g
c)	25 % von	$16\ m^2$ =		m^2	=		dm^2
d)	125 % von	$80\ cm^3$ =		cm^3	=		dm^3
e)	1,5 % von	80 % =		%	=		‰
f)	0,5 % von	$2\ m^3$ =		dm^3	=		cm^3

1‰ (Promille) $= \frac{1}{1000}$

3 Berechne den Grundwert mithilfe der entsprechenden Formel.

a) Olivers Sparguthaben wird mit 3,8 % verzinst, das sind nach einem Jahr 20,90 €. Wie viel Geld hatte er ursprünglich angelegt?

b) Die Kriminalpolizei teilt mit, dass im letzten Jahr 228 Straftaten aufgeklärt wurden, jedoch konnten 12 % aller Straftaten nicht geklärt werden. Wie viel Straftaten wurden insgesamt begangen?

4 Von einem großen Quadrat soll an einer Ecke ein quadratisches Stück der Kantenlänge 5 cm ausgeschnitten werden, das sind 14,8 % der Gesamtfläche. Bestimme den Flächeninhalt und die Kantenlänge des großen Quadrates.

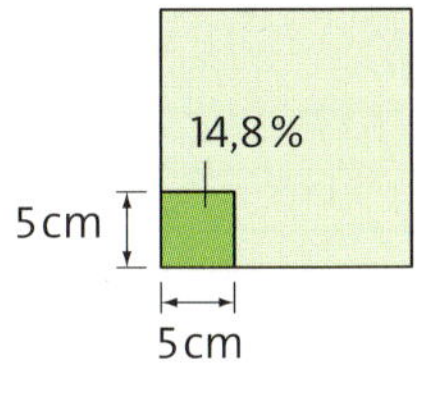

10 Prozentrechnung LÖSUNGEN

Lösungen zu Test 1

1 a) $r = \frac{2}{5} = \frac{2 \cdot 20}{5 \cdot 20} = \frac{40}{100} \Rightarrow p\,\% = 40\,\%$
b) $r = \frac{7}{10} = \frac{7 \cdot 10}{10 \cdot 10} = \frac{70}{100} \Rightarrow p\,\% = 70\,\%$
c) $r = \frac{13}{40} = \frac{13 \cdot 2{,}5}{40 \cdot 2{,}5} = \frac{32{,}5}{100} \Rightarrow p\,\% = 32{,}5\,\%$
d) $r = 1\frac{3}{8} = \frac{11 \cdot 12{,}5}{8 \cdot 12{,}5} = \frac{137{,}5}{100} \Rightarrow p\,\% = 137{,}5\,\%$

Wenn du hier Probleme hast, sieh dir das **Beispiel 1** auf Seite 106 an!

2 a) $0{,}56 = \frac{56}{100} \Rightarrow p\,\% = 56\,\%$
b) $0{,}375 = \frac{375}{1000} = \frac{37{,}5}{100} \Rightarrow p\,\% = 37{,}5\,\%$
c) $0{,}0375 \approx 0{,}038 = \frac{3{,}8}{100} \Rightarrow p\,\% \approx 3{,}8\,\%$
d) $2{,}2075 \approx 2{,}208 = \frac{220{,}8}{100} \Rightarrow p\,\% = 220{,}8\,\%$

Alles klar? **Beispiel 3** auf Seite 106 hilft dir weiter.

Bei c) und d) am besten gleich auf drei Stellen runden, weil du ja nur auf eine Dezimale kommen darfst!

3 a) $22\,\% = 0{,}22 = \frac{22}{100} = \frac{11}{50}$
b) $5{,}5\,\% = 0{,}055 = \frac{55}{1000} = \frac{11}{200}$
c) $110\,\% = 1{,}1 = 1\frac{10}{100} = 1\frac{1}{10}$
d) $12{,}25\,\% = 0{,}1225 = \frac{1225}{10\,000} = \frac{49}{400}$

Um diese Aufgaben richtig zu lösen, musst du → Seite 106, Nr. 2 und vor allem das **Beispiel 2** auf der gleichen Seite richtig verstanden haben.

4 a) Der Kreis zeigt acht gleich große Teile, von denen drei dunkel gefärbt sind. Somit kannst du den relativen Anteil (Bruch) $r = \frac{3}{8}$ bilden. Wenn du jetzt auf den Nenner 100 erweiterst, erhältst du $r = \frac{3}{8} = \frac{375}{1000} = \frac{37{,}5}{100}$, oder den Prozentsatz: $p\,\% = 37{,}5\,\%$.
b) $r = \frac{1}{4} = \frac{25}{100} \Rightarrow p\,\% = 25\,\%$
c) $r = \frac{5}{16}$; $5 : 16 = 0{,}3125 \Rightarrow p\,\% = 31{,}25\,\%$

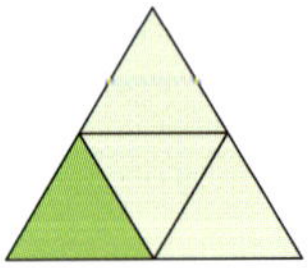
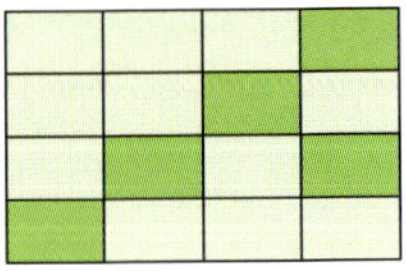

5 Überlege dir vorab, dass folgende Zahlenmengen benötigt werden:
Menge der roten Zahlen: $\mathbb{A} = \{1; 3; 6; 8; 9; 11; 14; 16\}$, das sind $a = 8$ Zahlen.
Menge der Primzahlen: $\mathbb{B} = \{2; 3; 5; 7; 11; 13\}$, das sind $b = 6$ Zahlen.
Menge der roten Primzahlen (= Schnittmenge): $\mathbb{A} \cap \mathbb{B} = \{3; 11\}$, das sind $c = 2$ Zahlen.

a) Mit $G = a = 8$ und $W = c = 2$ folgt:
$p = 100 \cdot \frac{W}{G} = 100 \cdot \frac{2}{8} = \frac{100 \cdot 1}{4} = 25$; $p\,\% = 25\,\%$

b) Mit $G = b = 6$ und $W = c = 2$ folgt:
$p = 100 \cdot \frac{W}{G} = 100 \cdot \frac{2}{6} = \frac{100 \cdot 1}{3} = 33{,}\overline{3} \approx 33{,}3$; $p\,\% \approx 33{,}3\,\%$

Lösungen zu Test 2

Tipp zu 1 b): Im Zwischenschritt wird auf 10 % „heruntergerechnet“, weil 10 ein gemeinsamer Teiler von 100 und 40 ist, mit dem sich leicht weiterrechnen lässt.

1 a) $100\,\% \triangleq 140\,€$

$1\,\% \triangleq \frac{140\,€}{100}$

$12\,\% \triangleq \frac{140\,€}{100} \cdot 12 = 16{,}80\,€$

b) $100\,\% \triangleq 56\,\text{kg}$

$10\,\% \triangleq \frac{56\,\text{kg}}{10}$

$40\,\% \triangleq \frac{56\,\text{kg}}{100} \cdot 4 = 22{,}40\,\text{kg}$

2 a) $W = \frac{p}{100} \cdot G = \frac{72{,}4}{100} \cdot 29 = 0{,}724 \cdot 29 = 20{,}996 \approx 21$

21 Schülerinnen und Schüler wählten Tanja.

b) Nach Abzug des Rabatts bezahlt Klaus noch $100\,\% - 8\,\% = 92\,\%$ des Kaufpreises: $W = \frac{p}{100} \cdot G = \frac{92}{100} \cdot 340\,€ = 312{,}80\,€$.

Wenn du hier mit 8 % statt mit 92 % rechnest, dann erhältst du den Preisnachlass von 27,20 €, den du dann noch von 340 € abziehen musst.

Bei Problemen mit dieser Aufgabe hilft dir **Beispiel 6** auf Seite 106 weiter.

3 Nimm 950 als Grundwert G und lies die Prozentzahlen aus dem Diagramm ab.

Unterstufe: $W = \frac{p}{100} \cdot G = \frac{30}{100} \cdot 950 = 0{,}3 \cdot 950 = 285$ Schülerinnen und Schüler

Mittelstufe: $W = \frac{p}{100} \cdot G = \frac{50}{100} \cdot 950 = 0{,}5 \cdot 950 = 475$ Schülerinnen und Schüler

Oberstufe: $W = \frac{p}{100} \cdot G = \frac{20}{100} \cdot 950 = 0{,}2 \cdot 950 = 190$ Schülerinnen und Schüler

Bei Problemen hilft dir **Beispiel 6** auf Seite 106 weiter.

4 Berechne zuerst das prozentuale Vorkommen jeder Note $\left(p = 100 \cdot \frac{W}{G};\ G = 25\right)$ und dann die entsprechenden Teilwinkel des Vollkreises $\left(W = \frac{p}{100} \cdot G;\ G = 360°\right)$.

Insgesamt hat die Klasse 25 Schüler; es ist also G = 25.

Vorsicht! Der Grundwert G steht zunächst für die Gesamtzahl der Schüler und im 2. Schritt für den Vollwinkel 360°

	Prozentzahlen (p)		Winkelmaße (w)
Note 1:	$p = 100 \cdot \frac{3}{25} = 12$	$\Rightarrow$	$w = \frac{12}{100} \cdot 360° = 43{,}2°$
Note 2:	$p = 100 \cdot \frac{6}{25} = 24$	$\Rightarrow$	$w = \frac{24}{100} \cdot 360° = 86{,}4°$
Note 3:	$p = 100 \cdot \frac{10}{25} = 40$	$\Rightarrow$	$w = \frac{40}{100} \cdot 360° = 144{,}0°$
Note 4:	$p = 100 \cdot \frac{4}{25} = 16$	$\Rightarrow$	$w = \frac{16}{100} \cdot 360° = 57{,}6°$
Note 5:	$p = 100 \cdot \frac{2}{25} = 8$	$\Rightarrow$	$w = \frac{8}{100} \cdot 360° = 28{,}8°$

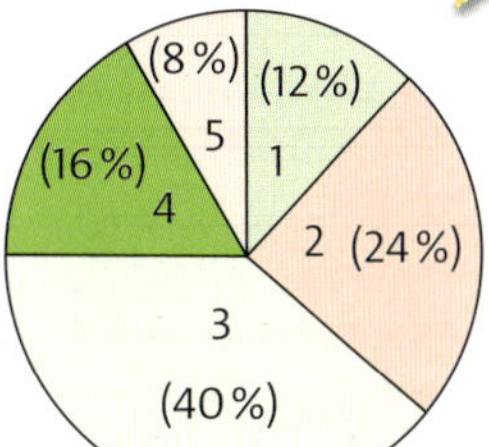

Lösungen zu Test 3

Tipp zu 1b): Im Zwischenschritt wird auf 5 % „heruntergerechnet", weil 5 ein gemeinsamer Teiler von 35 und 100 ist, mit dem sich leicht weiterrechnen lässt.

1 a) $18\,\% \triangleq 270\,\text{m}$

$1\,\% \triangleq \frac{270\,\text{m}}{18}$

$100\,\% \triangleq \frac{270\,\text{m}}{18} \cdot 100 = 1500\,\text{m}$

b) $35\,\% \triangleq 21\,€$

$5\,\% \triangleq \frac{21\,€}{7}$

$100\,\% \triangleq \frac{21\,€}{7} \cdot 20 = 60\,€$

2 a) 5 % von 30 € $= \frac{5}{100} \cdot \frac{30}{1}\,€ = \frac{5 \cdot 30}{100}\,€ = \frac{150}{100}\,€ = 1{,}5\,€ = 150\,\text{Cent}$

b) 15 % von 50 kg $= \frac{15}{100} \cdot \frac{50}{1}\,\text{kg} = \frac{15 \cdot 50}{100}\,\text{kg} = \frac{750}{100}\,\text{kg} = 7{,}5\,\text{kg} = 7500\,\text{g}$

c) 25 % von 16 m² $= \frac{25}{100} \cdot \frac{16}{1}\,\text{m}^2 = \frac{25 \cdot 16}{100}\,\text{m}^2 = \frac{400}{100}\,\text{m}^2 = 4\,\text{m}^2 = 400\,\text{dm}^2$

d) 125 % von 80 cm³ $= \frac{125}{100} \cdot \frac{80}{1}\,\text{cm}^3 = \frac{125 \cdot 80}{100}\,\text{cm}^3 = \frac{10\,000}{100}\,\text{cm}^3 = 100\,\text{cm}^3 = 0{,}1\,\text{dm}^3$

e) 1,5 % von 80 % $= \frac{1{,}5}{100} \cdot \frac{80}{1}\,\% = \frac{1{,}5 \cdot 80}{100}\,\% = \frac{120}{100}\,\% = 1{,}2\,\% = 12\,‰$

f) 0,5 % von 2 m³ $= \frac{0{,}5}{100} \cdot \frac{2}{1}\,\text{m}^3 = \frac{1}{100}\,\text{m}^3 = \frac{1000}{100}\,\text{dm}^3 = 10\,\text{dm}^3 = 10\,000\,\text{cm}^3$

Tipp: Aufgaben nach dem Schema „x % von einer Größe" kannst du ganz einfach berechnen, indem du zunächst den Prozentsatz in einen Bruch umwandelst und ihn dann mit der Größe multiplizierst.

3 a) $G = \frac{100}{p} \cdot W = \frac{100}{3{,}8} \cdot 20{,}90\,€ = 550\,€ \Rightarrow$ Oliver hat 550 € angelegt.

b) Die 228 aufgeklärten Straftaten entsprechen $100\,\% - 12\,\% = 88\,\%$ aller Straftaten: $G = \frac{100}{p} \cdot W = \frac{100}{88} \cdot 228 = 259{,}09 \approx 259$

Insgesamt wurde 259 Straftaten begangen.

Hinweis: Die exakte Prozentzahl aufgeklärter Straftaten beträgt $p = 100 \cdot \frac{W}{G} = 100 \cdot \frac{228}{259} = 88{,}0308...$ Zwangsläufig rechnet man aber mit der ganzzahlig gerundeten Prozentzahl $88 = 100 - 12$, muss dann dafür aber den Grundwert 259,09 ganzzahlig auf 259 abrunden.

Alles klar? Falls nicht, sieh dir das **Beispiel 7** auf Seite 106 noch einmal an!

4 Mit $W = 5\,\text{cm} \cdot 5\,\text{cm} = 25\,\text{cm}^2$ und $p = 14{,}8$ ist der Flächeninhalt des ganzen Quadrats $G = \frac{100}{p} \cdot W = \frac{100}{14{,}8} \cdot 25\,\text{cm}^2 = 168{,}9\,\text{cm}^2 \approx 169\,\text{cm}^2$.

Wegen $13\,\text{cm} \cdot 13\,\text{cm} = 169\,\text{cm}^2$ beträgt die Kantenlänge ca. 13cm.

Bei Fragen hilft dir **Beispiel 7** auf Seite 106 weiter.

11 Grundbegriffe der Geometrie

1 Punkte

Punkte werden mit Großbuchstaben A, B, C, ... bezeichnet. Im Koordinatensystem (Achsenkreuz, → Seite 95, Nr. 2) lässt sich die Lage eines Punktes P durch die Angabe seiner beiden **Koordinaten** x und y als geordnetem Zahlenpaar angeben: **P(x|y)**. Die erste Koordinate wird als **x-Wert** (**Abszisse**, Rechtswert), die zweite als **y-Wert** (**Ordinate**, Hochwert) bezeichnet.

Beispiel 1: A(1|2).

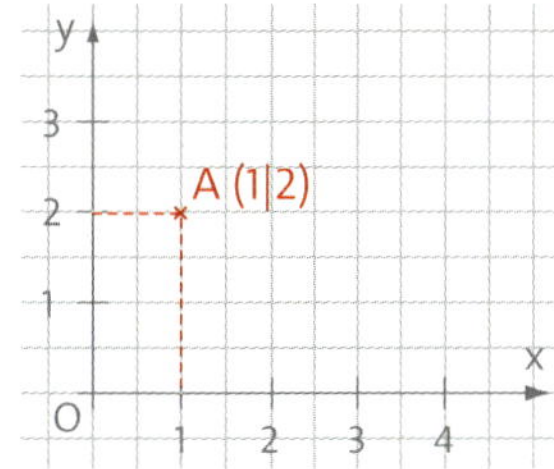

2 Strecken, Halbgeraden und Geraden

Die kürzeste Verbindunglinie zwischen zwei Punkten A und B wird als **Strecke AB** (auch **[AB]**) bezeichnet. Man kann sie mit einem Lineal, z. B. dem Geodreieck zeichnen, und ihre **Länge $\overline{AB}$** auf der Linealskala ablesen. Wenn die Strecke AB über einen ihrer Endpunkte beliebig weit verlängert wird, so entsteht die **Halbgerade s** (auch: **Strahl**), bei beidseitiger Verlängerung die **Gerade g**.

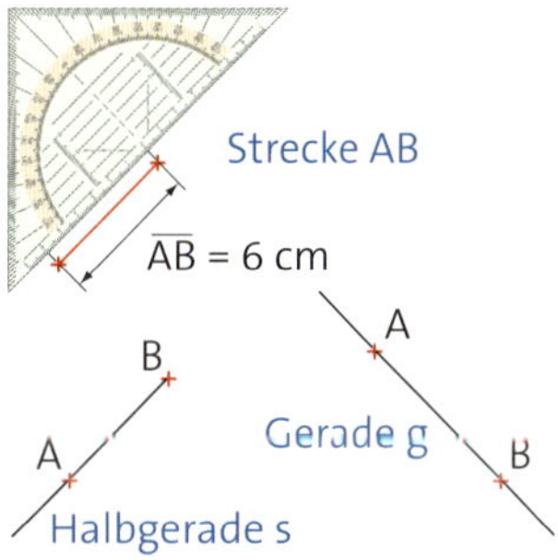

3 Lagebeziehungen zwischen zwei Geraden

Zwei Geraden g und h schneiden sich in genau einem Punkt, ihrem **Schnittpunkt S** (Abb. rechts), man schreibt **g×h** oder **g∩h.**
Von besonderer Bedeutung ist es, wenn sich zwei Geraden g und h **senkrecht** (**orthogonal**) **schneiden** (⊥). Mithilfe der senkrechten Mittellinie des Geodreiecks (Abb. rechts) kann man dies leicht nachprüfen oder so auch eine **Lotgerade** zeichnen.
Zwei Geraden g und h, die keinen Schnittpunkt besitzen, verlaufen **parallel**, und man schreibt **g||h**.
Verlaufen zwei Geraden mit nicht zu großem Abstand zueinander, so kann man ihre Parallelität mit den zur Linealkante parallelen Hilfslinien des Geodreiecks leicht nachprüfen (siehe Abb. rechts).

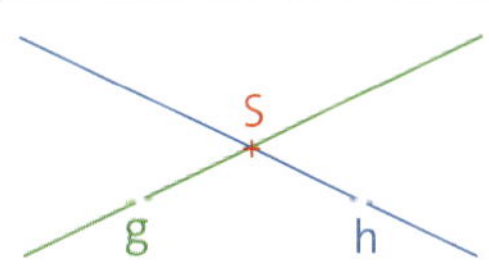

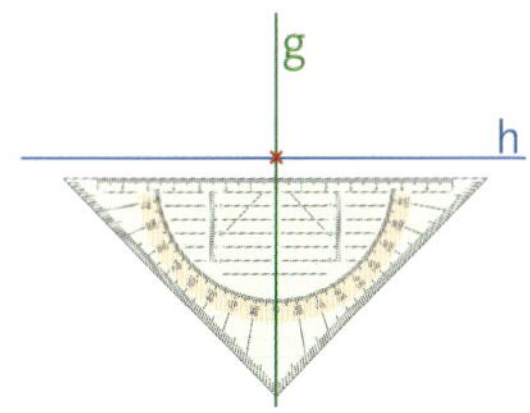

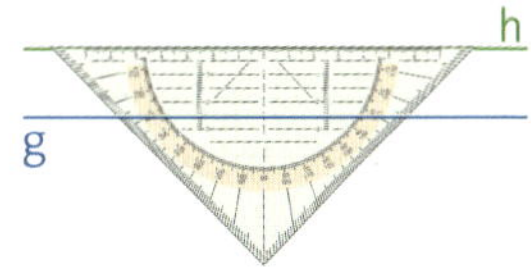

4 Abstandmessungen

Der **Abstand zwischen zwei Punkten A und B** entspricht der Länge der Strecke AB (→Seite 113, Nr. 1), und man schreibt **d (A,B) = $\overline{AB}$.**

Der **Abstand eines Punktes A von der Geraden g** entspricht der Länge des Lotes von A auf g, und man schreibt **d (A, g).**

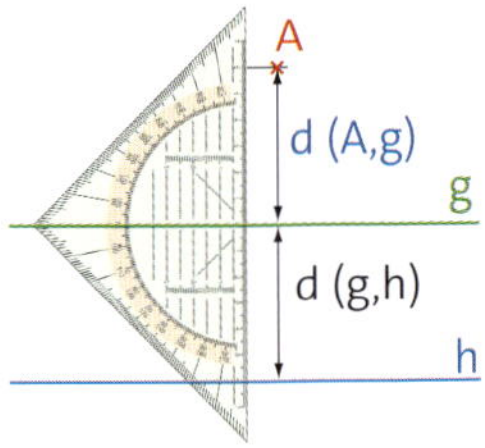

Beispiel 2: Wenn sich die senkrechte Mittellinie des Geodreiecks mit g deckt und die Linealkante durch A verläuft, dann kannst du den Abstand d(A,g) auf der Linealskala ablesen.

Der **Abstand zweier paralleler Geraden g und h** entspricht der Länge der Lotgeraden (→Seite 113, Nr. 3) von einem beliebigen Punkt von h auf g, und man schreibt **d (g, h)**.

5 Kreise

Ein **Kreis K** enthält alle Punkte, die zu einem vorgegebenem Punkt, dem **Mittelpunkt M**, einen festen Abstand, den **Radius r**, besitzen.

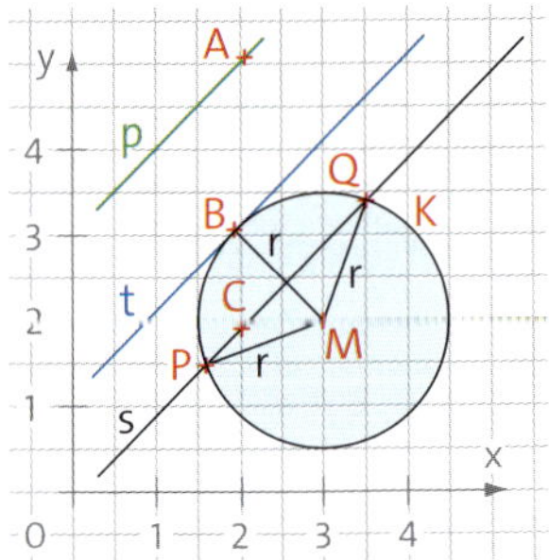

Beispiel 3: Zeichne mit einem Zirkel um den Mittelpunkt M(3 | 2) den Kreis K vom Radius r = 1,5 LE (= Längeneinheiten). Die Punkte P, B und Q haben den Abstand r von M.

Beispiel 4: Klassifiziere die Lage der Punkte A, B und C zum Kreis K aus Beispiel 2:

Punkt A: $\overline{AM} > r \Rightarrow$ A liegt außerhalb von K; Punkt B: $\overline{BM} = r \Rightarrow$ B liegt auf K;

Punkt C: $\overline{CM} < r \Rightarrow$ C liegt innerhalb von K.

Beispiel 5: Klassifiziere die Lage der Geraden p, t und s zum Kreis K aus Beispiel 2: Die Gerade p läuft an K (ohne Berührung) vorbei und heißt **Passante**; die Gerade t tangiert (berührt) K im **Tangentialpunkt** (Berührpunkt) B und heißt **Tangente** (Berührgerade); die Gerade s schneidet K in den beiden Punkten P und Q und heißt **Sekante** (Schnittgerade). Die Strecke PQ, die innerhalb des Kreises K liegt, nennt man **Sehne**.

Eine Tangente verläuft stets senkrecht zu demjenigen Radius, der vom Mittelpunkt aus zum Berührpunkt verläuft (auch: Berührradius).

6 Winkel zeichnen und messen

Beispiel 6: Mithilfe des Geodreiecks soll ein Winkel von 30° gezeichnet werden. Achte darauf, dass der Nullpunkt des Geodreiecks genau am Scheitel anliegt.

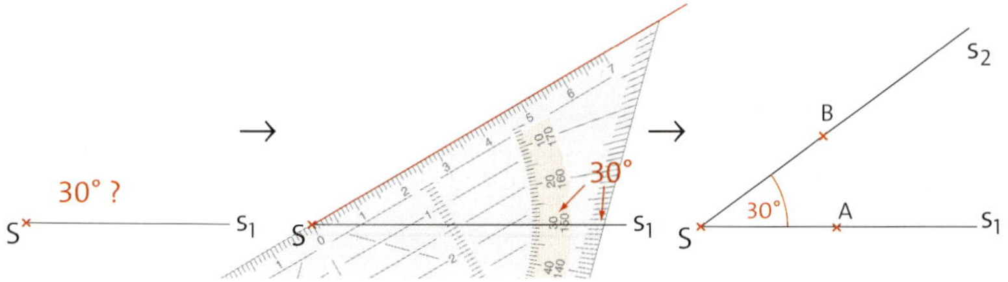

Bezeichnungsweisen: $\alpha = 30°$ oder $\sphericalangle(s_1, s_2) = 30°$ oder $\sphericalangle(ASB) = 30°$

Beispiel 7: Beim Messen von Winkeln, wie in der Zeichnung gezeigt, ist immer auf den **Drehsinn** (gegen den Uhrzeigersinn!) zu achten.

Verlängere die Achsen, wenn nötig, um genau ablesen zu könen.

$180° + 137° = 317°$

$360° - 43° = 317°$

7 Winkelarten

Je nach Größenbereich unterscheidet man die folgenden **Winkelarten**:

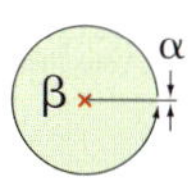 Nullwinkel $\alpha = 0°$ Vollwinkel $\beta = 360°$	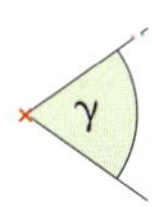 spitzer Winkel $0° < \gamma < 90°$	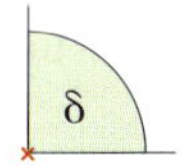 rechter Winkel $\delta = 90°$
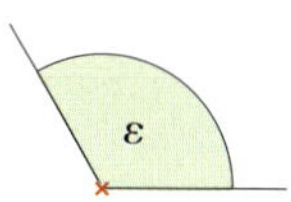 stumpfer Winkel $90° < \varepsilon < 180°$	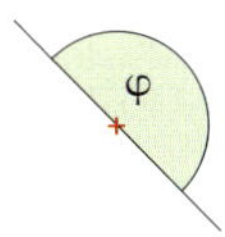 gestreckter Winkel $\varphi = 180°$	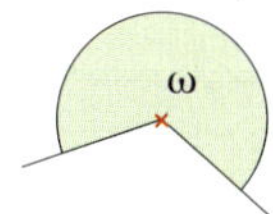 überstumpfer Winkel $180° < \omega < 360°$

Winkel werden stets mit griechischen Kleinbuchstaben bezeichnet:
- α - Alpha
- β - Beta
- γ - Gamma
- δ - Delta
- ε - Epsilon
- φ - Phi
- ω - Omega

TEST 1 Punkte und Geraden

1 a) Trage die Punkte A (4 | 1), B (3 | 5) und C (1 | 2) in das Achsenkreuz ein und bestimme die Abstände.

d (A, B) =

d (B, C) =

d (A, C) =

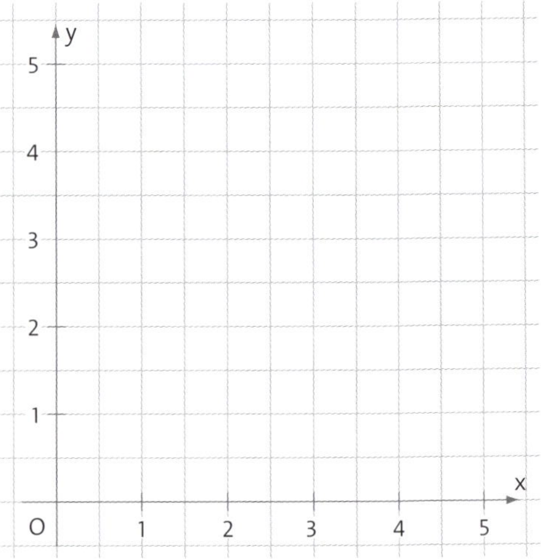

b) Trage die Gerade g durch A und B und die zu g senkrechte Gerade l durch C ein. l schneidet g in E. Bestimme

E (|) und d (C, g)= .

c) Trage die Gerade h durch B und C und die hierzu parallele Gerade k durch E ein und bestimme die Abstände. d (A, k) =

d (B, k) = d (C, k) = d (h, k) =

2 a) Gib alle Paare paralleler Geraden an.

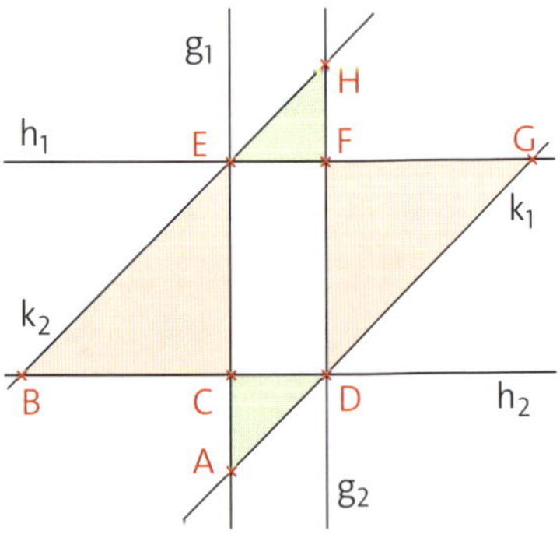

b) Gib alle Paare gleich langer Strecken in den beiden roten bzw. den beiden grünen Dreiecken an.

rot:

grün:

c) Jede Gerade der Figur schneidet wie viele andere Geraden? Begründe.

d) Gib das größte Viereck und die beiden größten Dreiecke, die du in der Figur erkennen kannst, mithilfe ihrer Eckpunkte an.

TEST 2 Kreise, Punkte und Geraden

1 a) Zeichne um B einen Kreis K_1 mit dem Radius $r = \overline{BA}$.
Welche Punkte liegen innerhalb von K_1, auf K_1 und außerhalb von K_1?

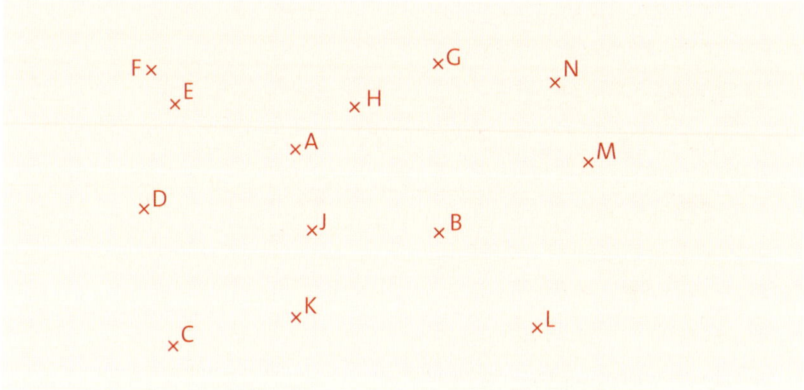

b) Zeichne nun um A den Kreis K_2 mit demselben Radius $r = \overline{AB}$.
Welche Punkte ...

(1) sind von A und B weniger weit als r entfernt?

(2) haben von A und B genau den Abstand r?

(3) sind von A weiter als r und von B weniger weit als r entfernt?

(4) sind von A weniger weit als r und von B weiter als r entfernt?

(5) sind von A und B weiter als r entfernt?

2 Welche Punkte haben mindestens den Abstand $r_1 = 1\,\text{cm}$ und höchstens den Abstand $r_2 = 2\,\text{cm}$ von einem Punkt M?
Gib Deine Lösung mithilfe einer Zeichnung an.

3 Zeichne die Geraden g durch A und B, h durch B und C und k durch A und C. Zeichne dann drei Kreise um M, die der Reihe nach eine der Geraden berühren. Ergänze jetzt die folgenden Leerstellen sinnvoll.

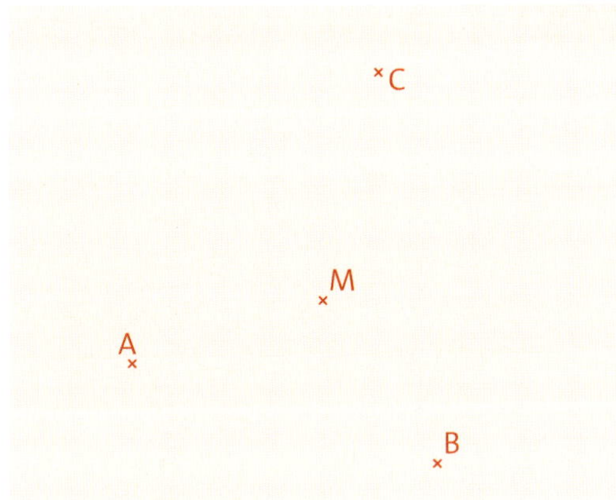

a) Wenn der Kreis g tangiert, dann ist h eine ___ und k eine ___.

b) Wenn der Kreis h tangiert, dann ist g eine ___ und k eine ___.

c) Wenn der Kreis k tangiert, dann ist g eine ___ und h eine ___.

d) Aus den Aussagen a) bis c) ergibt sich, dass die Gerade ___ den geringsten Abstand zu M und die Gerade ___ den größten Abstand zu M hat.

4 Löse zeichnerisch. Die beiden Sekanten s_1 und s_2 schneiden sich innerhalb des Kreises K mit dem Radius r um den Mittelpunkt M. Welche Punkte liegen auf denjenigen Seiten von s_1 und s_2, auf denen M nicht liegt, und sind zudem nicht weiter als r von M entfernt?

TEST 3 Winkel

1 Verlängere mit Bleistift die Schenkel (sonst kannst du dein Geodreieck nicht anlegen) und bestimme die Größe der Winkel. Gib auch die Winkelarten und die möglichen Bezeichnungsweisen an.

a)

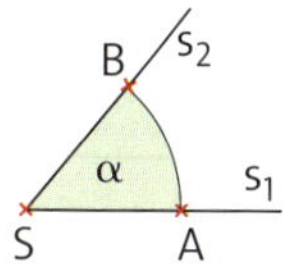

Größe:

Winkelart:

Bezeichnungen:

b)

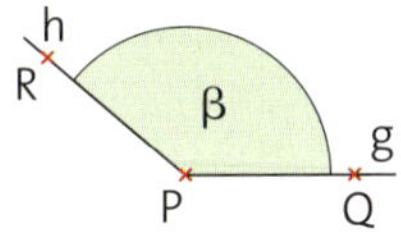

Größe:

Winkelart:

Bezeichnungen:

c)

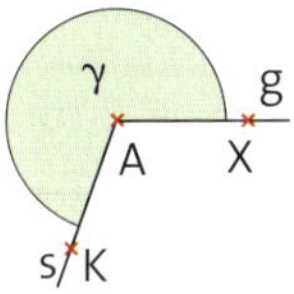

Größe:

Winkelart:

Bezeichnungen:

2 $\alpha = 45°$ ist gegeben. Berechne β, γ sowie δ und bestimme die Winkelsart:

a) $\beta = \alpha + 135° =$

b) $\gamma = 2 \cdot \alpha =$

c) $\delta = 4 \cdot \alpha - 30° =$

3 Zeichne jeweils eine Uhrzeit ein, bei der die beiden Zeiger den angegebenen Winkel einschließen, und gib, falls möglich, noch eine weitere Uhrzeit an.

a) $\alpha = 60°$

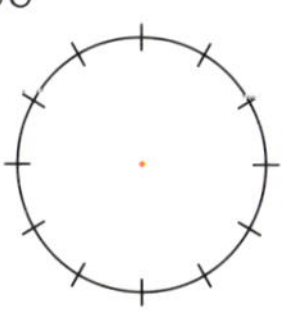

b) $\beta = 120°$

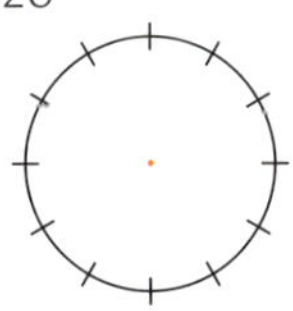

c) $\gamma = 165°$

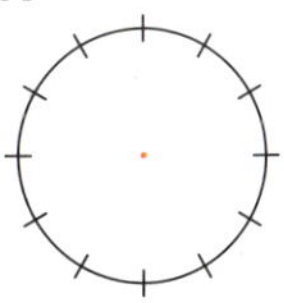

4 Sandra behauptet: „Ich kann jeden Winkel nur mit Hilfe von Zirkel und Lineal, also ohne Benutzung einer Winkelskala, verdoppeln!“ Zeige am gegebenen Winkel, wie sie das wohl macht, und erläutere die Vorgehensweise.

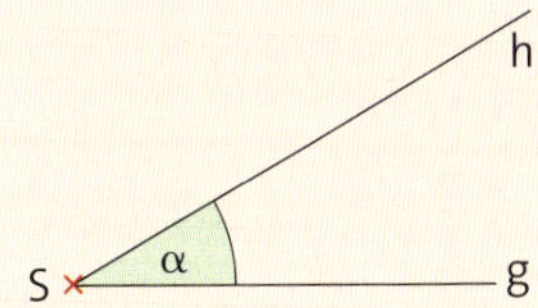

TEST 4 Grundbegriffe der Geometrie

1 Maria will den Anfangsbuchstaben ihres Namens als Fettbuchstaben „**M**“ im Achsenkreuz darstellen und hat bereits die Eckpunkte A(3|1), B(2|3), C(2|1), D(1|1), E(1|5), F(2|5) und G(3|3) festgelegt.

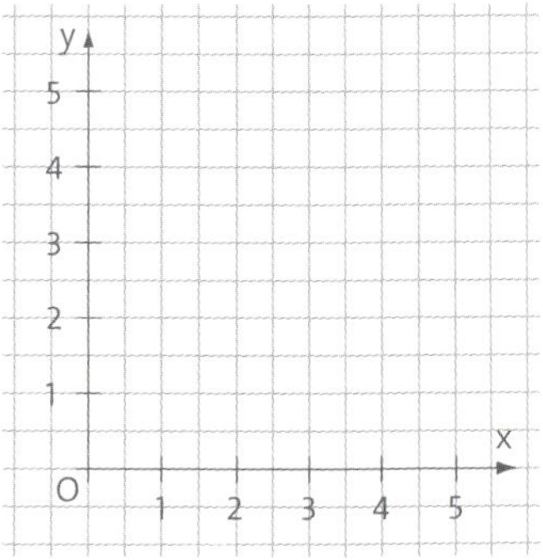

a) Trage die Punkte A bis G in das Achsenkreuz ein.

b) Ergänze die fehlenden Eckpunkte und gib deren Koordinaten an.

c) Gib alle rechten Winkel an, die innerhalb des Buchstabens „**M**“ auftreten.

2 Wie groß ist der kleinere Winkel zwischen den beiden Uhrzeigern, wenn die folgenden Uhrzeiten angezeigt werden:

a) 3:00 Uhr b) 7:00 Uhr c) 14:30 Uhr d) 20:30 Uhr

3 a) Zeichne von S aus die Halbgeraden t_1 und t_2 ein, die den Kreis K berühren, und miss die Winkel, die sie mit g einschließen: α_1 = ; α_2 =

t_1 und t_2 heißen .

b) Die Halbgerade s, die von S aus durch M verläuft und K in S_1 und S_2 schneidet, bildet mit g den Winkel α_3 = ;

s heißt: , die Strecke $\overline{S_1S_2}$ heißt: .

c) Gib die Winkelbereiche für eine Halbgerade an, die von S aus als Passante zu K verläuft .

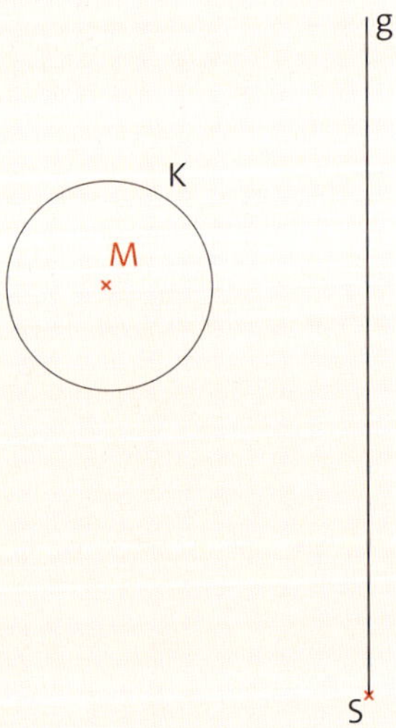

Lösungen zu Test 1

1 a) d (A, B) = 4,1 cm
d (B, C) = 3,6 cm
d (A, C) = 3,2 cm

b) E (3,6 | 2,7)
d (C, g) = 2,7 cm

c) d (A, k) = 1,3 cm
d (B, k) = 1,8 cm
d (C, k) = 1,8 cm
d (h, k) = 1,8 cm

Wenn du hier einen Fehler gemacht hast, sieh dir die → Seite 114, Nr. 4 noch einmal genau an!

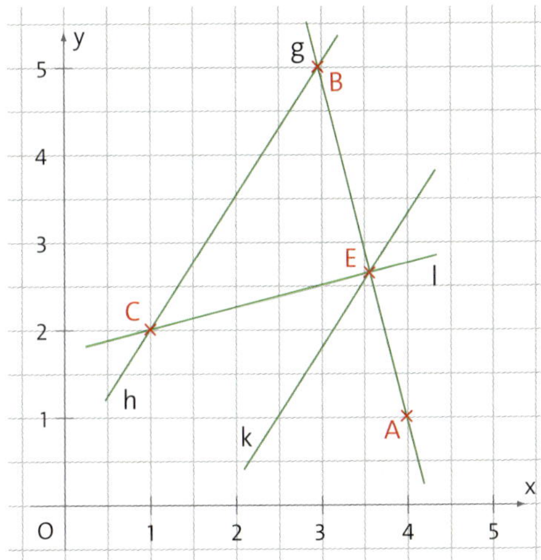

Alle Punkte einer Geraden (hier: h) haben zu einer parallelen Geraden (hier: k) denselben Abstand (hier: 1,8 cm). Folglich besitzen auch diese beiden Parallelen (hier: h und k) diesen Abstand.

2 a) Paare paralleler Geraden: $g_1 \parallel g_2$; $h_1 \parallel h_2$; $k_1 \parallel k_2$
Siehe auch → Seite 113, Nr. 3.

b) Gleich lange Strecken in den roten Dreiecken: $\overline{BC} = \overline{GF}$; $\overline{CE} = \overline{FD}$; $\overline{EB} = \overline{DG}$
Gleich lange Strecken in den grünen Dreiecken: $\overline{DC} = \overline{EF}$; $\overline{CA} = \overline{FH}$; $\overline{AD} = \overline{HE}$

c) Jede Gerade in der Figur ist zu einer der fünf anderen Geraden parallel und schneidet sie somit nicht. Sie schneidet aber die vier verbleibenden Geraden, zu denen sie nicht parallel verläuft.
Beispiel: $g_1 \parallel g_2 \Rightarrow g_1 \times h_1$; $g_1 \times h_2$; $g_1 \times k_1$; $g_1 \times k$

d) Das größte Viereck ist das Parallelogramm mit den Eckpunkte B, D, G und E.
Die beiden größten Dreiecke haben die Eckpunkte B, D, H und G, E, A.

Lösungen zu Test 2

1 a) Innerhalb von K_1 liegen: B, H, J, L;
auf K_1 liegen: A, G, K, M;
außerhalb von K_1 liegen: C, D, E, F, N.

b) (1) H, J; (2) K, G; (3) L; (4) E; (5) C, N;
Zu (1): Die Schnittmenge von K_1 und K_2 enthält alle Punkte, deren Abstände von den Mittelpunkten kleiner sind als die Kreisradien.
Zu (2): Gemeint sind die beiden Schnittpunkte der Kreislinien.
Zu (3): Gemeint sind alle Punkte innerhalb von K_1 und außerhalb von K_2.
Zu (4): Gemeint sind alle Punkte innerhalb von K_2 und außerhalb von K_1.
Zu (5): Gemeint sind alle Punkte außerhalb von K_1 und K_2.

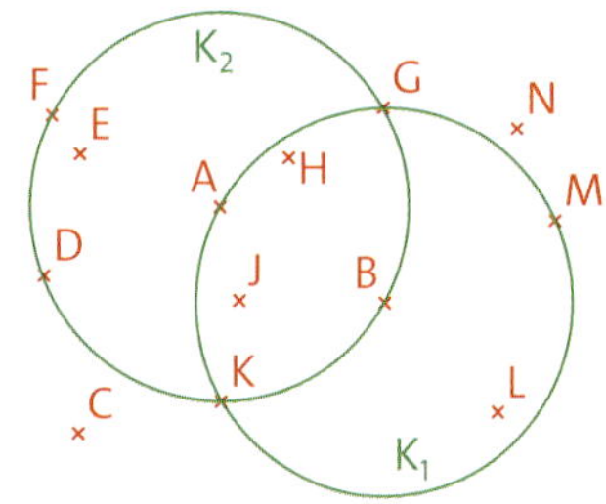

2 Alle Punkte des farbigen Kreisrings liegen weiter als r_1, aber nicht so weit wie r_2 von M entfernt.

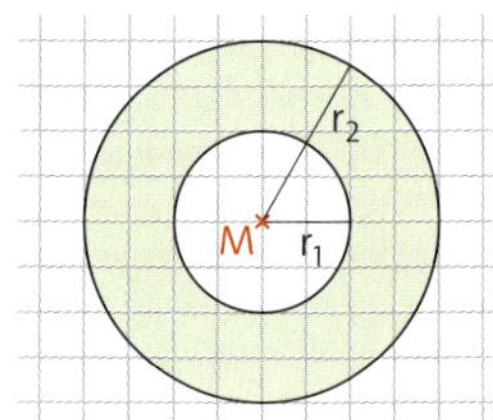

3 a) Wenn der Kreis g tangiert, dann ist h eine Sekante und k eine Sekante.

b) Wenn der Kreis h tangiert, dann ist g eine Passante und k eine Passante.

c) Wenn der Kreis k tangiert, dann ist g eine Passante und h eine Sekante.

d) Aus den Aussagen a) bis c) ergibt sich, dass die Gerade h den geringsten und die Gerade g den größten Abstand zu M hat.

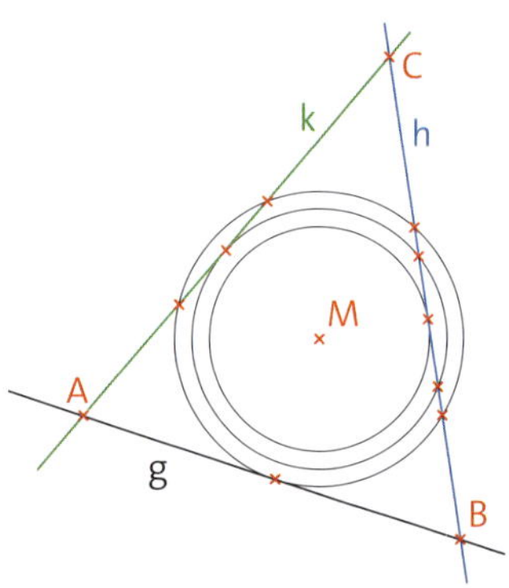

4 Alle Punkte der farbigen Fläche liegen innerhalb des Kreises, also nicht weiter als r von M entfernt. Gleichzeitig liegen sie auf den von M abgewandten Seiten von s_1 und s_2.

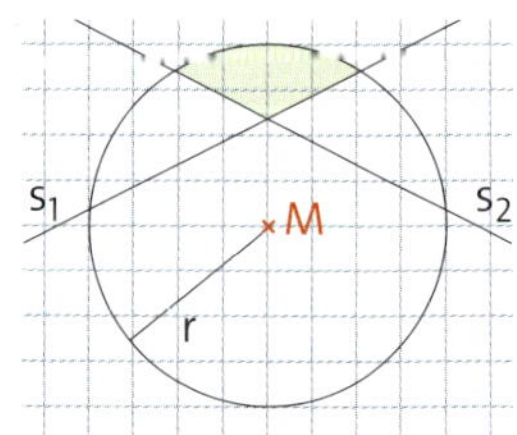

Lösungen zu Test 3

> Bei c) musst du dein Geodreieck so anlegen wie rechts gezeigt und zu den gemessenen 70° 180° dazuzählen!

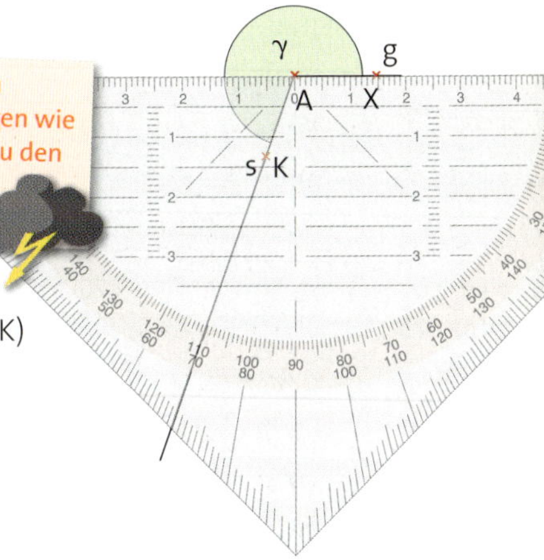

1 a) 50°; spitzer Winkel;
α, $\sphericalangle(s_1, s_2)$, $\sphericalangle(ASB)$

b) 140°; stumpfer Winkel;
β, $\sphericalangle(g, h)$, $\sphericalangle(QPR)$

c) 250°; überstumpfer Winkel; γ, $\sphericalangle(s, g)$, $\sphericalangle(XAK)$

Wenn du hier einen Fehler hast, lies auf
→ Seite 115 Nr. 6 noch einmal gut nach!

2 a) $\beta = 45° + 135° = 180°$; gestreckter Winkel

b) $\gamma = 2 \cdot 45° = 90°$; rechter Winkel

c) $\delta = 4 \cdot 45° - 30° = 150°$; stumpfer Winkel

Alles klar? Falls nicht, → Seite 115, Nr. 7 hilft dir weiter!

3 a)

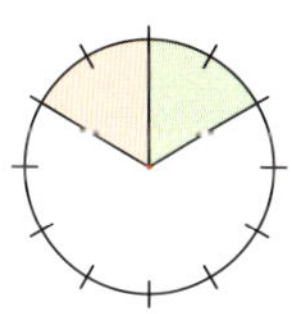

2:00 Uhr
oder
10:00 Uhr

b)

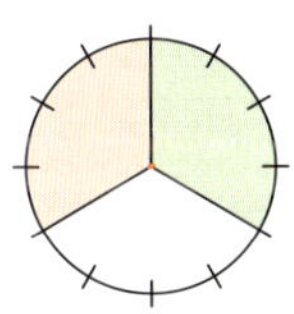

4:00 Uhr
oder
8:00 Uhr

c)

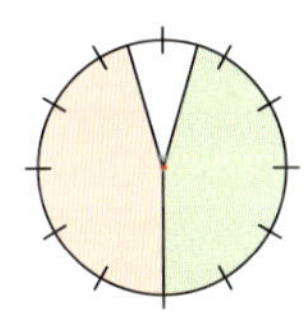

12:30 Uhr
oder
11:30 Uhr

Hinweis: Jeder Teilstrich auf der Skala einer Uhr entspricht einem Winkel von $360° : 12 = 30°$. Natürlich wird jeder der drei Winkel von den beiden Zeigern während *jeder* Stunde einmal gebildet, allerdings lassen sich nur die gezeigten Positionen zur vollen bzw. halben Stunde ohne größeren Rechenaufwand bestimmen.

4

1. Ich schlage um S einen Kreisbogen, der von A aus über B hinausgeht (durchgängige blaue Linie in der Zeichnung).
2. Mit einem Kreisbogen um B übertrage ich den Abstand $\overline{AB}$ auf BC (blau gestrichelt).
3. Die Halbgerade k von S durch C (grün) bildet mit h den Winkel $\beta = \alpha$.

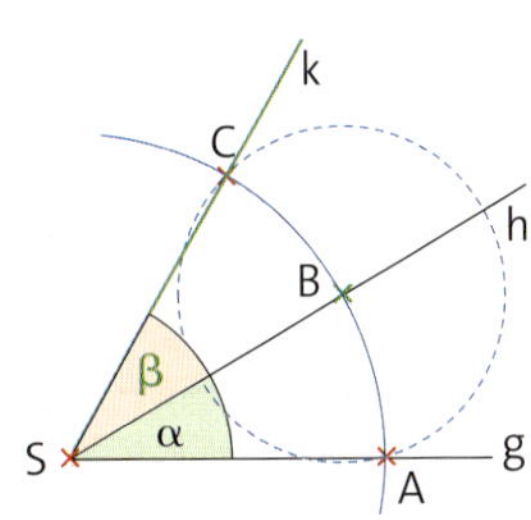

Lösungen zu Test 4

1 a) siehe Zeichnung rechts

b) H (4 | 5); I (5 | 5); J (5 | 1); K (4 | 1); L (4 | 3)
(**Beispiel 1** auf Seite 113)

c) ∢ (BCD); ∢ (CDE); ∢ (DEF); ∢ (HIJ);
∢ (IJK); ∢ (JKL);
(Siehe auch → Seite 115, Nr. 7)

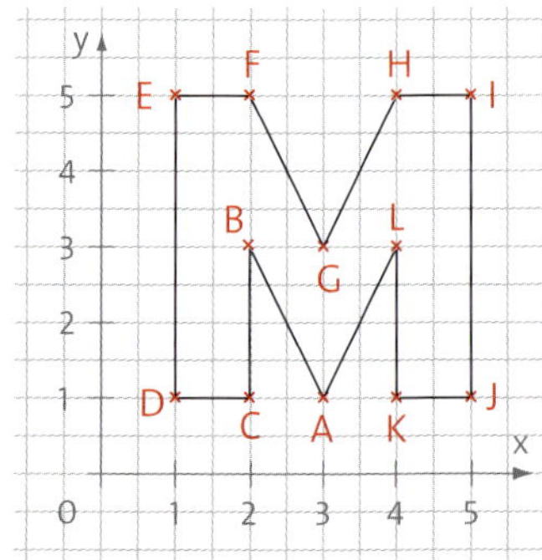

2 a) 90° b) 150°
c) 105° d) 75°

Zwischen zwei Skalenstrichen des Ziffernblattes liegen 360° : 12 = 30°.
→ Seite 119, Aufgabe 3

3 a) $\alpha_1 = 20°$ und $\alpha_2 = 45°$
t_1 und t_2 heißen Tangenten.

b) $\alpha_3 = 33°$; s heißt Sekante, S_1S_2 heißt Sehne.

c) Aus den Winkelangaben zu a) folgt
$0° \leq \alpha < 20°$ und $45° < \alpha < 360°$.
Siehe auch **Beispiel 5** auf Seite 119.

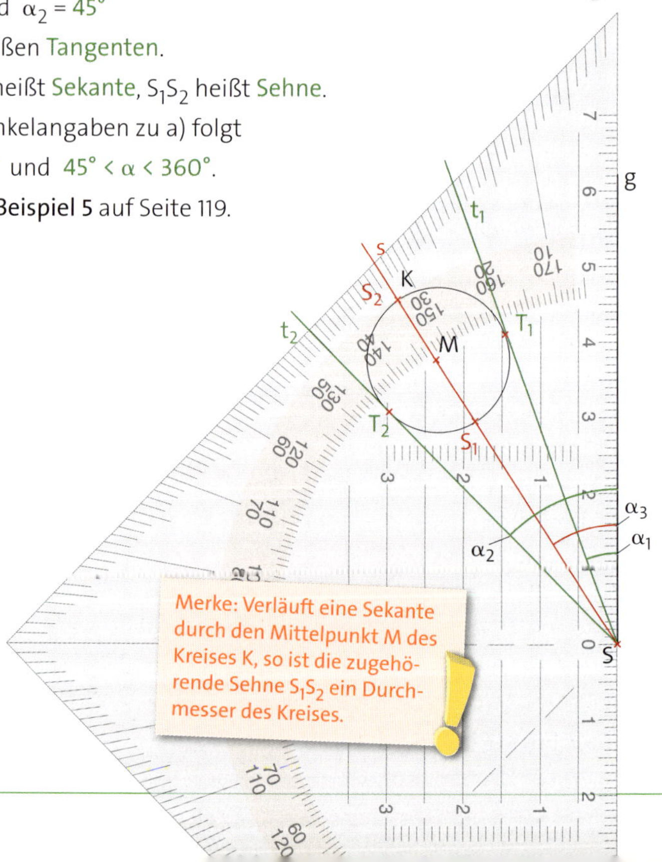

Merke: Verläuft eine Sekante durch den Mittelpunkt M des Kreises K, so ist die zugehörende Sehne S_1S_2 ein Durchmesser des Kreises.

1 Das metrische System der Längenmaße

Beim **Umrechnen von der größeren in die kleinere Maßeinheit** gilt:

1 km = 1000 m
1 m = 10 dm
1 dm = 10 cm
1 cm = 10 mm
1 mm = 1000 µm (Mikrometer)

Beispiel 1:

0,5 km	2,4 m	1,5 dm	0,6 mm
= 0,5 · 1 km	= 2,4 · 1 m	= 1,5 · 1 dm	= 0,6 · 1 mm
= 0,5 · 1000 m	= 2,4 · 10 dm	= 1,5 · 100 mm	= 0,6 · 1000 µm
= 500 m	= 24 dm	= 150 mm	= 600 µm

Beim **Umrechnen von der kleineren in die größere Maßeinheit** gilt:

1 µm = 0,001 mm
1 mm = 0,1 cm
1 cm = 0,1 dm
1 dm = 0,1 m
1 m = 0,001 km

Beispiel 2:

750 µm	45 mm	12 cm	1450 m
= 750 · 1 µm	= 45 · 1 mm	= 12 · 1 cm	= 1450 · 1 m
= 750 · 0,001 mm	= 45 · 0,1 cm	= 12 · 0,01 m	= 1450 · 0,001 km
= 0,75 mm	= 4,5 cm;	= 0,12 m	= 1,45 km

2 Das metrische System der Flächenmaße

Beim **Umrechnen von der größeren in die kleinere Maßeinheit** gilt:

1 km^2 = 100 ha (Hektar)
1 ha = 100 a (Ar)
1 a = 100 m^2
1 m^2 = 100 dm^2
1 dm^2 = 100 cm^2
1 cm^2 = 100 mm^2

Beispiel 3:

2,5 km^2	1,85 a	0,25 dm^2	0,8 m^2
= 2,5 · 1 km^2	= 1,85 · 1 a	= 0,25 · 1 dm^2	= 0,8 · 1 m^2
= 2,5 · 100 ha	= 1,85 · 100 m^2	= 2,5 · 10 000 mm^2	= 0,8 · 100 dm^2
= 250 ha	= 185 m^2	= 2500 mm^2	= 80 dm^2

Beim **Umrechnen von der kleineren in die größere Maßeinheit** gilt:

$1\,mm^2 = 0{,}01\,cm^2$

$1\,cm^2 = 0{,}01\,dm^2$

$1\,dm^2 = 0{,}01\,m^2$

$1\,m^2 = 0{,}01\,a$

$1\,a = 0{,}001\,ha$

$1\,ha = 0{,}01\,km^2$

Beispiel 4:

$450\,mm^2$	$520\,cm^2$	$14{,}5\,dm^2$	$1050\,a$
$= 450 \cdot 1\,mm^2$	$= 520 \cdot 1\,cm^2$	$= 14{,}5 \cdot 1\,dm^2$	$= 1050 \cdot 1\,a$
$= 450 \cdot 0{,}01\,cm^2$	$= 520 \cdot 0{,}01\,dm^2$	$= 14{,}5 \cdot 0{,}001\,a$	$= 1050 \cdot 0{,}0001\,km^2$
$= 4{,}5\,cm^2$	$= 5{,}2\,dm^2$	$= 0{,}00145\,a$	$= 0{,}105\,km^2$

Auf der CD findest du zusätzliche Informationen zu den Grundlagen von Längenmessung und Flächeninhaltsbestimmung

3 Umfangsberechnung bei ebenen Figuren

Man erhält den **Umfang u** (manchmal auch U) einer Figur, wenn man die Längen aller Teilstrecken addiert, die man bei einem vollständigen Umlauf um die Figur durchläuft.

Beispiel 5:

Rechteck

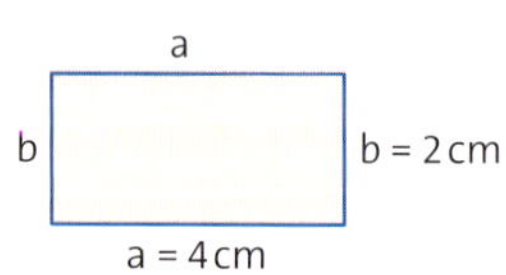

$u = 2 \cdot a + 2 \cdot b$

$u = 2 \cdot 4\,cm + 2 \cdot 2\,cm = 12\,cm$

Quadrat

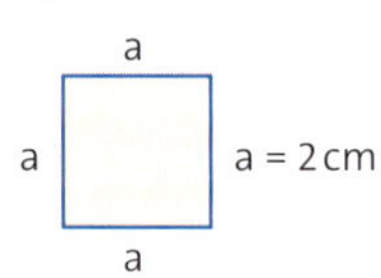

$u = 4 \cdot a$

$u = 4 \cdot 2\,cm = 8\,cm$

Dreieck

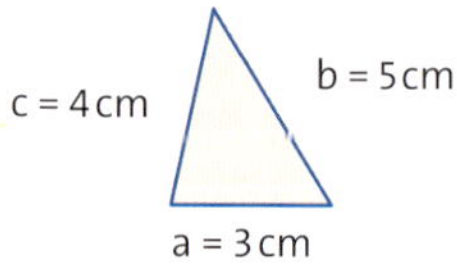

$u = a + b + c$

$u = 3\,cm + 5\,cm + 4\,cm = 12\,cm$

Parallelogramm

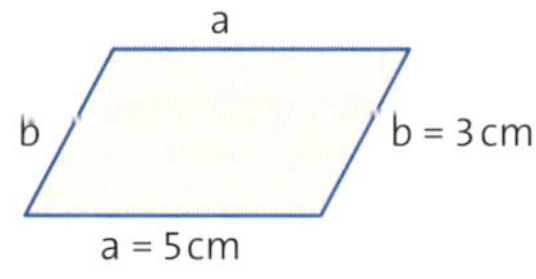

$u = 2 \cdot a + 2 \cdot b$

$u = 2 \cdot 3\,cm + 2 \cdot 5\,cm = 16\,cm$

Umfang u

Rechteck:
$u = 2 \cdot a + 2 \cdot b$

Quadrat:
$u = 4 \cdot a$

Dreieck:
$u = a + b + c$

Parallelogramm:
$u = 2 \cdot a + 2 \cdot b$

4 Flächeninhaltsberechnung bei ebenen Figuren

Man berechnet den **Flächeninhalt A einer Figur** mithilfe der passenden Formel:

Beispiel 6:

Rechteck

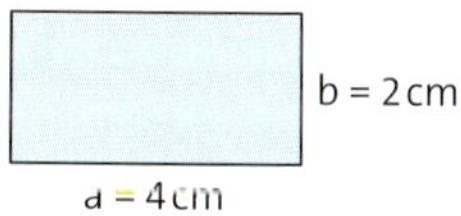

$A = a \cdot b$

$A = 4\,cm \cdot 2\,cm = 8\,cm^2$

Quadrat

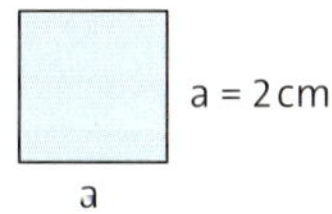

$A = a \cdot a = a^2$

$A = 2\,cm \cdot 2\,cm = 4\,cm^2$

Dreieck

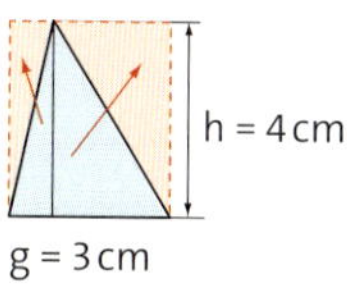

$A = \frac{1}{2} \cdot g \cdot h$

$A = 0{,}5 \cdot 3\,cm \cdot 4\,cm = 6\,cm^2$

Parallelogramm

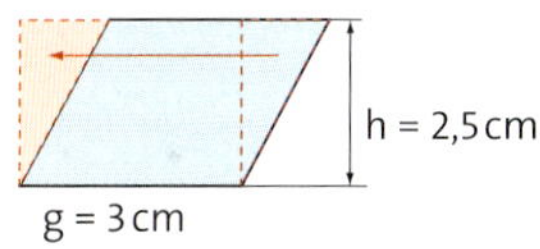

$A = g \cdot h$

$A = 3\,cm \cdot 2{,}5\,cm = 7{,}5\,cm^2$

Flächeninhalt A
Rechteck:
$A = a \cdot b$
Quadrat:
$A = a \cdot a = a^2$
Dreieck:
$A = \frac{1}{2} \cdot g \cdot h$
Parallelogramm:
$A = g \cdot h$

5 Umfang und Flächeninhalt eines Kreises

Umfang u und Flächeninhalt A eines Kreises werden mithilfe des **Faktors π (pi)** und des Kreisradius r berechnet. π = 3,141592654... (Taschenrechner) ist keine rationale Zahl und kann daher nicht exakt angegeben werden. Bei Rechnungen genügt der Näherungswert $\pi \approx 3{,}14$.

Beispiel 7:

Umfang:

$u = 2 \cdot \pi \cdot r$

$= 2 \cdot \pi \cdot 4\,cm$

$= 2 \cdot 3{,}14 \cdot 4\,cm$

$= 25{,}12\,cm$

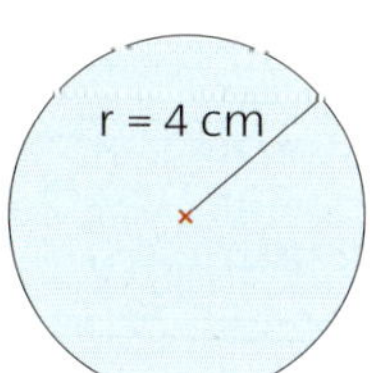

Flächeninhalt:

$A = \pi \cdot r^2$

$= \pi \cdot (4\,cm)^2$

$= 3{,}14 \cdot (4\,cm)^2$

$= 50{,}24\,cm^2$

Kreisberechnungen:
Flächeninhalt $A = \pi \cdot r^2$
Umfang $u = 2 \cdot \pi \cdot r$

TEST 1 Längenmessung und Umfangsberechnung

1 a) Timo behauptet, mit drei Messstäben der Längen 2 dm, 4 dm und 5 dm alle Dezimeterschritte von 1 dm bis 7 dm ausmessen zu können! – Stimmt das?

b) Sandra erwidert, dass sie das auch könne, jedoch besitze einer ihrer drei Messstäbe eine andere Länge als die von Timo! – Wie sieht Sandras Lösung aus?

2 Rechne um und fülle in jeder Zeile alle nicht blockierten Tabellenfelder aus.

km	m	dm	cm	mm	µm
	250			X	X
X		13,5			X
X	X			1,05	
		20			

3 Bestimme die Umfänge der Figuren für $a = 4\,cm$ und $b = 3\,cm$:

a)

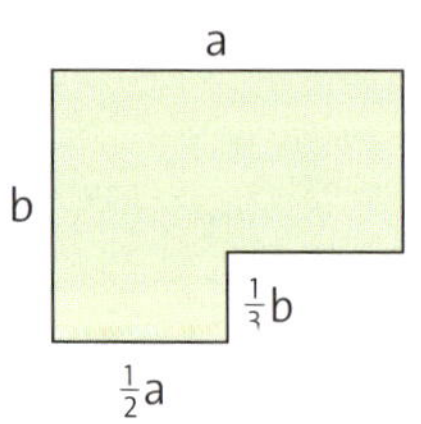

b)

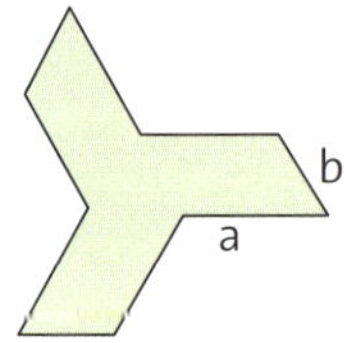

c)

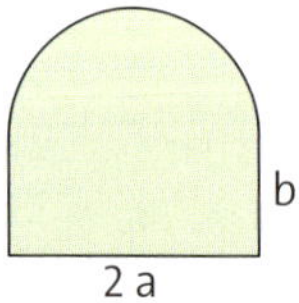

d)

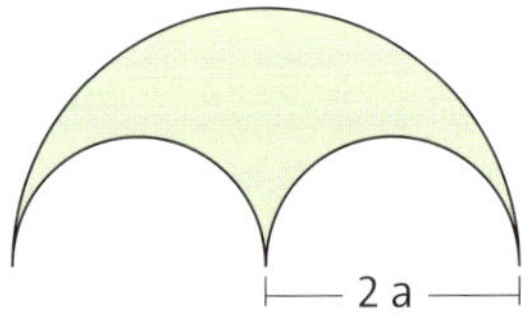

4 Der Umfang einer Figur beträgt $u = 50\,cm$. Bestimme

a) die zweite Seite b, wenn die Figur ein Rechteck mit $a = 15\,cm$ ist.

b) die dritte Seite c, wenn die Figur ein Dreieck mit $a = b = 18\,cm$ ist.

c) den Radius r, wenn die Figur ein Kreis ist.

TEST 2 Messung und Berechnung von Flächeninhalten

1 a) Wandle das Quadrat in zwei Quadrate mit jeweils halbem Flächeninhalt um, indem du jede der Einheitsflächen geeignet teilst und einige Teile neu anordnest.

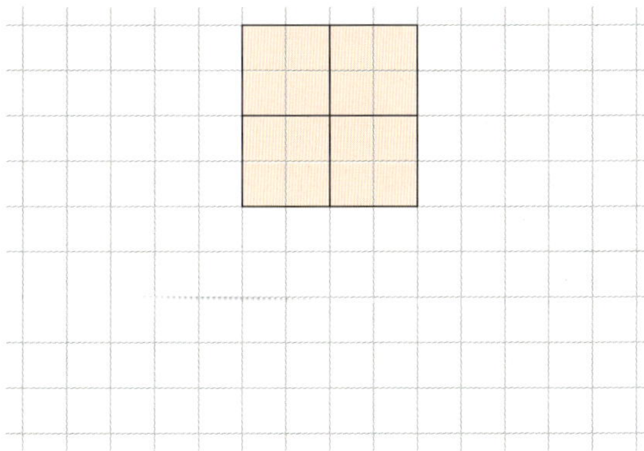

b) Wandle das Rechteck in ein flächengleiches Dreieck um, indem du zwei der Einheitsflächen geeignet teilst und einige Teile neu anordnest.

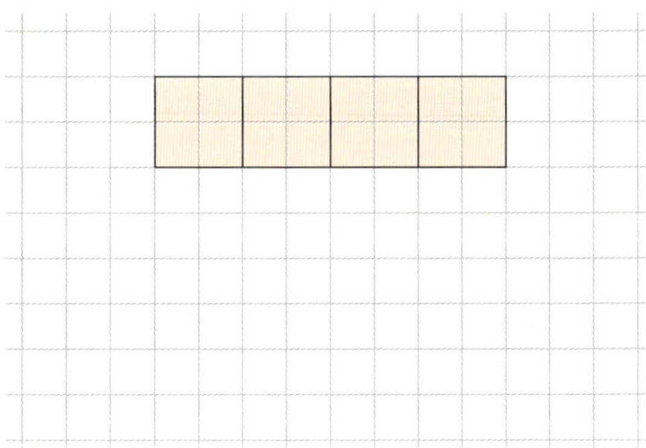

2 Rechne um und fülle in jeder Zeile alle nicht blockierten Tabellenfelder aus.

km^2	ha	a	m^2	dm^2	cm^2	mm^2
X			680			X
	4,55				X	X
X	X				20	
		0,75				

3 Bestimme die Flächeninhalte der Figuren für $a = 4\,\text{cm}$ und $b = 3\,\text{cm}$.

a)

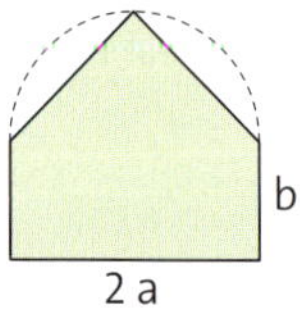

b)

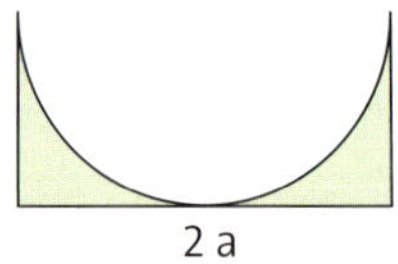

c)

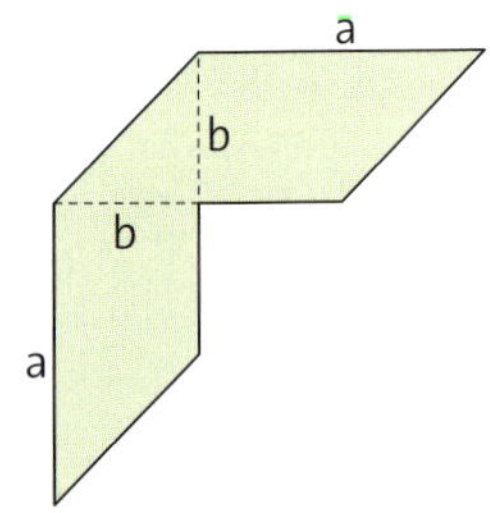

4 Zeichne die Höhen h_a, h_b und h_c in das Dreieck ein und berechne den Flächeninhalt A des abgebildeten Dreiecks aus jeder der drei Seiten und ihrer zugehörenden Höhe und vergleiche.
Was folgerst du aus den Ergebnissen?

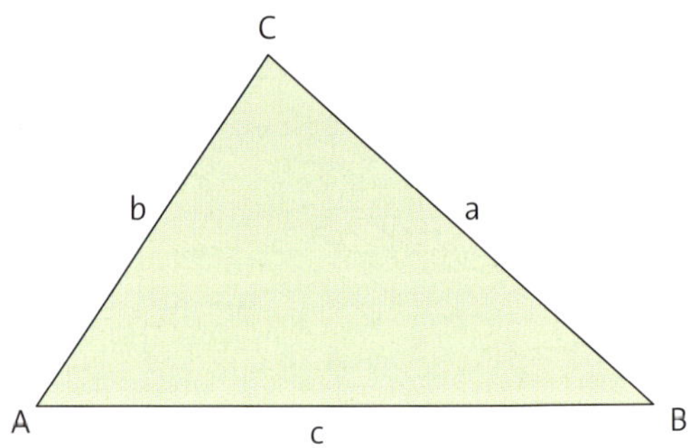

a = h_a = A =

b = h_b = A =

c = h_c = A =

Die Höhe h_a steht senkrecht auf der Seite a, h_b steht senkrecht auf b, h_c senkrecht auf c.

TEST 3 Umfänge und Flächeninhalte von Drei- und Vierecken

1 a) Berechne die Umfänge und Flächeninhalte der Figuren.

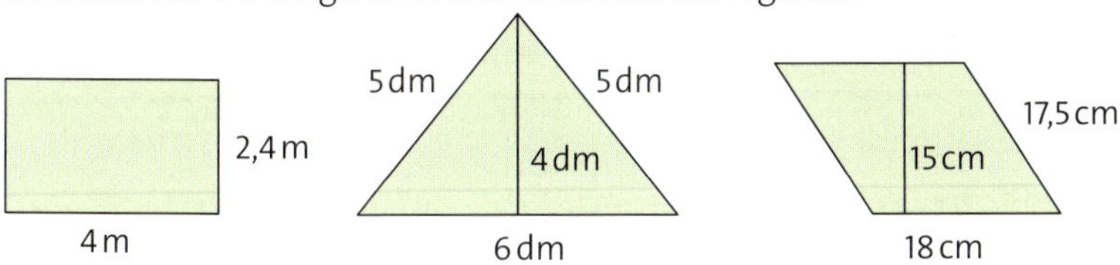

$u_1 =$ $u_2 =$ $u_3 =$

$A_1 =$ $A_2 =$ $A_3 =$

b) Addiere die drei Umfänge und die drei Flächeninhalte aus Teilaufgabe a).

$u_1 + u_2 + u_3 =$ m = dm = cm

$A_1 + A_2 + A_3 =$ m^2 = dm^2 = cm^2

2 Berechne in jeder Zeile die nicht blockierten Tabellenfelder.

	a	b	c	h_a	u	A
Rechteck	5 cm	1,2 dm	X	X		
Quadrat		X	X	X		25 a
Dreieck	0,6 km		1000 m		2,6 km	24 ha
Parallelogramm	80 mm	0,7 dm	X			48 cm^2

3 Zeige, dass sich der Flächeninhalt dieser Figur auf mindestens drei verschiedenen Wegen berechnen lässt.
Tipp: Zeichne jeweils geeignete Hilfslinien ein.

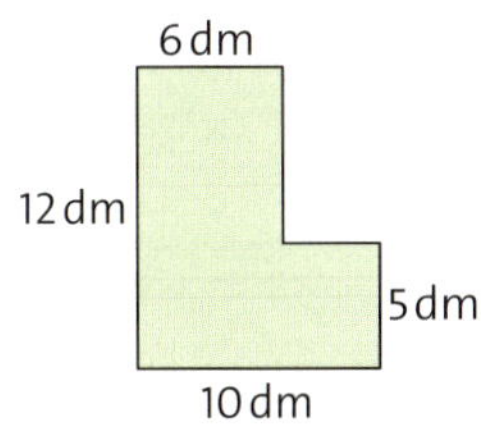

4 Ein Rechteck, dessen eine Seite dreimal so lang ist wie die andere, hat einen Umfang von 40 dm. Berechne die Länge der beiden Seiten.

TEST 4 Umfänge und Flächeninhalte von Kreisen

1 Berechne in jeder Zeile die beiden fehlenden Größen.

	r	u	A
Kreis 1	12 cm		
Kreis 2		62,8 dm	
Kreis 3			28,26 m^2

2 Berechne im Heft Umfang und Flächeninhalt der Figuren.

a) 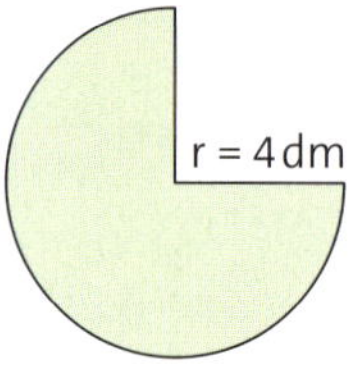

b) 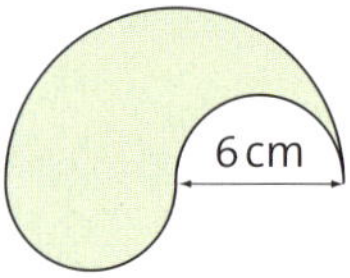

c) 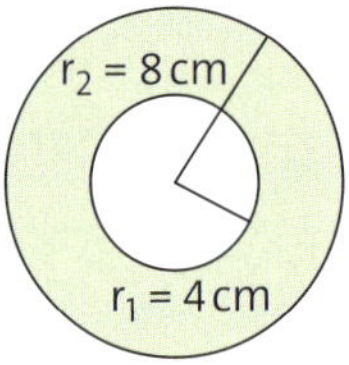

3 Eine Regenrinne mit rechteckigem Querschnitt muss erneuert werden. Die neue Rinne soll ein halbkreisförmiges Profil mit derselben Querschnittsfläche haben. Wie groß muss der Radius r sein?

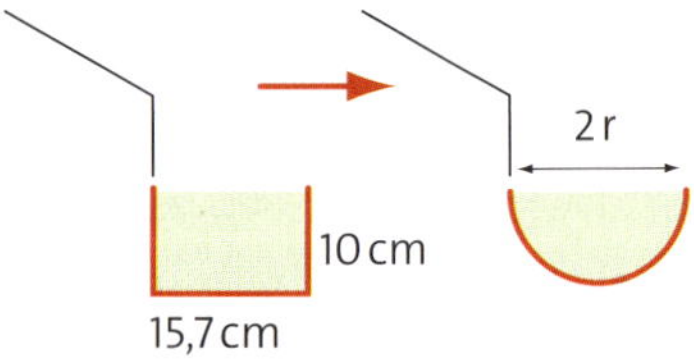

4 a) Auf 80 Drehungen des roten Antriebsrades kommen 25 Drehungen des grünen Arbeitsrades. Bestimme r_2.

b) Nach langer Betriebszeit haben die Radien beider Räder durch Abnutzung um jeweils 2 mm abgenommen. Dreht sich das Arbeitsrad jetzt schneller oder langsamer?

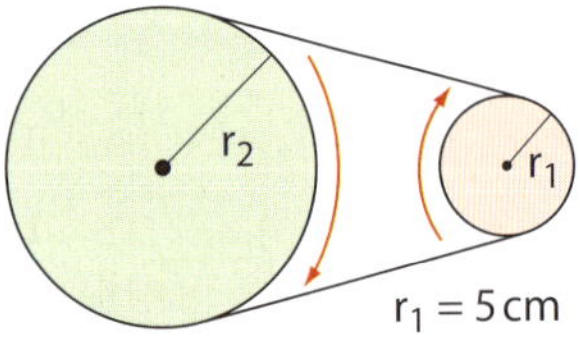

Lösungen zu Test 1

1 a) 1 dm = 5 dm – 4 dm
2 dm
3 dm = 5 dm – 2 dm
4 dm
5 dm
6 dm = 4 dm + 2 dm
7 dm = 5 dm + 2 dm

Zum Beispiel:

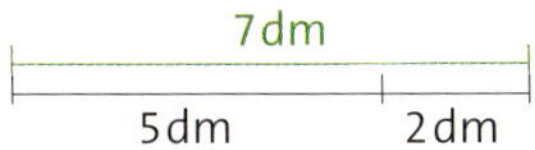

7 dm = 5 dm + 2 dm

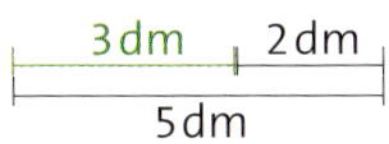

3 dm = 5 dm – 2 dm

b) Sandra verwendet Messstäbe der Längen 2 dm, 3 dm und 4 dm:
1 dm = 3 dm – 2 dm
2 dm
3 dm
4 dm
5 dm = 2 dm + 3 dm
6 dm = 4 dm + 2 dm
7 dm = 4 dm + 3 dm

2

km	m	dm	cm	mm	µm
0,25	250	2500	25 000		
	1,35	13,5	135	1350	
		0,0105	0,105	1,05	1050
0,002	2	20	200	2000	2 000 000

Bei Schwierigkeiten solltest du versuchen, die **Beispiele 1 und 2** auf Seite 125 nachzuvollziehen.

3 a) $u = 2a + 2b = 2 \cdot 4\,cm + 2 \cdot 3\,cm = 14\,cm$

b) $u = 6a + 3b = 6 \cdot 4\,cm + 3 \cdot 3\,cm = 33\,cm$

c) $u = 2a + 2b + \pi \cdot a$
$\approx 2 \cdot 4\,cm + 2 \cdot 3\,cm + 3{,}14 \cdot 4\,cm$
$= 8\,cm + 6\,cm + 12{,}56\,cm = 26{,}56\,cm$

d) $u = \pi \cdot 2a + \pi \cdot a + \pi \cdot a$
$\approx 3{,}14 \cdot 8\,cm + 3{,}14 \cdot 4\,cm + 3{,}14 \cdot 4\,cm$
$= 25{,}12\,cm + 12{,}56\,cm + 12{,}56\,cm = 50{,}24\,cm$

zu a): $\frac{1}{2}a + \frac{1}{2}a = a$ und $\frac{1}{3}b + \frac{2}{3}b = b$
zu b): Wegen der Symmetrie der Figur tritt die Seite a sechsmal und die Seite b dreimal auf.
zu c): Der Radius des Halbkreises entspricht der halben Länge der Grundseite, also r = a.
zu d): Der Radius des großen Halbkreises beträgt r = 2a, die Radien der beiden kleinen Halbkreise betragen übereinstimmend r = a.

4 a) $2 \cdot 15\,cm + 2 \cdot b = 50\,cm \Leftrightarrow 2 \cdot b = 20\,cm \Leftrightarrow b = 10\,cm$

b) $18\,cm + 18\,cm + c = 50\,cm \Leftrightarrow 36\,cm + c = 50\,cm \Leftrightarrow c = 14\,cm$

c) $2 \cdot \pi \cdot r = 50\,cm \Leftrightarrow 2 \cdot 3{,}14 \cdot r = 50\,cm \Leftrightarrow r = 50\,cm : 6{,}28 \Leftrightarrow r = 7{,}96\,cm$

Beispiel 5 von Seite 126 hilft dir bei Problemen weiter!

Lösungen zu Test 2

1 a)

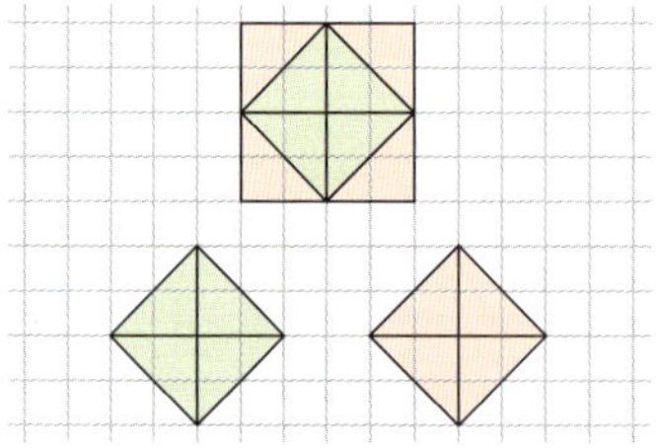

b)

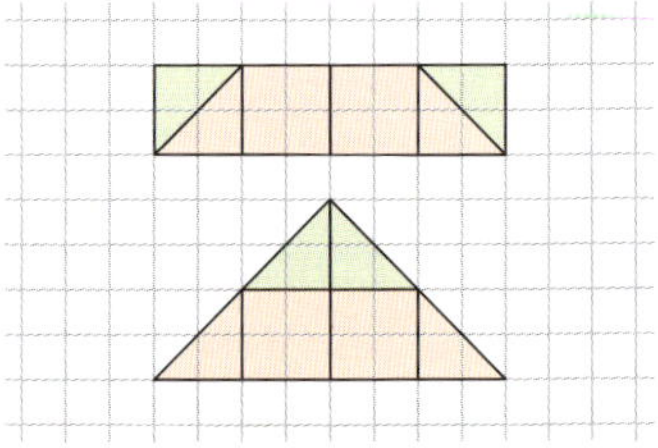

2

km^2	ha	a	m^2	dm^2	cm^2	mm^2
	0,068	6,8	680	68 000	6 800 000	
0,0455	4,55	455	45 500	4 550 000		
		0,00002	0,002	0,2	20	2000
0,000075	0,0075	0,75	75	7500	750 000	75 000 000

3 a) $A = 2ab + \frac{1}{2} \cdot 2a \cdot a$

$= 2ab + a^2$

$= 2 \cdot 4\,cm \cdot 3\,cm + (4\,cm)^2$

$= 24\,cm^2 + 16\,cm^2 = 40\,cm^2$

b) $A = 2a \cdot a - \frac{1}{2} \cdot \pi \cdot a^2$

$= 2a^2 - 0{,}5\pi a^2$

$\approx 2 \cdot (4\,cm)^2 - 0{,}5 \cdot 3{,}14 \cdot (4\,cm)$

$= 32\,cm^2 - 25{,}12\,cm^2 = 6{,}88\,cm^2$

c) $A = 2ab - \frac{1}{2} \cdot b \cdot b$

$= 2ab - 0{,}5b^2$

$= 2 \cdot 4\,cm \cdot 3\,cm - 0{,}5 \cdot (3\,cm)^2$

$= 24\,cm^2 - 4{,}5\,cm^2 = 19{,}5\,cm^2$

zu a): Die Figur besteht aus einem Rechteck mit den Seitenlängen 2a und b und aus einem Dreieck mit der Grundseite 2a und der Höhe a (weil der gestrichelte Halbkreis den Durchmesser 2a und damit den Radius a hat).

zu b) Die Figur besteht aus einem Rechteck mit den Seitenlängen a und 2a, von dem ein Halbkreis mit Radius a ausgespart wird.

zu c): Die Figur besteht aus zwei gleichen Parallelogrammen mit den Grundseiten a und den Höhen b. Die dreieckige Überschneidungsfläche hat die Grundseite b und die Höhe b und muss einmal abgezogen werden.

4 $a = 5\,cm$ und $h_a = 4\,cm \Rightarrow A = 0{,}5 \cdot a \cdot h_a = 0{,}5 \cdot 5\,cm \cdot 4\,cm = 10\,cm^2$

$b = 4\,cm$ und $h_b = 5\,cm \Rightarrow A = 0{,}5 \cdot b \cdot h_b = 0{,}5 \cdot 4\,cm \cdot 5\,cm = 10\,cm^2$

$c = 6\,cm$ und $h_c \approx 3{,}3\,cm \Rightarrow A \approx 0{,}5 \cdot c \cdot h_c \approx 0{,}5 \cdot 6\,cm \cdot 3{,}3\,cm \approx 9{,}9\,cm^2 \approx 10\,cm^2$

Folgerung: Bei der Berechnung des Flächeninhalts eines Dreiecks mit der Formel $A = 0{,}5 \cdot g \cdot h$ kann *jede* der drei Dreieckseiten als Grundseite g gewählt werden. Wichtig ist aber, dass mit *der* Höhe h gerechnet wird, die zu der gewählten Grundseite g senkrecht steht!

Lösungen zu Test 3

1 a) $u_1 = 2 \cdot 4\,\text{m} + 2 \cdot 2{,}4\,\text{m} = 12{,}8\,\text{m}$; $u_2 = 6\,\text{dm} + 2 \cdot 5\,\text{dm} = 16\,\text{dm}$;

$u_3 = 2 \cdot 18\,\text{cm} + 2 \cdot 17{,}5\,\text{cm} = 71\,\text{cm}$;

$A_1 = 4\,\text{m} \cdot 2{,}4\,\text{m} = 9{,}6\,\text{m}^2$; $A_2 = 0{,}5 \cdot 6\,\text{dm} \cdot 4\,\text{dm} = 12\,\text{dm}^2$;

$A_3 = 18\,\text{cm} \cdot 15\,\text{cm} = 270\,\text{cm}^2$

Bei Problemen helfen dir die **Beispiele 5 und 6** auf den Seite 126 und 127.

b) $u_1 + u_2 + u_3 = 12{,}8\,\text{m} + 1{,}6\,\text{m} + 0{,}71\,\text{m}$

$= 15{,}11\,\text{m} = 151{,}1\,\text{dm} = 1511\,\text{cm}$

$A_1 + A_2 + A_3 = 9{,}6\,\text{m}^2 + 0{,}12\,\text{m}^2 + 0{,}027\,\text{m}^2$

$= 9{,}747\,\text{m}^2 = 974{,}7\,\text{dm}^2 = 97\,470\,\text{cm}^2$

Beispiele 5 und 6 auf den Seiten 126 und 127 helfen hier weiter.

Vorsicht! Du musst unterschiedliche Maßeinheiten immer zuerst umrechenen! (→ Seite 125, Nr. 1)

2

	a	b	c	h_a	U	A
Rechteck	5 cm	1,2 dm			34 cm	60 cm²
Quadrat	50 m				200 m	25 a
Dreieck	0,6 km	1 km	1000 m	0,8 km	2,6 km	24 ha
Parallelogramm	80 mm	0,7 dm		6 cm	30 cm	48 cm²

Siehe auch **Beispiele 5 und 6** auf den Seiten 126 und 127.

3 1. $A = 6\,\text{dm} \cdot 12\,\text{dm} + 5\,\text{dm} \cdot (10\,\text{dm} - 6\,\text{dm})$

$= 72\,\text{dm}^2 + 20\,\text{dm}^2 = 92\,\text{dm}^2$

2. $A = 10\,\text{dm} \cdot 5\,\text{dm} + 6\,\text{dm} \cdot (12\,\text{dm} - 5\,\text{dm})$

$= 50\,\text{dm}^2 + 42\,\text{dm}^2 = 92\,\text{dm}^2$

3. $A = 10\,\text{dm} \cdot 12\,\text{dm} - (10\,\text{dm} - 6\,\text{dm}) \cdot (12\,\text{dm} - 5\,\text{dm})$

$= 120\,\text{dm}^2 - 28\,\text{dm}^2 = 92\,\text{dm}^2$

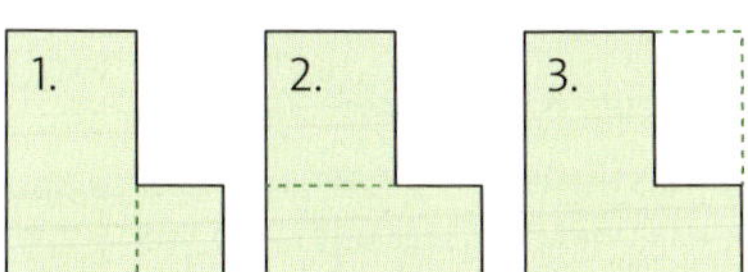

Den Flächeninhalt zusammengesetzter Figuren kannst du berechnen, indem du die Figur durch eine beliebige Zerlegung auf berechenbare Grundfiguren (Rechtecke, Quadrate, Dreiecke, Parallelogramme) zurückführst. Wähle stets diejenige Zerlegung, die den geringsten Rechenaufwand mit sich bringt!

4 Die kleinere Seite wird mit a bezeichnet, die größere Seite daher mit 3 a.

Umfang: $2 \cdot a + 2 \cdot (3\,a) = 40\,\text{dm} \Leftrightarrow 8\,a = 40\,\text{dm} \Leftrightarrow a = 5\,\text{dm}$

Länge der kleineren Seite: $a = 5\,\text{dm}$; Länge der größeren Seite: $3\,a = 3 \cdot 5\,\text{dm} = 15\,\text{dm}$

Lösungen zu Test 4

1

	r	u	A
Kreis 1	12 cm	75,36 cm	452,16 cm^2
Kreis 2	10 dm	62,8 dm	314 dm^2
Kreis 3	3 m	18,84 m	28,26 m^2

Siehe auch **Beispiel 7** auf Seite 127.

2 a) **Umfang:** Umfang eines Dreiviertel-Kreises und zwei Radien $\left(\frac{3}{4} = 0{,}75\right)$.

$u = 0{,}75 \cdot 2 \cdot \pi \cdot r + 2r \approx 1{,}5 \cdot 3{,}14 \cdot 4\,dm + 2 \cdot 4\,dm = 18{,}84\,dm + 8\,dm = 26{,}84\,dm$

Flächeninhalt: Ein Dreiviertel-Kreis.

$A = 0{,}75 \cdot \pi \cdot r^2 \approx 0{,}75 \cdot 3{,}14 \cdot (4\,dm)^2 = 37{,}68\,dm^2$

b) **Umfang:** Ein großer Halbkreis und zwei kleine Halbkreise.

$u = \pi \cdot 6\,cm + 2 \cdot (\pi \cdot 3\,cm) \approx 3{,}14 \cdot 6\,cm + 3{,}14 \cdot 6\,cm = 18{,}84\,cm + 18{,}84\,cm = 37{,}68\,cm$

Flächeninhalt: Großer Halbkreis. Die kleinen Halbkreise gleichen sich aus.

$A = 0{,}5 \cdot \pi \cdot (6\,cm)^2 + 0{,}5 \cdot \pi \cdot (3\,cm)^2 - 0{,}5 \cdot \pi \cdot (3\,cm)^2 \approx 0{,}5 \cdot 3{,}14 \cdot (6\,cm)^2 = 56{,}52\,cm^2$

c) **Umfang:** Die Summe der Umfänge des inneren und des äußeren Kreises.

$u = 2 \cdot \pi \cdot r_2 + 2 \cdot \pi \cdot r_1 \approx 2 \cdot 3{,}14 \cdot 8\,cm + 2 \cdot 3{,}14 \cdot 4\,cm = 50{,}24\,cm + 25{,}12\,cm = 75{,}36\,cm$

Flächeninhalt: Äußerer Kreis abzüglich innerem Kreis.

$A = \pi \cdot r_2^2 - \pi \cdot r_1^2 \approx 3{,}14 \cdot (8\,cm)^2 - 3{,}14 \cdot (4\,cm)^2 = 200{,}96\,cm^2 - 50{,}24\,cm^2$
$= 150{,}72\,cm^2$

3 Querschnittsfläche der alte Rinne: $A = 15{,}7\,cm \cdot 10\,cm = 157\,cm^2$

Querschnittsfläche der neuen, halbkreisförmigen Rinne:

$0{,}5 \cdot \pi \cdot r^2 = 157\,cm^2 \Leftrightarrow 3{,}14 \cdot r^2 = 314\,cm^2 \Leftrightarrow r^2 = 100\,cm^2 \Rightarrow r = 10\,cm$

4 a) 80 Umfänge des Antriebsrades entsprechen 25 Umfängen des Arbeitsrades:

$25 \cdot (2 \cdot \pi \cdot r_2) = 80 \cdot (2 \cdot \pi \cdot r_1) \Leftrightarrow 25 \cdot (2 \cdot 3{,}14) \cdot r_2 = 80 \cdot (2 \cdot 3{,}14) \cdot 5\,cm$

$\Leftrightarrow r_2 = \frac{80}{25} \cdot 5\,cm = 16\,cm$

b) Von den Radien müssen je 2 mm abgezogen werden: $r_1 = 15{,}8\,mm$; $r_2 = 4{,}8\,mm$

80 Umfänge des Antriebsrades entsprechen x Umfängen des Arbeitsrades:

$x \cdot (2 \cdot \pi \cdot 15{,}8\,cm) = 80 \cdot (2 \cdot \pi \cdot 4{,}8\,cm) \Leftrightarrow x \cdot (2 \cdot 3{,}14) \cdot 15{,}8\,cm = 80 \cdot (2 \cdot 3{,}14) \cdot 4{,}8\,cm$

$\Leftrightarrow x = \frac{4{,}8\,cm}{15{,}8\,cm} \cdot 80 = 24{,}3 < 25$

Offensichtlich dreht sich das Arbeitsrad jetzt etwas langsamer.

13 Abbildungen in der Ebene WISSEN

1 Abbildungen

Wird jedem Punkt der Zeichenebene durch eine Vorschrift eindeutig *genau ein Punkt derselben Ebene* zugeordnet, so spricht man von einer **Abbildung in der Ebene**. Urpunkte und Bildpunkte liegen dabei beide auf der Zeichenebene. Zur Unterscheidung bezeichnen wir die Urpunkte mit großen lateinischen Buchstaben, die zugehörigen Bildpunkte erhalten ein „′" (sprich: Strich) hinter den Buchstaben. Beispielsweise ist P′ („P-Strich") der Bildpunkt von P, B′ der abgebildete Punkt B. Bildet man den Bildpunkt P′ nochmals ab, erhält man P″, nach einer weiteren Abbildung P‴ und so weiter.
Führen wir mehrere Abbildungen A_1, A_2 ... nacheinander aus, schreiben wir: $A_3 \circ A_2 \circ A_1$ und lesen: A_3 nach A_2 nach A_1. Zuerst wird also die Abbildung A_1 angewandt, danach A_2 und danach A_3.
In diesem Kapitel betrachten wir vier verschiedene Abbildungsarten.

2 Verschiebung

Wird jeder Punkt in dieselbe Richtung und um dieselbe Strecke verschoben, so heißt diese Abbildung Verschiebung. Der Pfeil von einem Punkt P (**Urpunkt**) zu seinem **Bildpunkt** P′ heißt **Verschiebungspfeil**.
Alle Verschiebungspfeile sind parallel, gleich lang und haben dieselbe Richtung. Durch ein einziges Punktepaar (A und A′) ist die Verschiebung eindeutig festgelegt.

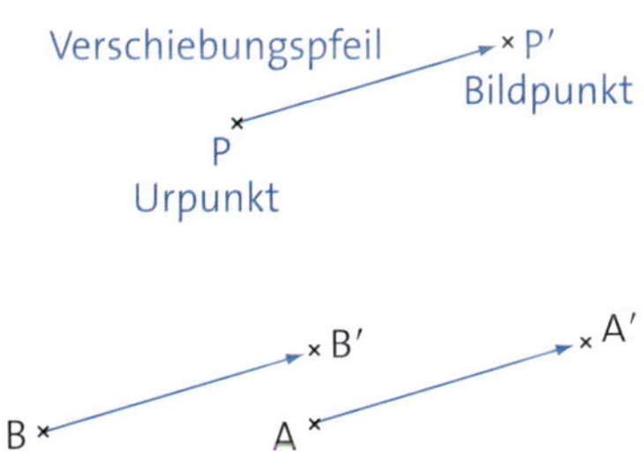

3 Drehung

Wird jeder Punkt der Ebene um einen festen Punkt Z (**Zentrum**) mit demselben Winkel α gedreht, so heißt die Abbildung Drehung um Z mit dem **Drehwinkel** α (auch Drehmaß α).
Die **Drehrichtung** ist immer gegen den Uhrzeigersinn.
Durch das Drehzentrum Z und ein einziges Punktepaar (A und A′) ist die Drehung eindeutig festgelegt. Zur Konstruktion von Drehungen ist ein Zirkel notwendig.

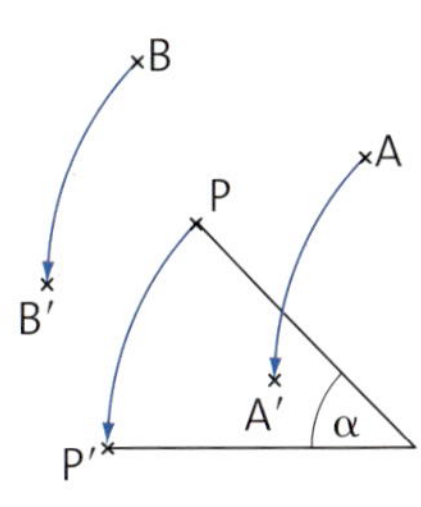

4 Punktspiegelung

Ein Punkt P der Ebene wird am festen Punkt Z (Zentrum) gespiegelt, indem man die Strecke $\overline{PZ}$ verdoppelt. Der Endpunkt dieser doppelten Strecke ist der Bildpunkt P′. Damit ist Z immer genau die Mitte von einem Urpunkt und seinem Bildpunkt. (Von A und A′, von B und B′ …)

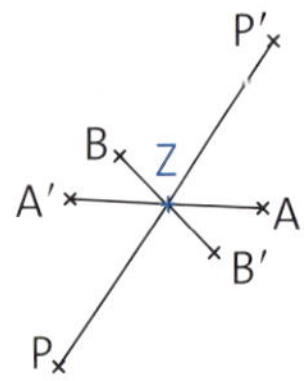

5 Geradenspiegelung

Ein Punkt P wird an der Geraden g gespiegelt, indem man das Lot von P auf g fällt und diese Strecke verdoppelt. Oder: P′ liegt auf der **orthogonalen Geraden** zu g durch P („auf der anderen Seite“) und hat denselben Abstand von g wie P von g.

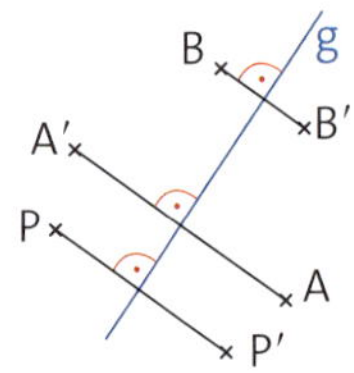

6 Eigenschaften von Figuren

Eine geometrische Figur der Ebene heißt …

- **punktsymmetrisch**, wenn es einen Punkt gibt, in dem sich alle Verbindungspunkte gegenüberliegender Punkte schneiden. Spiegelt man die Figur an diesem Punkt, so wird die Figur auf sich selbst abgebildet.

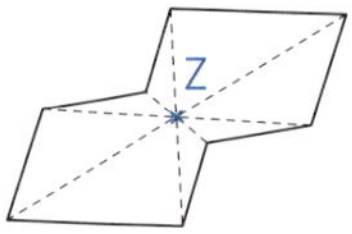

- **achsensymmetrisch**, wenn die Figur durch eine Gerade in zwei Teile geteilt werden kann, die spiegelbildlich sind. Wird diese Figur an der Geraden gespiegelt, so wird die Figur auf sich selbst abgebildet.

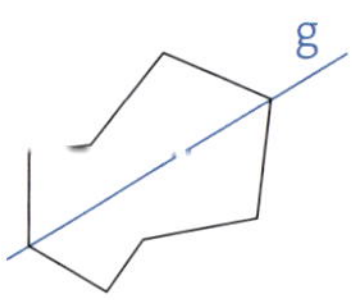

Zwei Figuren der Ebene heißen…

- **deckungsgleich**, wenn sie ausgeschnitten und aufeinandergelegt gleich sind.
- **kongruent**, wenn sie deckungsgleich sind.
- **ähnlich**, wenn die Winkelweiten gleich sind (die Seitenlängen der beiden Figuren müssen dabei nicht gleich sein).

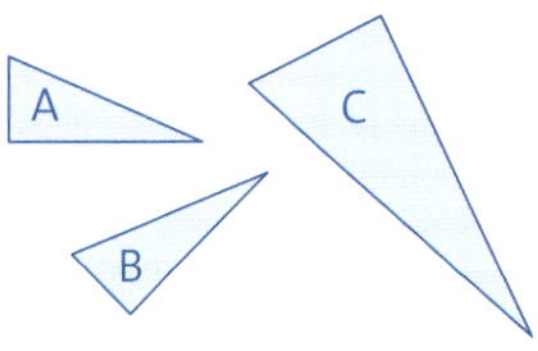

A und B sind deckungsgleich.
C ist ähnlich zu A und B.

TEST 1 Verschiebungen

1 Wird der Punkt A(2 | 1) nach A′(6 | 2) verschoben, so musst du im Gitternetz vier Schritte nach rechts (von 2 nach 6; 6 – 2 = 4) gehen und dann einen Schritt nach oben (von 1 nach 2, 2 – 1 = 1).
Gib in der Tabelle jeweils die Bildpunkte und die Schritte an.
Beschreibung der Verschiebung: A(2 | 1) → A′(6 | 2)

Gitterzahlen Urpunkt	(3 | 5)	(4 | 1)	(2 | 5)	(12 | 0)	(0 | 3)	(33 | 45)	(0 | 0)
Gitterzahlen Bildpunkt							
Schritte nach rechts							
Schritte nach oben							

2 Wird der Punkt A(5 | 1) nach A′(2 | –1) verschoben, so musst du im Gitternetz drei Schritte nach links (von 5 nach 2 oder 2 – 5 = –3) und dann zwei Schritte nach unten (von 1 nach –1 oder –1 – (1) = –2) gehen. Gib in der Tabelle jeweils die Bildpunkte und die Schritte an.
Beschreibung der Verschiebung: A(5 | 1) → A′(2 | 1)

Gitterzahlen Urpunkt	(3 | 5)	(4 | 1)	(2 | 5)	(12 | 0)	(0 | 3)	(33 | 45)	(0 | 0)
Gitterzahlen Bildpunkt							
Schritte nach links							
Schritte nach unten							

3 Jedes Punktepaar P und P′ beschreibt eine Abbildung. Gib an, ob du nach rechts (r), links (l), oben (o) oder unten (u) gehen musst und um wie viele Gitterschritte. Bestimme dann den Bildpunkt A′ und den Urpunkt B.

P	(4 | 7)	(9 | 9)	(–2 | 4)	(0 | –12)	(–5 | 0)	(5 | –7)	(3 | 4)
P′	(7 | 3)	(–5 | 5)	(3 | –4)	(–3 | –3)	(–3 | –2)	(5 | 7)	(3 | 4)
r/l							
o/u							
A	(0 | 0)	(1 | –1)	(–1 | 1)	(1 | 1)	(–1 | –1)	(–12 | 7)	(9 | –7)
A′							
B							
B′	(0 | 0)	(1 | –1)	(–1 | 1)	(1 | 1)	(–1 | –1)	(–12 | 7)	(9 | –7)

TEST 2 Drehungen

1 Gegeben sind zwei Drehungen:
- D_1 durch $Z_1(0|0)$ und $P(0|3) \rightarrow P'(3|0)$;
- D_2 durch $Z_2(-1|-2)$, Drehwinkel $\alpha_2 = 120°$.

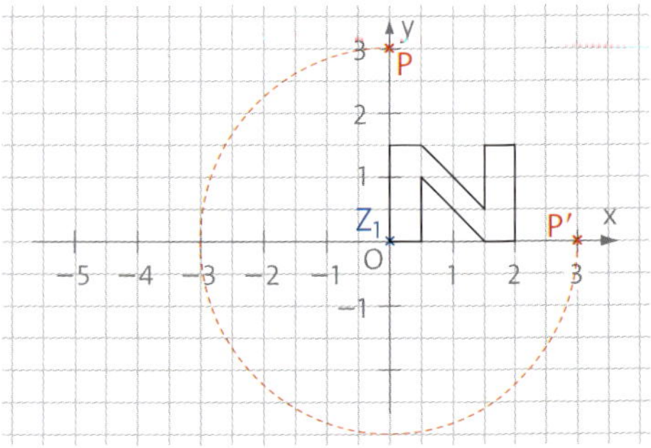

a) Bilde durch jede der zwei Drehungen den dargestellten Buchstaben N ab. Verwende verschiedene Farben.

b) Zeichne ein Koordinatensystem (x-Achse von −5 bis 3; y-Achse von −2 bis 4) und bilde das Dreieck ABC mit $A(-2|-1)$, $B(2|0)$ und $C(-1|1)$ über $D_2 \circ D_1$ auf das Dreieck A″B″C″ ab.

c) Zeichne ein Koordinatensystem (x-Achse von −5 bis 3; y-Achse von −2 bis 4) und bilde den Punkt $A(-2|-1)$ über $D_1 \circ D_2$ ab. Vergleiche mit A″ der Teilaufgabe b). Was fällt dir auf?

2 Das Dreieck D rechts wurde durch eine Drehung auf D′ abgebildet. Gib das Zentrum und den Drehwinkel an.

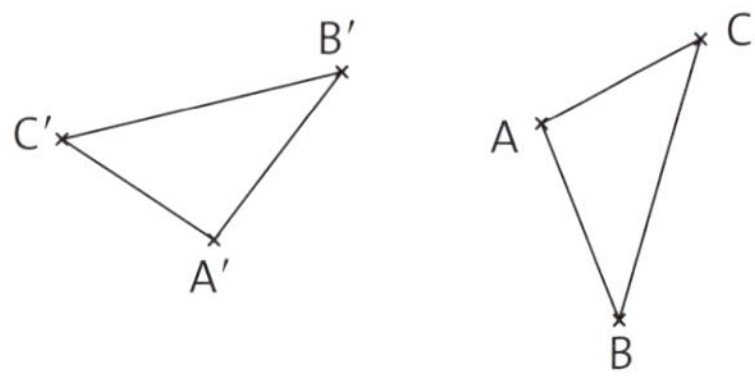

3 Drehe jede der Figuren am zugehörigen Zentrum Z um jeweils 90°.

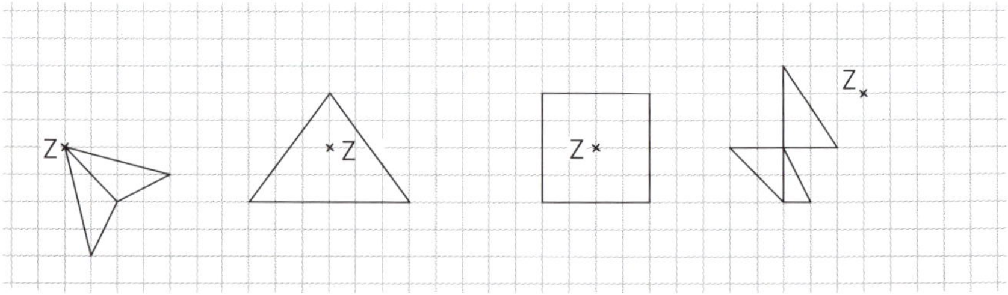

4 Zeichne ein Koordinatensystem (x-Achse von −3 bis 5; y-Achse von −3 bis 8). Gegeben ist die Verschiebung V durch $P(3|-2) \rightarrow P'(-2|1)$ und die Drehung D durch $Z(1|1)$ und $\alpha = 100°$. Bilde den Punkt $F(4|-1)$ über $D \circ V$ und über $V \circ D$ ab. Was fällt dir auf?

In der CD-Version dieses Tests sind die Koordinatensysteme schon vorgezeichnet.

TEST 3 Spiegelungen

1 Spiegle das Dreieck DEF über die Gerade g.

2 Gegeben ist das Dreieck ABC (siehe unten). Spiegle das Dreieck an den Punkten Z, A, M. Verwende wegen der Übersichtlichkeit verschiedene Farben.

3 Das Dreieck G′H′I′ entstand aus dem Dreieck GHI durch eine Spiegelung. Trage die Spiegelachse ein.

4 Das Dreieck K′L′N′ entstand aus dem Dreieck KLN durch eine Drehung. Ermittle das Drehzentrum und den Drehwinkel.

Du kannst alle Aufgaben in der unteren Abbildung lösen oder die CD-Version ausdrucken, dort ist die Abbildung vergrößert dargestellt.

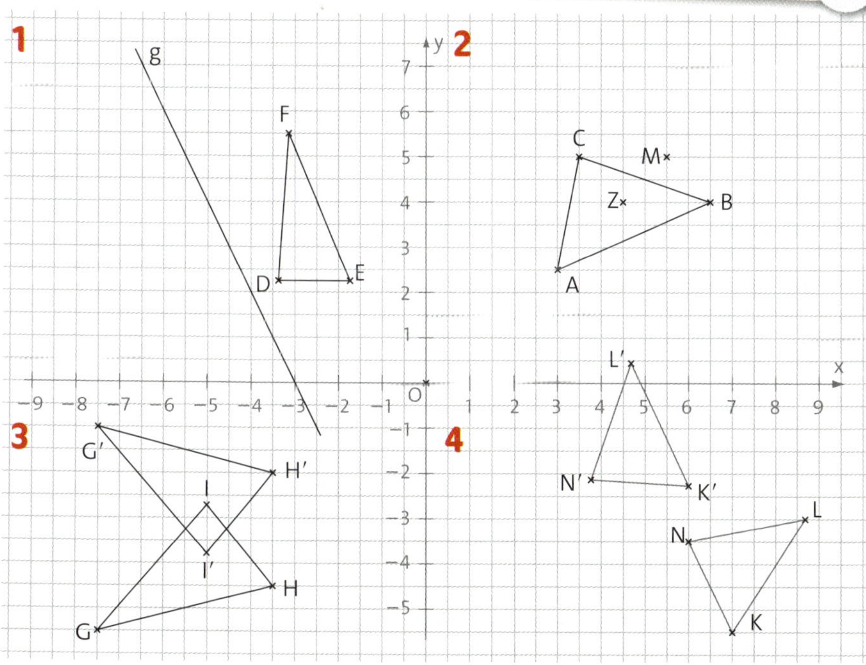

TEST 4 Eigenschaften von Abbildungen

1 Welche der folgenden Aussagen sind wahr (w), welche sind falsch (f)?

a) Für zwei Verschiebungen V_1 und V_2 gilt: $V_2 \circ V_1 = V_1 \circ V_2$. w☐ f☐

b) Für zwei Drehungen D_1 und D_2 gilt: $D_2 \circ D_1 = D_1 \circ D_2$. w☐ f☐

c) Für zwei Punktspiegelungen S_1 uns S_2 gilt: $S_2 \circ S_1 = S_1 \circ S_2$. w☐ f☐

d) Für zwei Geradenspiegelungen G_1 und G_2 gilt: $G_2 \circ G_1 = G_1 \circ G_2$. w☐ f☐

Überprüfe deine Antworten anhand von Beispielen.

2 Welche der folgenden Aussagen sind wahr (w), welche sind falsch (f) ?

a) Spiegelt man eine Figur zunächst an der Geraden g, dann das Bild an der Geraden h, so erhält man dasselbe Bild, als hätte man die Figur am Schnittpunkt der beiden Geraden g und h gespiegelt. w☐ f☐

b) Ein Dreieck kann durch eine Drehung immer so gedreht werden, dass eine Seite parallel zur Koordinatenachse ist. w☐ f☐

3 Ein Dreieck ABC ist mathematisch positiv orientiert, wenn die Richtung von A über B nach C entgegen dem Uhrzeiger läuft, ansonsten ist das Dreieck mathematisch negativ orientiert. Welche der vier Abbildungen (Verschiebung, Drehung, Punktspiegelung, Geradenspiegelung) kehrt die Orientierung eines Dreiecks um?

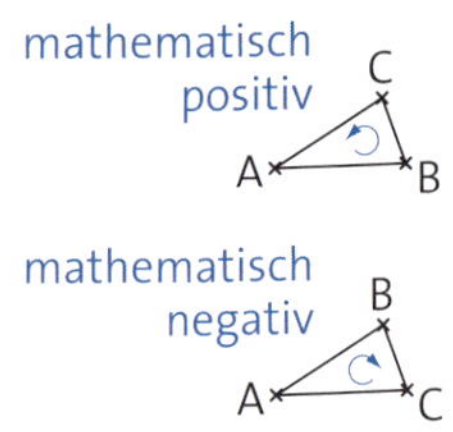

4 Wenn man ein beliebiges Dreieck abbildet, bleiben manche Eigenschaften des Dreiecks erhalten, andere ändern sich. Kreuze in der Tabelle alle wahren Aussagen an.

Eigenschaften	Verschiebung	Drehung	Punktspiegelung	Geradenspiegelung
Flächeninhalt bleibt gleich				
Winkelweiten bleiben gleich				
Umlaufsinn bleibt gleich				
Bild- und Urdreieck sind deckungsgleich				
Urseite und Bildseite sind parallel				
Umfang bleibt gleich				

TEST 5 Punkt- und Achsensymmetrie

1 Löse im Heft: Fixpunkte heißen die Punkte, die bei einer Abbildung fest bleiben; Fixgeraden die Geraden, die durch die Abbildung nicht verändert werden. Gibt es Fixpunkte und Fixgeraden bei Verschiebung, Drehung, Punktspiegelung und Geradenspiegelung?

2 Untersuche bei den Figuren die Symmetrieeigenschaften. Zeichne alle Punkte ein, zu denen die Figur punktsymmetrisch ist und alle Geraden, zu denen die Figur achsensymmetrisch ist.

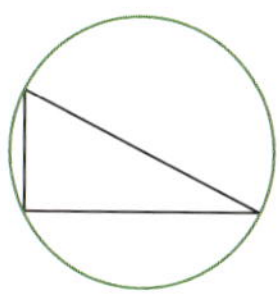

rechtwinkliges Dreieck

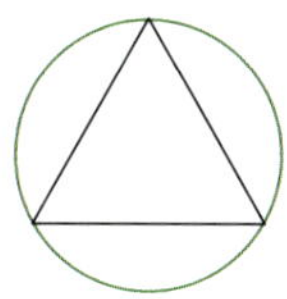

gleichseitiges Dreieck

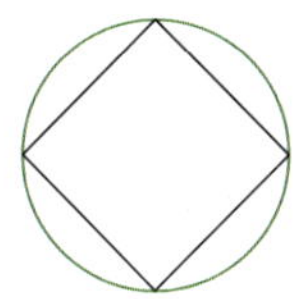

Quadrat

3 Gegeben sind die Großbuchstaben des Alphabets und die Zahlen von 0 bis 9:
A B C D E F G H I K L M N O P Q R S T U V W X Y Z 0 1 2 3 4 5 6 7 8 9
Welche der Buchstaben und Zahlen sind punkt- und welche achsensymmetrisch?
Punktsymmetrisch sind:

Achsensymmetrisch sind:

4 Welche der folgenden Aussagen sind wahr, welche falsch?
- Eine Figur kann nicht zu zwei verschiedenen Punkten punktsymmetrisch sein. w☐ f☐
- Eine Figur kann nicht zu zwei verschiedenen Geraden achsensymmetrisch sein. w☐ f☐
- Eine Figur kann punktsymmetrisch und achsensymmetrisch sein. w☐ f☐

5 Gib alle zweistelligen Zahlen an, die achsensymmetrisch sind.

Lösungen zu Test 1

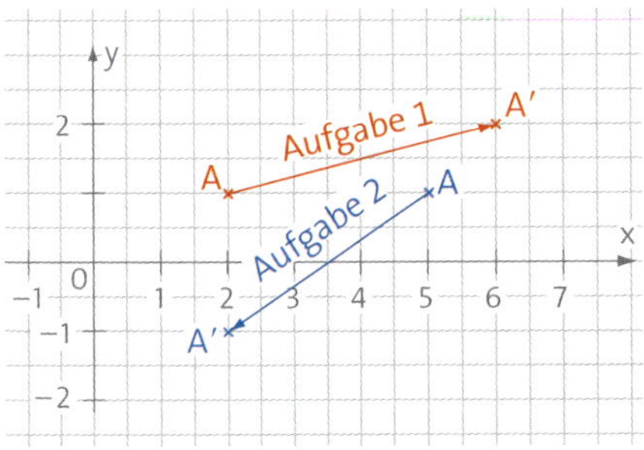

1

Gitterzahlen Urpunkt	(3 | 5)	(4 | 1)	(2 | 5)	(12 | 0)	(0 | 3)	(33 | 45)	(0 | 0)
Gitterzahlen Bildpunkt	(7 | 6)	(8 | 2)	(6 | 6)	(16 | 1)	(4 | 4)	(37 | 46)	(4 | 1)
Schritte nach rechts	4	4	4	4	4	4	4
Schritte nach oben	1	1	1	1	1	1	1

2

Gitterzahlen Urpunkt	(3 | 5)	(4 | 1)	(2 | 5)	(12 | 0)	(0 | 3)	(33 | 45)	(0 | 0)
Gitterzahlen Bildpunkt	(0 | 3)	(1 | −1)	(−1 | 3)	(9 | −2)	(−3 | 1)	(30 | 43)	(−3 | −2)
Schritte nach links	3	3	3	3	3	3	3
Schritte nach unten	2	2	2	2	2	2	2

3

P	(4 | 7)	(9 | 9)	(−2 | 4)	(0 | −12)	(−5 | 0)	(5 | −7)	(3 | 4)
P'	(7 | 3)	(−5 | 5)	(3 | −4)	(−3 | −3)	(−3 | −2)	(5 | 7)	(3 | 4)
r | l	3 r	14 l	5 r	3 l	2 r	0	0
o | u	4 u	4 u	8 u	9 o	2 u	14 o	0
A	(0 | 0)	(1 | −1)	(−1 | 1)	(1 | 1)	(−1 | −1)	(−12 | 7)	(9 | −7)
A'	(3 | −4)	(−13 | −5)	(4 | −7)	(−2 | 10)	(1 | −3)	(−12 | 21)	(9 | −7)
B	(−3 | 4)	(15 | 3)	(−6 | 9)	(4 | −8)	(−3 | 1)	(−12 | −7)	(9 | −7)
B'	(0 | 0)	(1 | 1)	(−1 | 1)	(1 | 1)	(−1 | −1)	(−12 | 7)	(9 | −7)

Lösungen zu Test 2

1 a) Für D_1 (hier blau) P und P′ einzeichnen und Winkel PZP′ messen. PZP′ = 270° (Drehsinn beachten!). Mit dem Zirkel in $Z_1(0\,|\,0)$ einstechen und jeweils einen Kreis durch die Eckpunkte des Buchstabens ziehen. Abmessen von 270° auf diesem Kreisbogen ergibt die Bildpunkte des Buchstabens. D_2 (grün) analog ausführen, mit Kreismittelpunkt $Z_2(-1\,|\,-2)$, dann Drehwinkel $\alpha_2 = 120°$. In der Zeichnung wurden nicht alle Hilfslinien dargestellt.

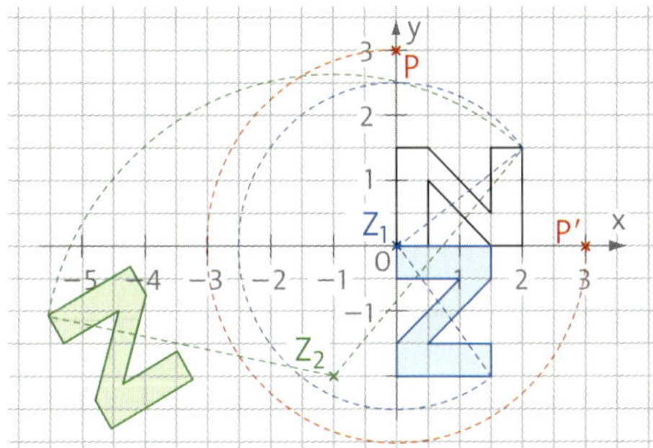

b) Zeichne die Punkte A, B, C und Z_2 ein. Kreise um Mittelpunkt $Z_1(0\,|\,0)$ durch A, B, C und Winkel 120° ergeben A′, B′, C′. Kreise um $Z_1(-1\,|\,-2)$ durch A′, B′, C′ und Winkel 120° ergeben A″, B″, C″.
(Für bessere Übersichtlichkeit sind keine Hilfslinien gezeichnet.)

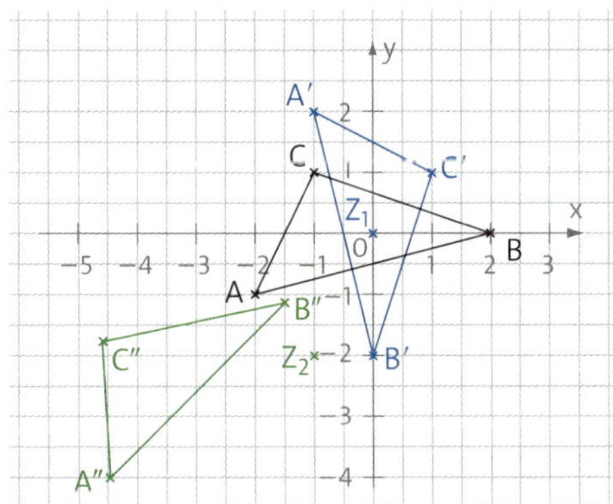

c) Der Punkt A″ liegt nicht an derselben Stelle wie der Punkt A″ der Teilaufgabe b).
Damit gilt: $D_1 \circ D_2 \neq D_2 \circ D_1$

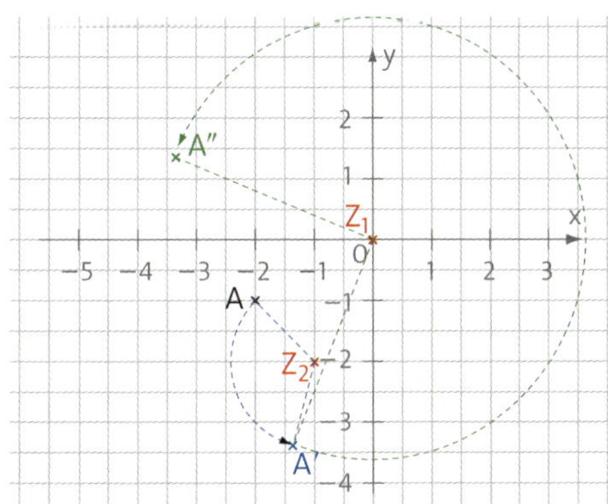

2 Verbindet man Urpunkt und Bildpunkt, liegt auf der Mittelsenkrechten dieser Strecke das Zentrum Z. Der Schnittpunkt zweier Mittelsenkrechten ist das Zentrum Z.

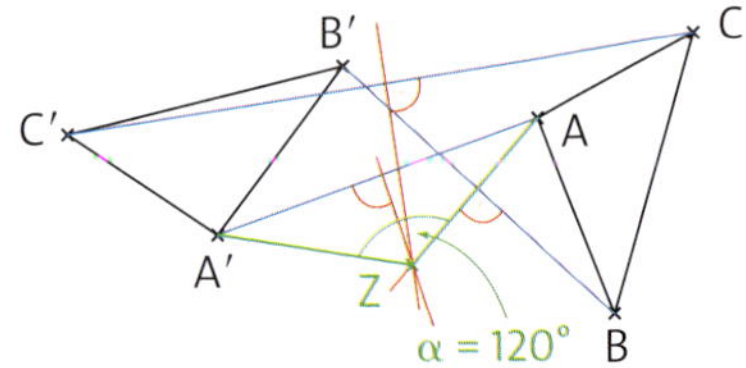

Der Drehwinkel beträgt 120° (Messung mit dem Geodreieck).

3 Drehe jede der Figuren am zugehörigen Zentrum Z um jeweils 90°.

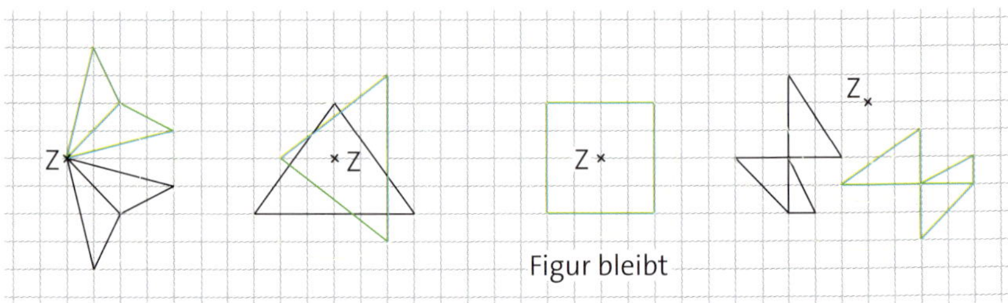

4 Bildet man F zuerst über Drehung auf F′ und dann über Verschiebung auf F″ ab (D ∘ V, grün dargestellt), liegt F″ an einer anderen Stelle, als wenn man F erst über Verschiebung und anschließend über Drehung (V ∘ D, blau) abbildet. Daraus folgt: D ∘ V ≠ V ∘ D.
Zur Reihenfolge von Abbildungen siehe auch → Seite 137 Nr. 1.

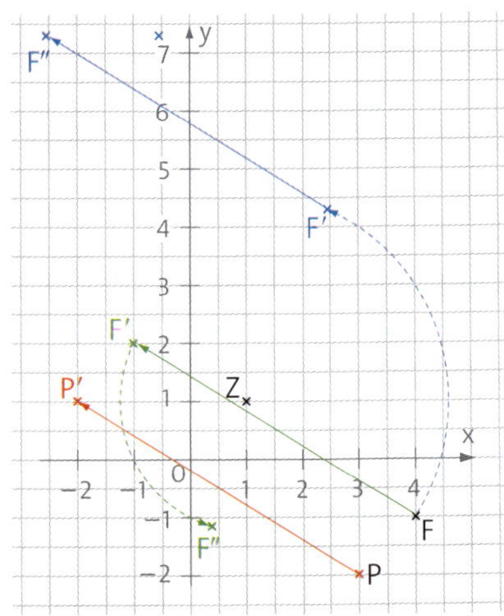

Lösungen zu Test 3

1 Fälle das Lot vom Urpunkt auf die Gerade (am schnellsten mit dem Geodreieck) und verdopple diese Strecke.

2 Die Spiegelung über Z ist grün, über A blau und über M hellblau dargestellt

3 Es handelt sich um eine Geradenspiegelung. Die Spiegelgerade muss durch die beiden Punkte gehen, die fest bleiben (Schnitt der Ur- und Bildgeraden).

4 Das Zentrum der Drehung findet man als Schnittpunkt der Lotgeraden durch die Mitten der Verbindungsgeraden der Ur- und Bildpunkte. Die Winkelweite wird durch Messung des Winkels ∢ KZK′ bestimmt.

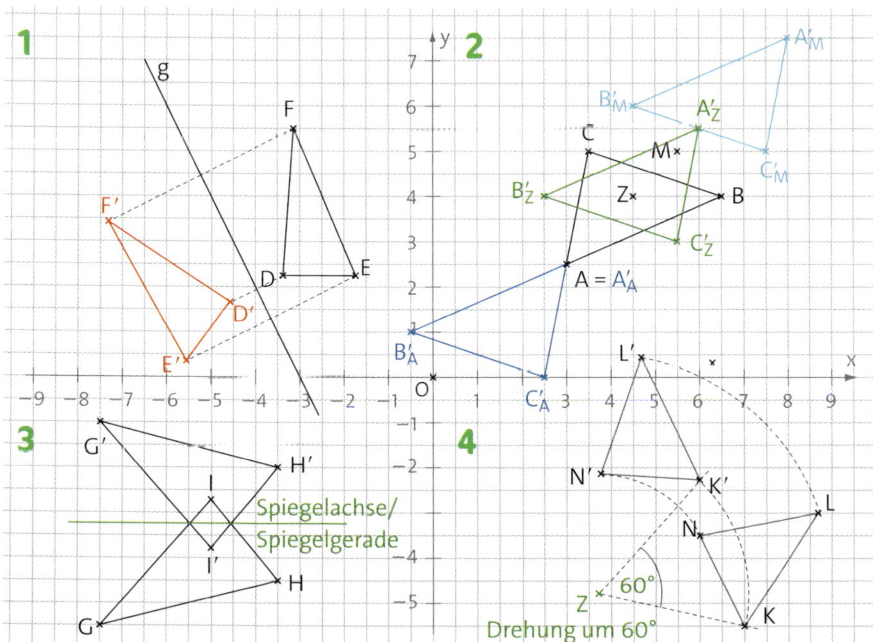

Lösungen zu Test 4

> zu b) und e): Eine mathematische Aussage muss immer gelten. Wenn sie nur mit Einschränkungen gilt, ist sie trotzdem falsch.

1 a) w ☒ Die Reihenfolge bei Verschiebungen ist beliebig.

b) f ☒ $D_2 \circ D_1 = D_1 \circ D_2$ gilt nur, wenn das Zentrum gleich bleibt. Bei ungleichen Zentren gilt: $D_2 \circ D_1 \neq D_1 \circ D_2$.

c) f ☒ Für zwei Punktspiegelungen S_1 uns S_2 gilt: $S_2 \circ S_1 \neq S_1 \circ S_2$.

d) f ☒ $G_2 \circ G_1 = G_1 \circ G_2$ gilt nur, wenn die Geraden rechtwinklig zueinander sind, sonst gilt $G_2 \circ G_1 \neq G_1 \circ G_2$.

2 a) f ☒ Rechts ein Gegenbeispiel: Punkt A wurde an g, gespiegelt: A′; A′ wurde an h gespiegelt: A″. Punkt A′ wurde am Schnittpunkt gespiegelt. Die Lage der Punkte ist nicht gleich.

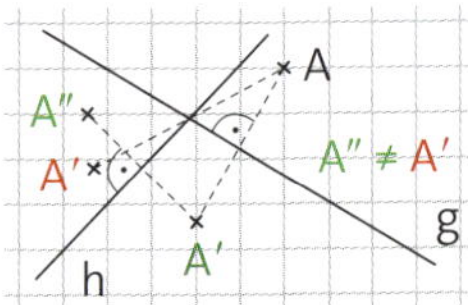

b) w ☒ Da jede einzelne Strecke in jede Richtung gedreht werden kann, ist diese Parallelität immer zu erreichen.

3 Die Verschiebung, die Drehung und die Punktspiegelung verändern die Orientierung nicht. Die Geradenspiegelung verändert den Umlaufsinn.

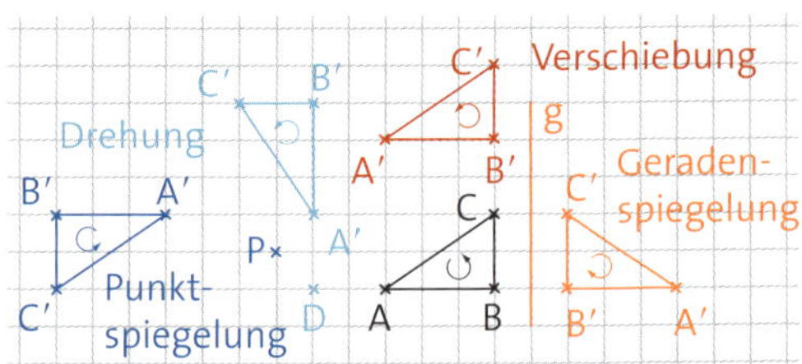

4

Eigenschaften	Verschiebung	Drehung	Punktspiegelung	Geradenspiegelung
Flächeninhalt bleibt gleich	✗	✗	✗	✗
Winkelweiten bleiben gleich	✗	✗	✗	✗
Umlaufsinn bleibt gleich	✗	✗	✗	
Bild- und Urdreieck sind deckungsgleich	✗	✗	✗	✗
Urseite und Bildseite sind parallel	✗		✗	
Umfang bleibt gleich	✗	✗	✗	✗

Lösungen Test zu 5

1

	Fixpunkte	Fixgeraden
Verschiebung	Jeder Punkt wird verändert, es gibt keine Fixpunkte.	Alle Geraden in Richtung der Verschiebung werden auf sich selbst abgebildet und sind deshalb Fixgeraden.
Drehung	Das Zentrum bleibt fest und ist daher Fixpunkt.	Es gibt keine Fixgeraden. Alle Geraden werden gedreht, auch diejenigen, die durch das Zentrum gehen.
Punktspiegelung	Nur das Zentrum ist Fixpunkt.	Jede Gerade, die durch das Zentrum (den Punkt, um den gespiegelt wird) geht, ist Fixgerade, alle anderen verändern ihre Lage.
Geradenspiegelung	Nur die Punkte der Geraden, an der gespiegelt wird, sind Fixpunkte.	Die Spiegelgerade selber und alle Geraden, die rechtwinklig zu ihr verlaufen, sind Fixgeraden.

2

3 Punktsymmetrisch sind (Symmetriepunkt ist eingezeichnet):

H I N O S X Z 0 8

Achsensymmetrisch sind (Achsen sind eingezeichnet):

A B C D E H I K M

O T U V W X Y 0 3 8

alle Geraden durch den Mittelpunkt

4
- w☒ Der Symmetriepunkt halbiert ja alle Streckenpaare Urpunkt – Bildpunkt, damit kann es nur einen geben.
- f☒ Gegenbeispiel ist ein Quadrat.
- w☒ Das Quadrat ist ein Beispiel.

5 30 33 38 80 83 88

1 Eine Übersicht über die wichtigsten Körpergrundformen

Name (Beispiel)	Schrägbild	Volumen	Netzbild	Oberfläche O (G: Grundfläche, M: Mantelfläche)
Quader (Schuhschachtel, Fertiggarage, Ziegelstein)	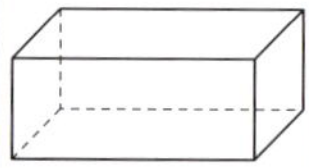	$V = a \cdot b \cdot c$	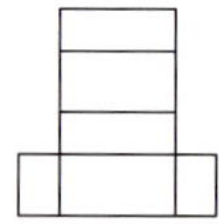	$O = 2 \cdot (ab + ac + bc)$
Würfel (Spielwürfel, Pflasterstein)	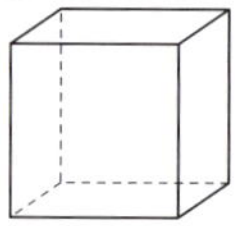	$V = a^3$	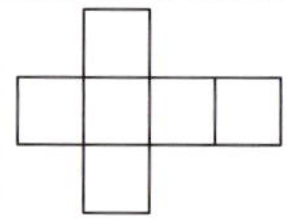	$O = 6a^2$
Prisma (Zelt)	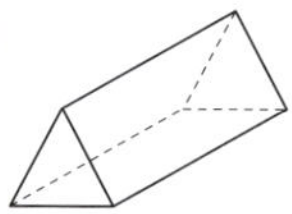	$V = G \cdot h$	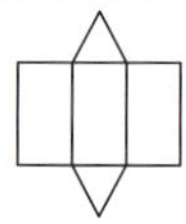	$O = 2 \cdot G + M$
Pyramide (Dachform, Pyramiden)	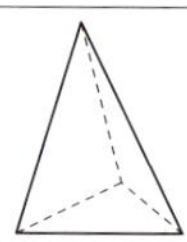	$V = \frac{1}{3} \cdot G \cdot h$	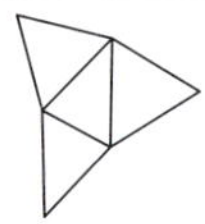	$O = G + M$
Zylinder (Getränkedose, Säule, Fahrradspeiche)		$V = \pi r^2 \cdot h$	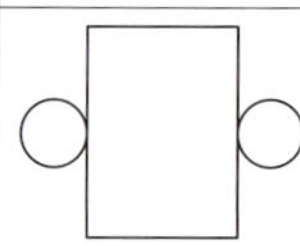	$O = 2\pi r(r + h)$
Kegel (Spielhütchen, Bleistiftspitze, Zipfelmütze)		$V = \frac{\pi}{3} r^2 \cdot h$	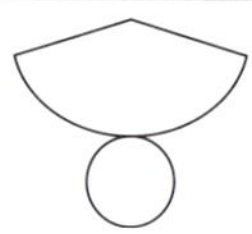	$O = \pi r(r + s)$
Kugel (Ball, Murmel, Orange)		$V = \frac{4}{3} \pi r^2$	keine ebene Fläche	$O = 4\pi r^2$

2 Quader und Würfel

Ein Körper, der von gegenseitig parallelen und deckungsgleichen Rechtecken begrenzt ist, heißt Quader.

Sind alle diese Rechtecke Quadrate, so heißt der Quader auch Würfel.

Bei einem Würfel sind alle Kanten gleich lang.

Merke: Da ein Würfel immer ein Quader ist, gilt alles, was beim Quader gilt, natürlich auch beim Würfel.

3 Schrägbild eines Quaders

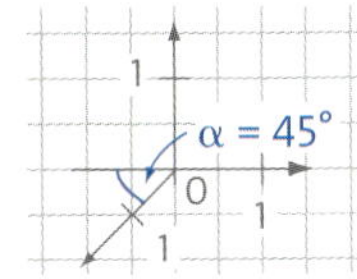

Die dritte Richtung (die eigentlich senkrecht auf der Zeichenebene steht) wird mit 45° (entlang der Kästchendiagonale) gezeichnet. Zudem wird die Einheit verkürzt: Zwei Kästchenlängen entsprechen dann der Länge einer Kästchendiagonalen. Nicht sichtbare Kanten des Körpers werden gestrichelt gezeichnet.

4 Rauminhalt eines Quaders, Volumen

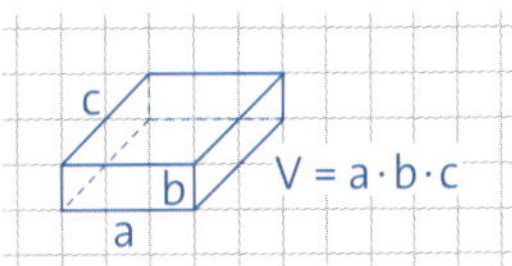

Der Rauminhalt eines Quaders ist: **Länge mal Breite mal Höhe**, dabei müssen alle 3 Strecken in derselben Maßeinheit gemessen werden, die Einheit des Rauminhaltes ist dann diese **Maßeinheit hoch drei**.

Übliche Maßeinheiten sind: mm^3, cm^3, dm^3 = Liter und km^3

5 Netzbild eines Quaders, Oberfläche

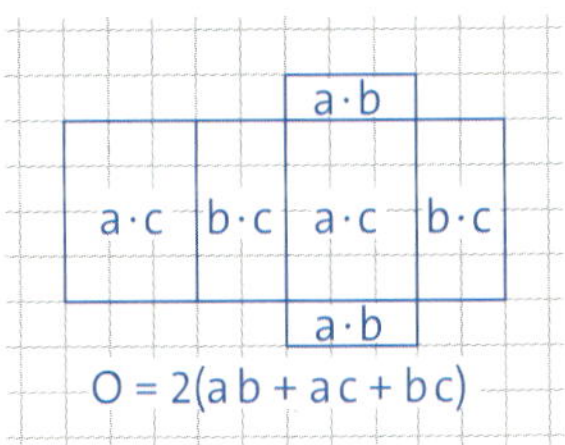

Schneidet man einen Quader längs seiner Kanten so aus, dass die 6 Seitenflächen noch zusammenhängen, aber in eine Ebene geklappt werden können, so spricht man von einem Netzbild des Quaders. Von einem Quader gibt es verschiedene Netzbilder, die sich aber nur dadurch unterscheiden, dass die sechs Seitenflächen unterschiedlich zusammenhängen. Die Einheit der Oberfläche ist die **gemeinsame Maßeinheit der Seitenlängen hoch zwei**.

Übliche Maßeinheiten sind: mm^2, cm^2, dm^2, m^2 und km^2

6 Zusammengesetzte Figuren

Nicht immer kommen die Figuren in reiner Form vor. Man kann Körper zusammensetzen (addieren) und voneinander abziehen (subtrahieren).
Ein Teil einer U-förmigen Rinne kann als Summe der drei Quader Q_1, Q_2 und Q_3 oder als Differenz der Quader Q_4 und Q_5 gesehen werden.

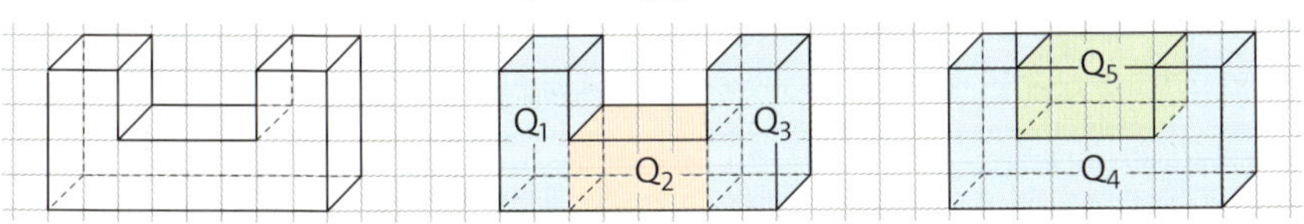

TEST 1 Quader und Würfel zeichnen

1 Werden alle Kanten bei einem Schrägbild gleich stark gezeichnet, ist das Bild oftmals nicht eindeutig. Strichelt man die nicht sichtbaren Kanten, so wird das Bild eindeutig. Zeichne einen Würfel der Kantenlänge 2 cm in zwei Ansichten.

a) von rechts oben

b) von links unten

2 Ziehe bei den Skizzen der Modellhäuser die sichtbaren Kanten mit einem dicken Stift nach.

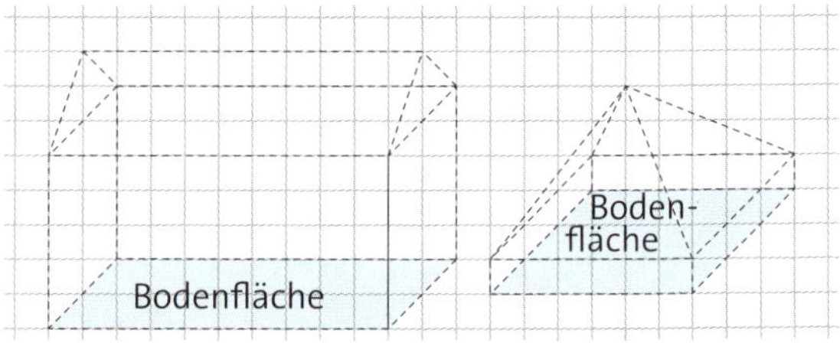

3 Ordne die folgenden Körper nach ihren Formen:
Streichholzschachtel ▪ Schokoladentafel ▪ Kleiderschrank ▪ Bierdose ▪ Apfelsaft im Tetrapack ▪ CD ▪ Hülle für eine CD ▪ Buch ▪ Würfelzucker ▪ rechteckige Tischplatte ▪ Spielwürfel ▪ Ziegelstein ▪ Kochtopf ▪ Strohhalm ▪ Fußball ▪ Wasserrohr ▪ Münze

a) Quader

b) Zylinder

c) auch bei grober Annäherung weder a) noch b)

4 Gegeben ist die Draufsicht auf mehrere Quader, die jeweils die Höhe 1 cm haben. Die Quader Q_1 und Q_2 stehen auf der Grundfläche, der Quader Q_3 auf den Quadern Q_1 und Q_2. Zeichne ein Schrägbild so, dass der Punkt A der Ursprung (0-Punkt) des Koordinatensystems ist.

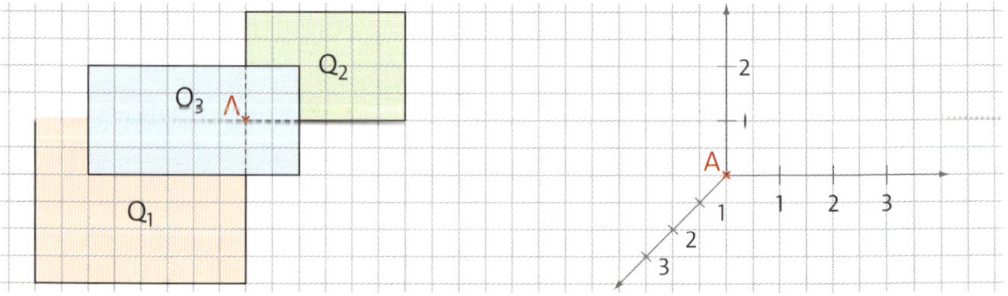

TEST 2 Körpernetze und Berechnungen

1 Zeichne ein Netzbild des Körpers und berechne damit die Oberfläche und das Volumen.

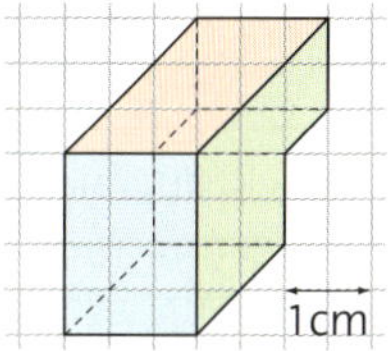

2 Der im Schrägbild dargestellte Körper, soll als Netzbild dargestellt werden. Berechne die Oberfläche und das Volumen.

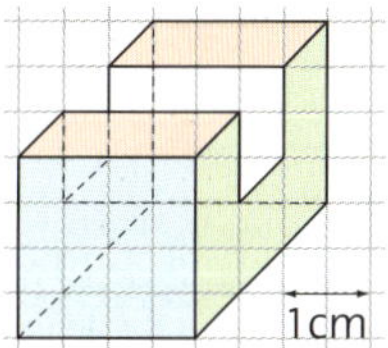

3 Kennt man die Kantenlänge s oder das Volumen V oder die Summe der Kantenlängen k oder die Seitenfläche S oder Oberfläche O eines Würfels, können alle anderen Größen berechnet werden. Ergänze die folgende Tabelle.

Kantenlänge s in cm	Volumen V (in cm^3)	Summe der Kanten k (in cm)	Seitenfläche S (in cm^2)	Oberfläche O (in cm^2)
3				
	64			
		60		
			36	
				24
			1	

4 Sobald drei der fünf Quadergrößen l, b, h, V, O bekannt sind, sind die restlichen Größen berechenbar. Ergänze die Tabelle.

	Q_1	Q_2	Q_3	Q_4	Q_5	Q_6
Länge l in m	3	2				123
Breite b in m	4	1	2		7	451
Höhe h (in m)	5		3	1	9	30
Volumen (in m^3)		8		1		
Oberfläche (in m^2)			62	6	446	

TEST 3 Die Wirkung der Kantenlängen

1 Ein Quader hat ein Volumen von $64\,cm^3$. Gib fünf verschiedene Maßkombinationen (Länge l; Breite b, Höhe h) an. Berechne jeweils auch die Oberfläche. Kannst du dir vorstellen, welcher Quader die kleinste Oberfläche hat?

l (in cm)	b (in cm)	h (in cm)	O (in cm^2)

2 Die Länge eines Quaders wird verdoppelt, dafür wird die Höhe des Quaders halbiert. Ändern sich dabei das Volumen und die Oberfläche? Berechne die beiden Beispiele:

a) Q_1 ist 12 cm lang, 10 cm breit und 8 cm hoch.

b) Q_2 ist ein Würfel mit der Kantenlänge 10 cm.

c) Was fällt dir an den Ergebnissen aus a) und b) auf?

3 Ein Quader hat die Kantenlängen 6 cm, 8 cm und 12 cm.

a) Kann man diesen Quader in Würfel zerlegen?

b) Gibt es mehrere verschiedene Zerlegungen? Gib Beispiele an.

c) Kann man jeden Quader in Würfel zerlegen? Begründe deine Antwort.

4 Für welche Volumengrößen gibt es Würfel mit Kantenlängen aus natürlichen Zahlen? Gib mindestens fünf verschiedene Beispiele an. Gibt es einen kleinsten Würfel mit den angegebenen Bedingungen?

5 Für welche Oberflächengrößen gibt es Würfel mit Kantenlängen aus natürlichen Zahlen? Gib mindestens fünf verschiedene Beispiele an. Gibt es einen kleinsten Würfel mit den angegebenen Bedingungen?

6 Wie viele Würfel der Kantenlänge 2 cm kann man in eine Schachtel mit den Innenmaßen Länge 12 cm, Breite 10 cm und Höhe 8 cm stapeln?

TEST 4 Schräg- und Netzbilder

1 Zeichne drei verschiedene Schrägbilder eines Quaders mit den Kantenlängen 4 cm, 2 cm und 1 cm.

1 cm

2 Zeichne von diesem skizzierten Quader drei verschiedene Netzbilder.

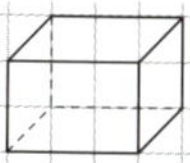

3 Zeichne zu den gegebenen Netzbildern jeweils ein Schrägbild des Körpers.

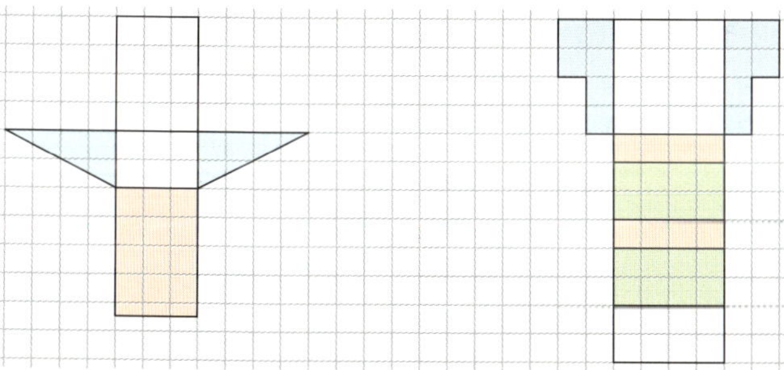

4 Ein Kreuz wurde von vorne gezeichnet. Es hat eine Tiefe von 2 cm.
Zeichne Schrägbild und Netzbild und berechne Volumen und Oberfläche.

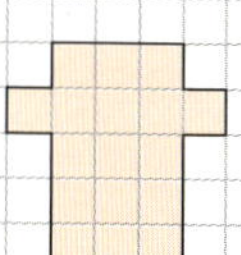

1 cm

Lösungen zu Test 1

1 Die Würfel haben die Kantenlänge 2 cm, also vier Kästchen (die hier verkleinert dargestellt sind). Die Richtung nach vorne (bzw. hinten) ist verkürzt gezeichnet, eine Diagonale eines Karos entspricht einem Zentimeter.

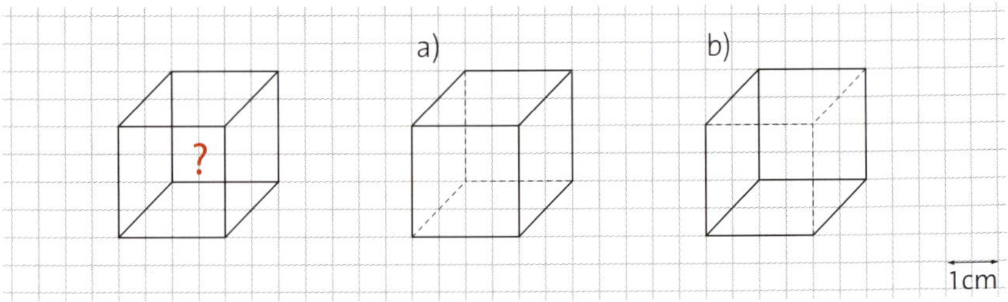

2

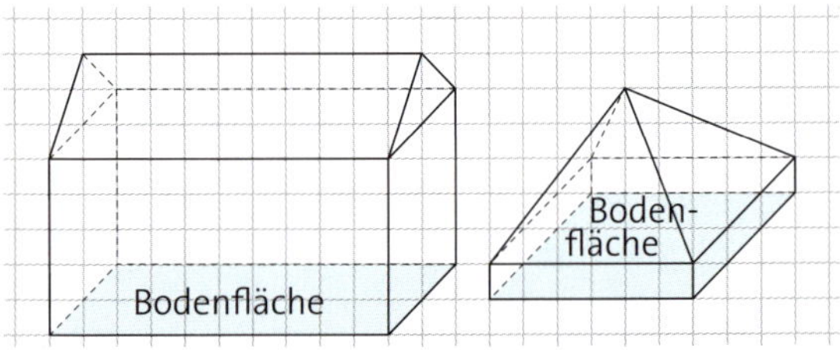

3 Wir gehen von sehr groben Formen aus:

a) Streichholzschachtel, Schokoladetafel, Kleiderschrank, Apfelsaft im Tetrapack, Hülle für eine CD, Buch, Würfelzucker, rechteckige Tischplatte, Spielwürfel, Ziegelstein

b) Bierdose, CD, Kochtopf, Strohhalm, Wasserrohr, Münze

c) Fußball

4

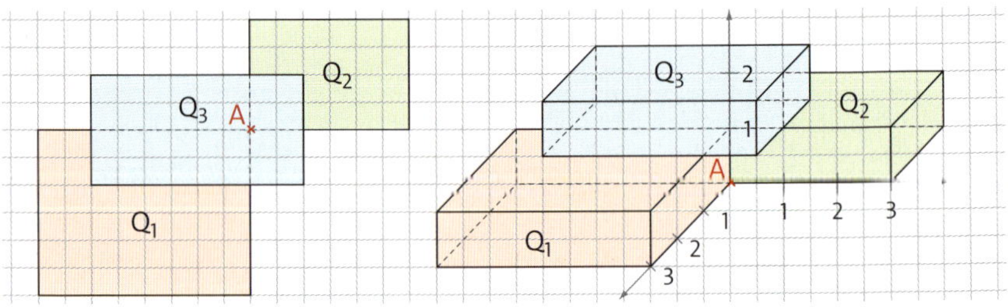

Lösungen zu Test 2

1 Maße in mm^2

$O = 2500\,mm^2$

$= 25\,cm^2$

$V = 15 \cdot 30 \cdot 20\,mm^3$

$- 15 \cdot 10 \cdot 10\,mm^3$

$= 7500\,mm^3$

$= 7{,}5\,cm^3$

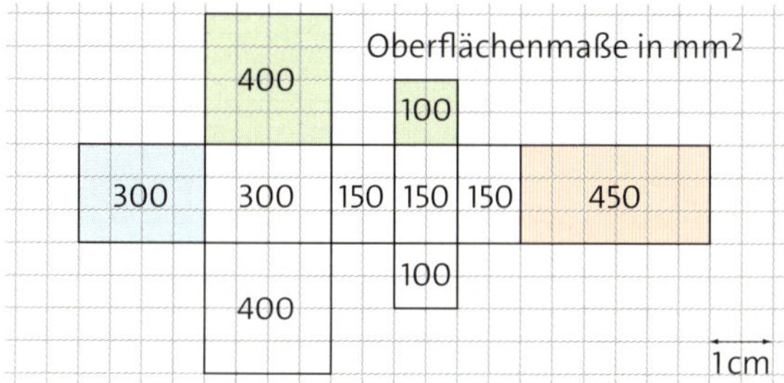

2 Maße in cm^2

$O = 34\,cm^2$

$V = 2 \cdot 2 \cdot 3\,cm^3$

$- 2 \cdot 1 \cdot 1\,cm^3$

$= 10\,cm^3$

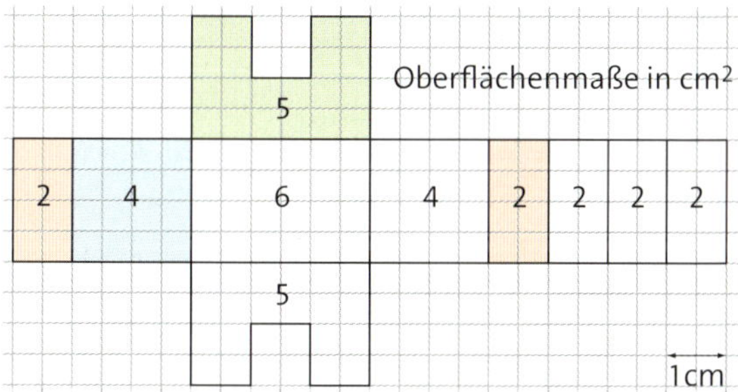

3 Alle Größen sind über die Seitenlänge s berechenbar. Der erste Schritt ist deshalb immer, die Seitenlänge zu berechnen.

s (in cm)	V (in cm^3)	Summe k (in cm)	S (in cm^2)	O (in cm^2)
3	27	36	9	54
4	64	48	16	96
5	125	60	25	150
6	216	72	36	216
2	8	24	4	24
1	1	12	1	6

4 Überlege genau, was du zuerst berechnen musst!

	Q_1	Q_2	Q_3	Q_4	Q_5	Q_6
Länge l in m	3	2	5	1	10	123
Breite b in m	4	1	2	1	7	451
Höhe h (in m)	5	4	3	1	9	30
Volumen (in m^3)	60	8	30	1	630	1664190
Oberfläche (in m^2)	94	28	62	6	446	145386

Lösungen Test 3

1 $l \cdot b \cdot h$ muss 64 ergeben, es gibt verschiedene Möglichkeiten, fünf sind als Beispiele angegeben, wobei durch Tausch von l, b, h wieder neue Kombinationen geschaffen werden.

l (in cm)	b (in cm)	h (in cm)	O (in cm^2)
64	1	1	258
32	2	1	196
16	2	2	136
8	4	2	112
4	4	4	96

Vermutung: Der Würfel hat die kleinste Oberfläche aller Quader mit gleichem Volumen. (Diese Vermutung stimmt.)

Denke an die Primfaktorzerlegung (→ Seiten 52 und 53)!
$64 = 2 \cdot 32 = 2 \cdot 2 \cdot 16 = 2 \cdot 2 \cdot 2 \cdot 8$
$= 2 \cdot 2 \cdot 2 \cdot 2 \cdot 4 = 2 \cdot 2 \cdot 2 \cdot 2 \cdot 2 \cdot 2$

3 a) $V_{alt} = 12 \cdot 10 \cdot 8 = 960\,cm^3$ $O_{alt} = 2 \cdot (12 \cdot 10 + 12 \cdot 8 + 10 \cdot 8)\,cm^2 = 592\,cm^2$
$V_{neu} = 24 \cdot 10 \cdot 4 = 960\,cm^3$ $O_{neu} = 2 \cdot (24 \cdot 10 + 24 \cdot 4 + 10 \cdot 4)\,cm^2 = 752\,cm^2$

b) $V_{alt} = 10 \cdot 10 \cdot 10 = 1000\,cm^3$ $O_{alt} = 6 \cdot 10 \cdot 10\,cm^2 = 600\,cm^2$
$V_{neu} = 20 \cdot 10 \cdot 5 = 1000\,cm^3$ $O_{neu} = 2 \cdot (20 \cdot 10 + 20 \cdot 5 + 10 \cdot 5)\,cm^2 = 700\,cm^2$

c) Das Volumen bleibt gleich, die Oberfläche ändert sich.

3 a) Ja. Es gibt mehrere Möglichkeiten. Am wenigsten Würfel benötigt man, wenn die Würfelkanten so lang sind wie deren ggT (→ Seite 70), also 2 cm.

b) Jeder Teiler der Kantenlänge des „ggT-Würfels" ist als Zerlegung einsetzbar. Im Beispiel: Würfel mit Kantenlängen 1 cm = 10 mm; 5 mm; 2 mm; 1 mm

c) Ja, dies ist möglich mit Würfeln, bei denen die Kantenlänge die der gemeinsamen Maßeinheit entspricht; und mit Würfeln, bei denen die Kantenlänge so groß ist wie der ggT der Kantenlängen.

4 Das Volumen ist $V = l \cdot b \cdot h$. Wir suchen somit die natürlichen Zahlen, die aus dem dreimaligen Multiplizieren einer Zahl mit sich selbst entstehen.
$1^3 = 1$; $2^3 = 8$; $3^3 = 27$; $4^4 = 64$; $5^3 = 125$; $6^3 = 216$; $7^3 = 343$; $8^3 = 512$; $9^3 = 729$; $10^3 = 1000$; ... Der Würfel mit der Kantenlänge 1 ist der kleinste.

5 Die Oberfläche eines Würfels mit Kantenlänge k (6 gleiche Seitenflächen) ist $6 \cdot k^2$. Gesucht ist jeweils das Sechsfache der Quadratzahlen:
$6 \cdot 1^2 = 6$; $6 \cdot 2^2 = 24$; $6 \cdot 3^2 = 54$; $6 \cdot 4^2 = 84$; $6 \cdot 5^2 = 150$; $6 \cdot 6^2 = 216$; $6 \cdot 7^2 = 294$; $6 \cdot 8^2 = 384$; $6 \cdot 9^2 = 486$; ... Der Würfel mit der Kantenlänge 1 ist der kleinste.

6 Entlang der Länge 6 Stück, und das fünfmal, wegen der Breite, also 30. Es gibt vier solche Schichten (Höhe = 8), also $4 \cdot 30 = 120$. $(12 \cdot 10 \cdot 8) : (2 \cdot 2 \cdot 2) = 120$.

Lösungen Test 4

1

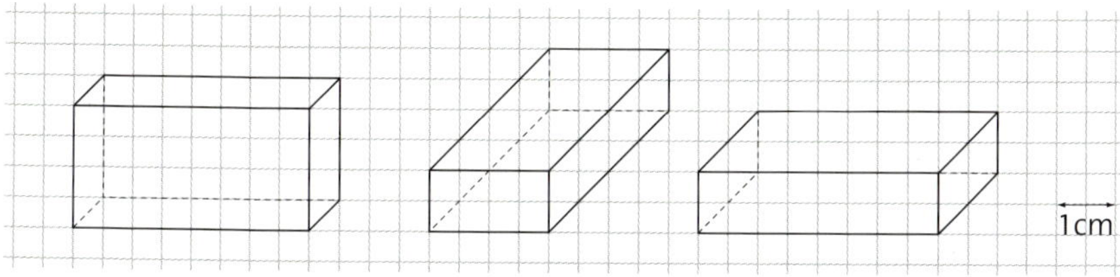

2

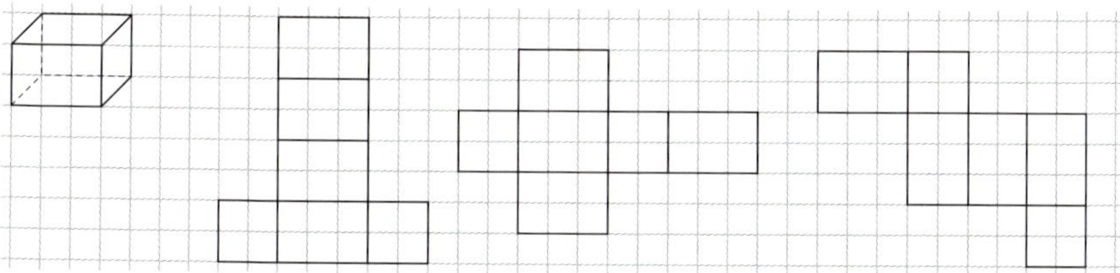

4

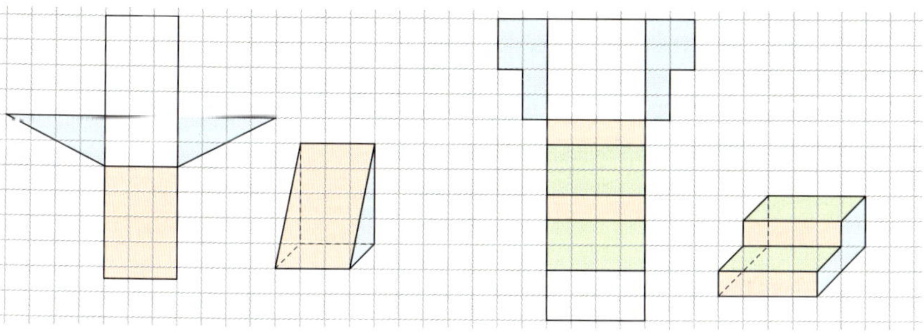

4

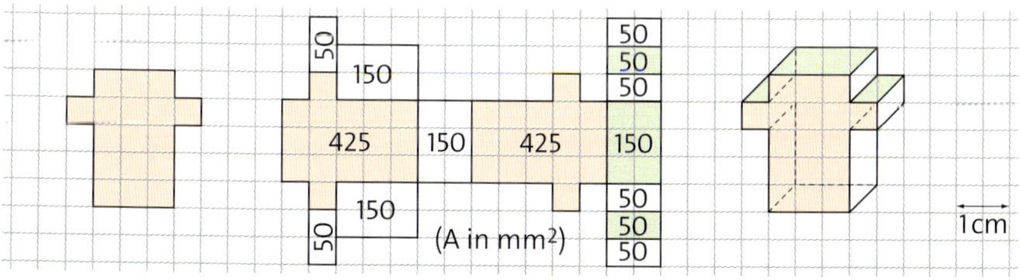

Oberfläche: Die einzelnen Flächen (in mm^2) sind in der Zeichnung eingetragen.

$O = 8 \cdot 50\,mm^2 + 2 \cdot 425\,mm^2 + 4 \cdot 150\,mm^2 = 1850\,mm^2$

$V = 15 \cdot 10 \cdot 25\,mm^3 + 2 \cdot 5 \cdot 5 \cdot 10\,mm^3 = 3750\,mm^3 + 500\,mm^3 = 4250\,mm^3$

Wenn du dir nicht sicher bist, ob ein von dir gezeichnetes Netz stimmt, solltest du es (vergrößert) ausschneiden, falten und zusammenkleben.

15 Daten erheben und auswerten

1 Daten erheben

Beispiel 1: Niko steht vor einer Eisdiele und notiert bei den nächsten 20 Kunden, wie viele Eiskugeln sie kaufen:

2, 2, 3, 1, 2,   3, 4, 2, 1, 2   3, 2, 3, 4, 1   2, 3, 1, 2, 3

Wenn statistische Daten erhoben werden, dann legt man zunächst ein bestimmtes **Merkmal X** fest, das näher untersucht werden soll, z. B die Anzahl der Eiskugeln. Dann ist zu überlegen, welche **Werte x_i** auftreten können, z. B. $x_1 = 1$, $x_2 = 2$, $x_3 = 3$ oder $x_4 = 4$ Eiskugeln. Die tatsächlich beobachteten Werte notiert man in der auftretenden Reihenfolge und erhält so eine sogenannte **Urliste**. Natürlich hängt die Aussagekraft der Datensammlung von der Länge dieser Liste, dem **Stichprobenumfang n**, ab. In Beispiel 1 hat Niko n = 20 Werte erhoben und kann mit diesen Daten auch nur diese kleine Gruppe von Kunden statistisch beschreiben.

2 Absolute Häufigkeiten

Beispiel 2: Nun sortiert Niko seine Daten und macht in Form einer **Strichliste** deutlich, wie oft 1, 2, 3 oder 4 Eiskugeln gekauft wurden.

Anzahl der Eiskugeln	1	2	3	4
wie oft gekauft	𝍷𝍷𝍷𝍷	𝍸 𝍷𝍷𝍷	𝍸 𝍷	𝍷𝍷

Eine Strichliste bringt im Vergleich zur Urliste unmittelbar zum Ausdruck, wie oft die einzelnen **Merkmalswerte**, nämlich die Anzahl der Eiskugeln, beobachtet wurden. Man nennt die Anzahl der Striche, die zu einem Merkmalswert gehören, die **absolute Häufigkeit h_i** dieses Wertes. Wenn du jetzt alle Striche in der Strichliste durch ihre absoluten Häufigkeiten ersetzt, dann erhältst du die **Tabelle der absoluten Häufigkeiten**.

Tipp: Wenn dich die Reihenfolge, in der die Merkmalswerte auftreten, nicht weiter interessiert, dann kannst du die Daten auch sofort in Form einer Strichliste erheben.

Beispiel 3: Absolute Häufigkeiten

Anzahl der Eiskugeln (x_i)	1	2	3	4	n
absolute Häufigkeiten (h_i)	4	8	6	2	20

Tipp: Ergänze die Häufigkeitstabelle um den **Stichprobenumfang n** (in der Tabelle rot), denn so lässt sich eine einfache **Probe** machen: 4 + 8 + 6 + 2 = 20. Die Summe aller Häufigkeiten entspricht stets dem Stichprobenumfang n.

Es gilt also: $\mathbf{h_1 + h_2 + h_3 + \ldots = n}$

3 Relative Häufigkeiten

Beispiel 4: Nadine hat, wie Niko auch, Daten erhoben und möchte nun ihre Daten mit denen von Niko vergleichen. Dabei stellen die beiden fest, dass das nicht direkt möglich ist, weil sich ihre absoluten Häufigkeiten auf *unterschiedliche* Stichprobenumfänge beziehen. Niko hat beobachtet, dass 8 von 20 Kunden 2 Eiskugeln kauften, Nadine hat beobachtet, dass 11 von 30 Kunden 2 Kugeln kauften. Diese Werte kann man so nicht vergleichen.

Anzahl der Eiskugeln (x_i)	1	2	3	4	n
absolute Häufigkeiten (h_i)	5	11	10	4	30

Um die Vergleichbarkeit herzustellen, berechnen sie daher die **relativen Häufigkeiten** $r_i = \frac{h_i}{n}$, bzw. die entsprechenden **Prozentsätze** $r_1\,\% = \frac{h_1}{n} \cdot 100\,\%$, und fassen diese Werte in der **Tabelle der relativen Häufigkeiten** zusammen.

Beispiel 5: Relative Häufigkeiten

Nikos Daten:

x_i	1	2	3	4	Summe
h_i	4	8	6	2	20
r_i	$\frac{4}{20} = 0{,}2$	$\frac{8}{20} = 0{,}4$	$\frac{6}{20} = 0{,}3$	$\frac{2}{20} = 0{,}1$	$\frac{20}{20} = 1{,}0$
$r_i\%$	20 %	40 %	30 %	10 %	100 %

Nadines Daten:

x_i	1	2	3	4	Summe
h_i	5	11	10	4	30
r_i	$\frac{5}{30} \approx 0{,}17$	$\frac{11}{30} \approx 0{,}37$	$\frac{10}{30} \approx 0{,}33$	$\frac{4}{30} \approx 0{,}13$	$\frac{30}{30} = 1{,}00$
$r_i\%$	17 %	37 %	33 %	13%	100 %

Jetzt ist ein direkter Vergleich mithilfe der relativen Häufigkeiten möglich: Während bei Niko 40 % der Kunden 2 Eiskugeln kauften, waren es bei Nadine nur 37 %.

4 Grafische Darstellungsformen

Auch wenn Daten mithilfe von Häufigkeitstabellen schon recht übersichtlich dargestellt sind, so erlauben grafische Darstellungen, diese Daten noch direkter und einprägsamer zu vermitteln. Hier nun einige häufig verwendeten Darstellungsformen. Erneut werden Nikos Daten aus den Beispielen 1 (Anzahl der Käufer) und 5 (Prozentwerte) verwendet:

Beispiel 6: Bei einem **Piktogramm** wählst du die Anzahl der Bildsymbole entsprechend der Häufigkeiten aus. Hier steht eine Tüte für 10 % der Eisverkäufe; also zeichnen wir zwei Eistüten mit einer Kugel Eis (20 %), vier Eistüten mit je zwei Kugeln (40 %), drei mit drei Kugeln (30 %) und eine mit vier (10 %).

Beispiel 7: Für ein **Kreisdiagramm** teilst du den ganzen Kreis in „Kuchenstücke" (Kreissegmente) auf. Hierzu musst du den Vollwinkel von 360°, der natürlich allen Beobachtungen, d. h. 100 %, entspricht, proportional zu den festgestellten Häufigkeiten unterteilen. 10° der Werte entsprechen dann einem Kreissegment von 36°; 20 % ≙ 72° usw. Beachte hierbei die Dreisatzrechnung (→ Seite 96, Nr. 4).

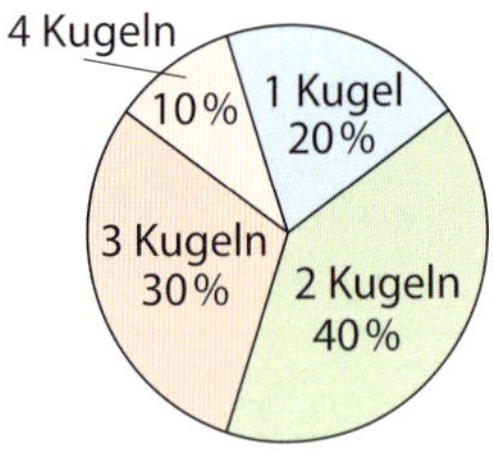

Beispiel 8: Beim **Säulendiagramm** wählst du auf der y-Achse eine geeignete Einteilung (hier haben wir sowohl die relativen Häufigkeiten r_i % als auch die absoluten Werte h_i eingetragen) und zeichnest dann die Balken für die entsprechende Verteilung x_i in der richtigen Höhe ein: Den blauen Balken für die Eistüten mit je einer Kugel zeichnest du also bis zur Einheit 4, bzw. 20 %, den grünen Balken (2 Kugeln) bis zur Höhe 8, bzw. 40 % usw.

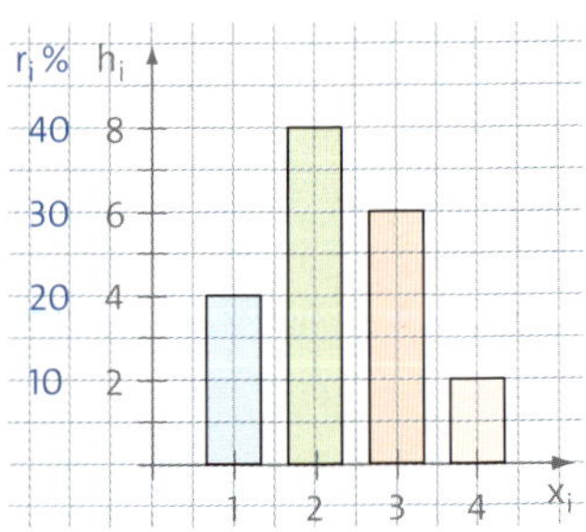

5 Schwerpunkte von Häufigkeitsverteilungen

Der Schwerpunkt einer Häufigkeitsverteilung kann über den **arithmetischen Mittelwert**, den **Zentralwert** oder den **Modalwert** bestimmt werden.

Beispiel 9 (Fortsetzung der Beispiele 1 und 3): Du bildest den **Durchschnitt** $\overline{x}$ (auch: **arithmetischer Mittelwert**), indem du zunächst jeden Merkmalswert mit seiner Häufigkeit multiplizierst, dann alle diese Produkte addierst und schließlich diese Summe durch den Stichprobenumfang n teilst.
Am einfachsten geht das, wenn du die Häufigkeitstabelle um eine dritte Zeile $(x_i \cdot h_i)$ ergänzt:

x_i	1	2	3	4	Summe
h_i	4	8	6	2	n = 20
$x_i \cdot h_i$	$1 \cdot 4 = 4$	$2 \cdot 8 = 16$	$3 \cdot 6 = 18$	$4 \cdot 2 = 8$	4 + 16 + 18 + 8 = 46

Durchschnitt: $\overline{x} = \frac{46}{20} = 2{,}3$; d. h., im arithmetischen Mittel („im Schnitt“) nehmen die Kunden 2,3 Kugeln.
Tipp: Nach dieser Methode wird in der Regel auch die Durchschnittsnote einer Klassenarbeit berechnet.

Beispiel 10 (Fortsetzung von Beispiel 1): Um den **Zentralwert** $\tilde{x}$ (auch: **Median**) bestimmen zu können, wandelst du die Urliste in eine **geordnete Liste** um und notierst alle Beobachtungswerte in aufsteigender Reihenfolge. Für die Beobachtungswerte von Niko ergibt sich somit:

1 1 1 1 2 2 2 2 2 2 ⁞ 2 2 3 3 3 3 3 3 4 4

Die Mitte des 1. und 20. Platzes dieser Liste ist die Position (1 + 20) : 2 = 10,5. Der Zentralwert ist dann der Mittelwert der benachbarten, d. h. der 10. und 11. Merkmalswerte (rot):
$\tilde{x} = \frac{1}{2} \cdot (2 + 2) = 2$.

> Bei geordneten Listen mit *ungerader* Anzahl n von Merkmalswerten entspricht der Zentralwert dem Beobachtungswert auf der *mittleren* Position (1 + n) : 2, bei geradzahliger Anzahl n verfährst du, wie hier gezeigt.

Beispiel 11 (Fortsetzung der Beispiele 1 und 3): Als **häufigsten Wert x*** (auch: **Modalwert**) bestimmst du denjenigen Merkmalswert, der in der Verteilung am häufigsten auftritt, für Nikos Daten also $x^* = 2$, weil zu $x_2 = 2$ die größte absolute Häufigkeit in der Verteilung gehört, nämlich $h_2 = 8$.
Wenn verschiedene Merkmalswerte mit der gleichen maximalen Häufigkeit auftreten, dann besitzt diese Verteilung **mehrere häufigste Werte**!

6 Boxplots

In einem **Boxplot-Diagramm** kann man zahlreiche wichtige Kennziffern einer Verteilung zusammenfassen, veranschaulichen und mit ähnlichen Datenerhebungen vergleichen. Zunächst aber noch eine wichtige Vorüberlegung, die auf zwei weitere wichtige Kennziffern führt:

Beispiel 12 (Fortsetzung der Beispiel 1 und 10): In Beispiel 10 wurde die geordnete Liste von Nikos Daten aus Beispiel 1 durch den Median $\tilde{x}$ in zwei gleich lange Teillisten zerlegt, eine linke und eine rechte Teilliste.
Nun kannst du für diese beiden Teillisten erneut den Median bestimmen:

<table>
<tr><td>1 1 1 1 2</td><td>2 2 2 2 2</td><td>2 2 3 3 3</td><td>3 3 3 4 4</td></tr>
<tr><td colspan="2">linke Teilliste
Median: $\tilde{x}_u = \frac{1}{2}\cdot(2 + 2) = 2$
unteres Quartil</td><td colspan="2">rechte Teilliste
Median: $\tilde{x}_o = \frac{1}{2}\cdot(3 + 3) = 3$
oberes Quartil</td></tr>
<tr><td></td><td colspan="2">Zentralwert
Median: $\tilde{x} = \frac{1}{2}\cdot(2 + 2) = 2$
mittleres Quartil</td><td></td></tr>
</table>

Die Gesamtliste wird also durch die drei Werte $\tilde{x}_u$, $\tilde{x}$, und $\tilde{x}_o$ in vier gleich lange Teillisten unterteilt. Man nennt die drei Werte deshalb auch das **untere Quartil** $\tilde{x}_u$, das **mittlere Quartil (= Median)** $\tilde{x}$ und das **obere Quartil** $\tilde{x}_o$.

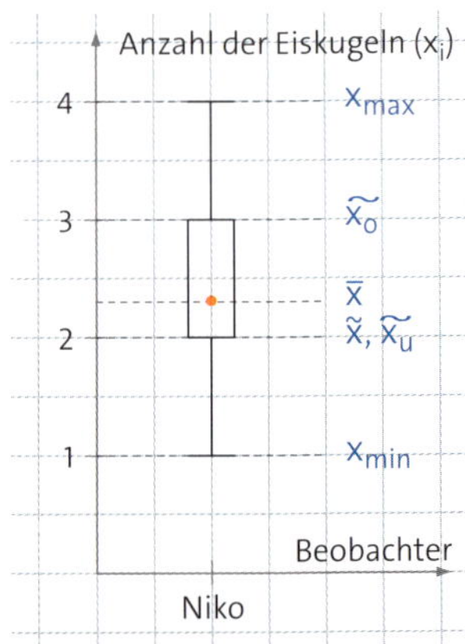

Beispiel 13: Du kannst die drei Quartile $\tilde{x}_u$, $\tilde{x}$ und $\tilde{x}_o$ zusammen mit dem kleinsten Beobachtungswert $x_{min} = 1$, dem größten Beobachtungswert $x_{max} = 4$ und dem Durchschnittswert $\bar{x} = 2{,}3$ wie im nebenstehenden **Boxplot** zusammenfassen. Die vom unteren Quartil $\tilde{x}_u$ und vom oberen Quartil $\tilde{x}_o$ begrenzte Box repräsentiert somit 50 % aller Beobachtungswerte. Die übrigen 50 % entfallen auf die beiden „Antennen", wodurch auch die gesamte Breite der Verteilung angezeigt wird. Der Durchschnitt $\bar{x}$ und der Median $\tilde{x}$ zeigen, dass die Verteilung hier zum Beobachtungswert $x_2 = 2$ hin „geneigt" ist. Du kannst die waagerechte Achse (Beobachter) bei Bedarf verlängern, um die Daten weiterer Beobachter darzustellen.

TEST 1 Daten erheben und ordnen

1 Während Tanja wiederholt würfelt, notiert Timo die geworfenen Augenzahlen:

1, 3, 6, 5, 1　　4, 4, 2, 5, 1　　3, 1, 1, 4, 6　　6, 2, 1, 1, 3

4, 5, 3, 3, 2,　　6, 2, 1, 4, 5　　1, 3, 6, 3, 5　　5, 2, 4, 5, 6

a) Trage die Begriffe und Werte dieser Datenerhebung bei den jeweiligen Fachbegriffen ein.

Merkmal:

Merkmalswerte:

Stichprobenumfang:

b) Fülle die Tabelle aus.

	1	2	3	4	5	6	Summe
absolute Häufigkeit (h_i)							
relative Häufigkeit (r_i)							
relative Häufigkeit (r_i%)							

2 Ergänze die fehlenden Werte.

a)

x_i	2	4	6	8	n
h_i	14	12		22	64

b)

x_i	rot	gelb	grün	blau	violett	Summe
h_i		60				240
r_i%	15	25		30	20	

c)

x_i	−2,5	0	2,5	4,2	Summe
h_i			90		250
r_i	0,24		0,36		
r_i%		16		24	

3 Die Klassen 6 a und 6 b starten jede für sich eine Umfrage um herauszufinden, was es beim Klassenfest zu essen geben soll. Die beiden Gerichte mit den meisten Stimmen sollen dann in der Reihenfolge der Beliebtheit als Gericht 1 und Gericht 2 angeboten werden. Jeder Schüler hat auf einer Liste sein Lieblingsgericht mit einem Strich markiert.

6 a

Würstchen	Pizza	Hamburger	Spaghetti
III	𝍸 III	𝍸 II	𝍸 I

6 b

Würstchen	Pizza	Hamburger	Spaghetti
𝍸 IIII	𝍸 III	II	𝍸 II

a) In der Statistik bezeichnet man die beiden Listen als

______________________ .

b) Die Stichprobenumfänge betragen in der Klasse 6 a ________ und in der Klasse 6 b ________ .

c) Die 6 a entscheidet sich mit ...

____ Prozent der Stimmen für ________________ als Gericht 1.

____ Prozent der Stimmen für ________________ als Gericht 2.

d) Die 6b entscheidet sich mit ...

____ Prozent der Stimmen für ________________ als Gericht 1.

____ Prozent der Stimmen für ________________ als Gericht 2.

e) Nach dem Ausgang der Abstimmung sind die Spaghetti-Fans beider Klassen sehr dafür, ein *gemeinsames* Klassenfest zu feiern! Warum?

TEST 2 Häufigkeiten und ihre Verteilungen

1 Eine Geschwindigkeitskontrolle zeigt, dass von 200 Fahrzeugen nur 120 die Höchstgeschwindigkeit von 50 km/h einhalten. 30 % der Fahrzeuge sind bis zu 20 km/h zu schnell, der Rest fährt sogar noch schneller.

a) Fülle die Tabelle aus.

x_i	absolute Häufigkeit h_i	relative Häufigkeit r_i, r_i%	
x_1: $\le 50\frac{km}{h}$	$h_1 = 120$	$r_1 =$	$r_1\% =$
x_2: 50 bis $70\frac{km}{h}$	$h_2 =$	$r_2 =$	$r_2\% =$
x_3: $> 70\frac{km}{h}$	$h_3 =$	$r_3 =$	$r_3\% =$
Summe	n = 200	1	100%

b) Stelle die Häufigkeitsverteilung aus Teilaufgabe a) als Säulendiagramm dar.

c) Beurteile die Aussagefähigkeit des Säulendiagramms und zeige auch die Grenzen der Aussagefähigkeit auf.

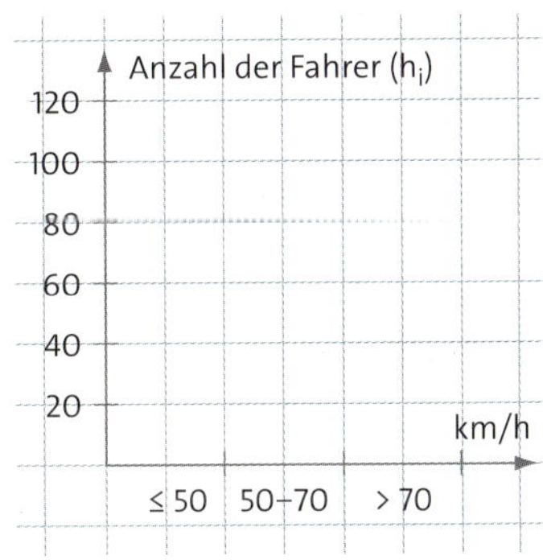

2 Eine Autowerkstatt lässt sich von 220 ihrer Kunden benoten und stellt das Ergebnis als Kreisdiagramm (rechts) dar. Dabei bedeutet:

1 sehr zufrieden 2 zufrieden
3 mäßig zufrieden 4 unzufrieden

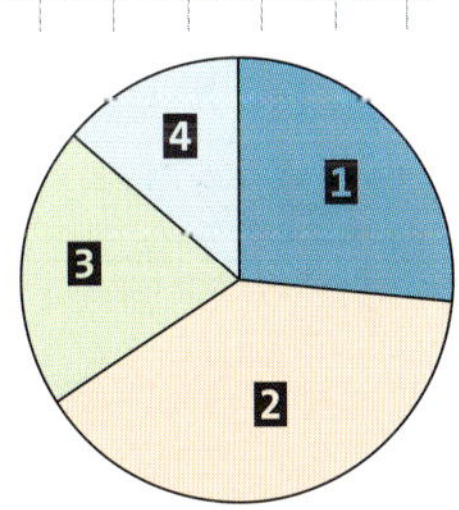

a) Fülle die Tabelle aus.

	1	2	3	4	Summe
Winkelmaße (°)	96°	141°	74°	49°	360°
r_i %					
h_i					

b) Erstelle mit den Daten aus Teilaufgabe a) im Heft ein Säulendiagramm.

TEST 3 Häufigkeitsverteilungen und Schwerpunkte

1 a) Vervollständige zunächst die absoluten Häufigkeitsverteilungen in den grünen Feldern.

Tab. (1)

x_i	0	2	6	8	Summe
h_i	15	6	7		40

Tab. (2)

x_i	0	2	4	6	8	Summe
h_i	5	9	19	15	2	

b) Bestimme den Durchschnittswert. Benutze hierbei jeweils die Leerzeile der Tabellen.

c) Bestimme jeweils den Median.

d) Bestimme jeweils das untere und das obere Quartil.

e) Stelle beide Häufigkeitsverteilungen in der Grafik rechts als Boxplots dar.

f) Vergleiche die beiden Boxplots.

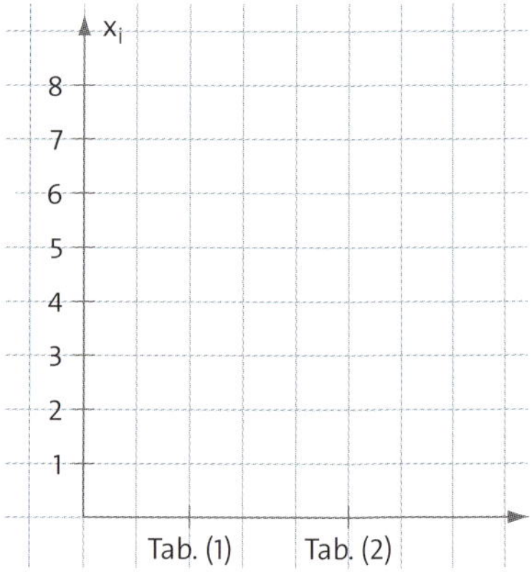

2 In den Klassen 6 a und 6 b wurde eine Mathematikarbeit geschrieben und führte zu folgenden Notenverteilungen:

Klasse 6 a

Note	1	2	3	4	5	6
Schüler	2	5	8	6	4	0

Klasse 6 b

Note	1	2	3	4	5	6
Schüler	3	4	7	7	3	2

Während die 6 a behauptet, sie hätte besser abgeschnitten, besteht die 6 b darauf, ein gleichwertiges Ergebnis erzielt zu haben. Kannst du das erklären?

3 Die Klasse 6 c verkauft in einer Tombola 100 Lose, unter denen sich 15 Gewinne zu je 1 €, 10 Gewinne zu je 2 € und 5 Gewinne zu je 5 € befinden. Der Rest der Lose sind Nieten.

a) Berechne den durchschnittlichen Gewinn eines Loses.

b) Zu welchem Preis muss ein Los verkauft werden, damit durch diese Aktion 50 € für die Klassenkasse bleiben?

15 Daten erheben und auswerten

TEST 4 Daten aufbereiten und darstellen

1 Während eines Monats verkauft ein Autohändler von den drei Modellen:
K(leinwagen): 18 900 € **L**(imousine): 26 900 € **S**(portwagen): 34 900 €
25 Wagen in der Reihenfolge:
K, K, L, K, L, S, L, K, L, L, K, S, L, L, K L, K, K, K, S L, L, K, K, K

b) Erstelle die Tabelle der absoluten Häufigkeiten für die verkauften Modelle und veranschauliche diese Verteilung als Piktogramm.

c) Vervollständige die Tabelle der relativen Häufigkeiten der Verkaufspreise, stelle sie als Säulendiagramm dar und trage auch den durchschnittlichen Verkaufspreis ein.

x_i	18 900 €	26 900 €	34 900 €	n
r_i				

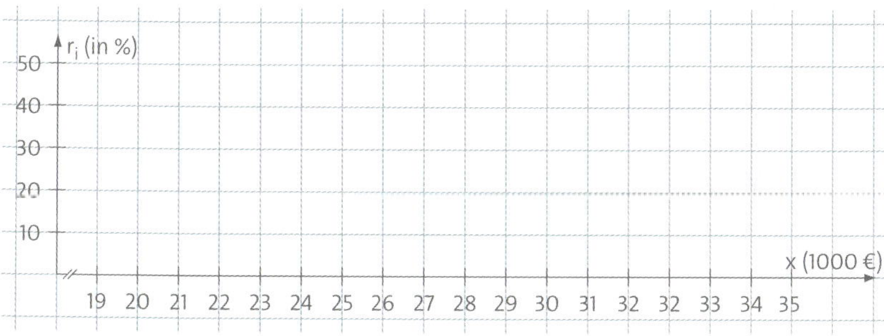

2 Die Fluggesellschaft „All-Air" wirbt damit, in alle „Winkel" der Welt zu fliegen. Tatsächlich führte sie im abgelaufenen Geschäftsjahr 1920 innereuropäische Flüge durch, flog den amerikanischen Kontinent 980-mal an, landete 760-mal in Asien, 540-mal in Afrika und 300-mal in Australien. Im anstehenden Geschäftsbericht sollen diese Leistungen als Kreisdiagramm präsentiert werden.

a) Fülle die Tabelle aus.

Kontinent (x_i)	Europa	Amerika	Asien	Afrika	Australien	Summe
h_i						
r_i						
Kreiswinkel (α_i)						

b) Fertige ein Kreisdiagramm an.

c) Kannst du für diese Verteilung den Durchschnitt berechnen?

d) Kannst du für diese Verteilung den Median bestimmen?

e) Kannst du für diese Verteilung den häufigsten Wert bestimmen?

Lösung zu Test 1

1 a) Merkmal: Augenzahl (X)

Merkmalswerte: $x_1 = 1,\ x_2 = 2,\ x_3 = 3,\ x_4 = 4,\ x_5 = 5,\ x_6 = 6$

Stichprobenumfang: n = 40 Würfe

b)

x_i	1	2	3	4	5	6	Summe
h_i	9	5	7	6	7	6	n = 40
r_i	$\frac{9}{40} = 0{,}225$	$\frac{5}{40} = 0{,}125$	$\frac{7}{40} = 0{,}175$	$\frac{6}{40} = 0{,}150$	$\frac{7}{40} = 0{,}150$	$\frac{6}{40} = 0{,}150$	$\frac{40}{40} = 1{,}000$
r_i%	22,5 %	12,5 %	17,5 %	15,0 %	17,5 %	15,0 %	100 %

2 a)

x_i	2	4	6	8	n
h_i	14	12	16	22	64

b)

x_i	rot	gelb	grün	blau	violett	Summe
h_i	36	60	24	72	48	240
r_i%	15 %	25 %	10 %	30 %	20 %	100 %

c)

x_i	−2,5	0	2,5	4,2	Summe
h_i	60	40	90	60	250
r_i	0,24	0,16	0,36	0,24	1
r_i%	24 %	16 %	36 %	24 %	100 %

3 a) In der Statistik bezeichnet man diese Listen als Strichlisten.

b) Die Stichprobenumfänge betragen in der 6 a n = 24 und in der 6 b n = 26.

c) Gericht 1: Pizza mit $p\% = \frac{8}{24} = 33{,}3\%$ der Stimmen.

Gericht 2: Hamburger mit $p\% = \frac{7}{24} = 29{,}2\%$ der Stimmen.

d) Gericht 1: Würstchen mit $p\% = \frac{9}{26} = 34{,}6\%$ der Stimmen.

Gericht 2: Pizza mit $p\% = \frac{8}{26} = 30{,}8\%$ der Stimmen.

e) Durch eine Zusammenlegung beider Listen ändern sich die Mehrheiten:

Würstchen: 3 + 9 = 12 Stimmen, also nur noch $\frac{12}{50} = 24\%$ aller Stimmen.

Pizza: 8 + 8 = 16 Stimmen wird mit $\frac{16}{50} = 32\%$ aller Stimmen 1. Gericht.

Hamburger: 7 + 2 = 9 Stimmen, also nur noch $\frac{9}{50} = 18\%$ aller Stimmen.

Spaghetti: 6 + 7 = 13 Stimmen wird mit $\frac{13}{50} = 26\%$ der Stimmen 2. Gericht.

Lösung zu Test 2

1 a)

x_i	absolute Häufigkeit h_i	relative Häufigkeit r_i, r_i%	
x_1: ≤ 50 km/h	$h_1 = 120$	$r_1 = \frac{120}{200} = \frac{3}{5} = 0{,}6$	$r_1\% = 60\%$
x_2: 50 – 70 km/h	$h_2 = 0{,}3 \cdot 200 = 60$	$r_2 = \frac{30}{100} = 0{,}3$	$r_2\% = 30\%$
x_3: > 70 km/h	$h_3 = 0{,}1 \cdot 200 = 20$	$r_3 = \frac{10}{100} = 0{,}1$	$r_3\% = 10\%$
Summe	n = 200	1	100 %

b)

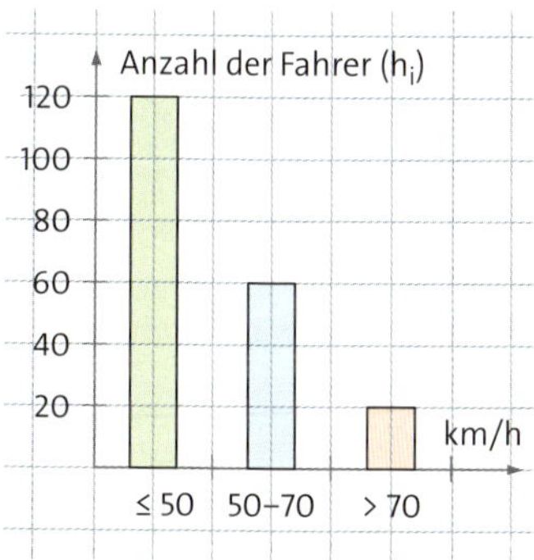

c) Die vorgegebenen Geschwindigkeitsbereiche ≤ 50km/h, 50 – 70km/h und > 70km/h setzen der Aussagefähigkeit Grenzen. So erkennt man z.B., gut, dass 20 % der Fahrer erheblich zu schnell waren. Der Bereich zwischen 50 und 70 km/h ist allerdings zu grob gewählt; man kann nicht abschätzen, wie viele Fahrer knapp über 50 (z. B. 51 oder 52 km/h) fuhren und wie viele knapp unter 70 (z. B. 69 km/h) fuhren – ein ja doch erheblicher Unterschied, vor allem, wenn man man erkennen möchte, wie hohe oder welche Strafen für die Geschwindigkeitsüberschreitungen verhängt wurden.

2 a)

	1	2	3	4	Summe
Grad	96	141°	74°	49°	360°
r_i %	26,7	39,2	20,6	13,6	100,1 %
h_i	59	86	45	30	220

b)

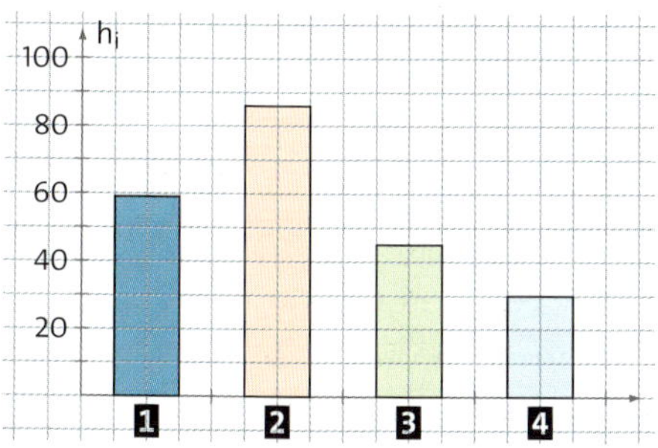

1. Die relativen Häufigkeiten berechnest du: $r_i\% = \frac{\text{Winkelmaß}}{360°} \cdot 100\%$; für den ersten Wert also z. B.: $r_1\% = \frac{96°}{360°} \cdot 100\% = 26{,}7\%$.

2. Die relativen Häufigkeiten wurden auf die erste Dezimalstelle gerundet, daher weicht ihre Summe mit 100,1 % leicht vom exakten Wert 100 % ab.

3. Die absoluten Häufigkeiten berechnest du: $h_i = \frac{r_i\%}{100\%} \cdot 220 = r_i \cdot 220$; für den ersten Wert also: $h_1 = \frac{26{,}7\%}{100\%} \cdot 220 = 0{,}267 \cdot 220 \approx 59$

4. Die absoluten Häufigkeiten stehen für befragte Personen und sind deshalb ganzzahlig zu runden.

Lösung zu Test 3

1 a)

x_i	0	2	6	8	Summe
h_i	15	6	7	12	40
$x_i \cdot h_i$	0	12	42	96	150

x_i	0	2	4	6	8	Summe
h_i	5	9	19	15	2	50
$x_i \cdot h_i$	0	18	76	90	16	200

b) $\bar{x} = \frac{150}{40} = 3{,}75$ $\qquad$ $\bar{x} = \frac{200}{50} = 4{,}00$

c) $\tilde{x} = \frac{1}{2} \cdot (x_{20} + x_{21}) = \frac{1}{2} \cdot (2 + 2) = 2$ $\qquad$ $\tilde{x} = \frac{1}{2} \cdot (x_{25} + x_{26}) = \frac{1}{2} \cdot (4 + 4) = 4$

d) $\tilde{x}_u = \frac{1}{2} \cdot (x_{10} + x_{11}) = \frac{1}{2} \cdot (0 + 0) = 0$ $\qquad$ $\tilde{x}_u = x_{13} = 2$

$\tilde{x}_o = \frac{1}{2} \cdot (x_{30} + x_{31}) = \frac{1}{2} \cdot (8 + 8) = 8$ $\qquad$ $\tilde{x}_o = x_{38} = 6$

Denke daran, dass du die x_n-Werte auch aus der Tabelle ablesen kannst: Die erste Spalte der linken Tabelle enthält die Werte x_1 bis x_{15}, die zweite die Werte x_{16} bis x_{22} usw.

e)

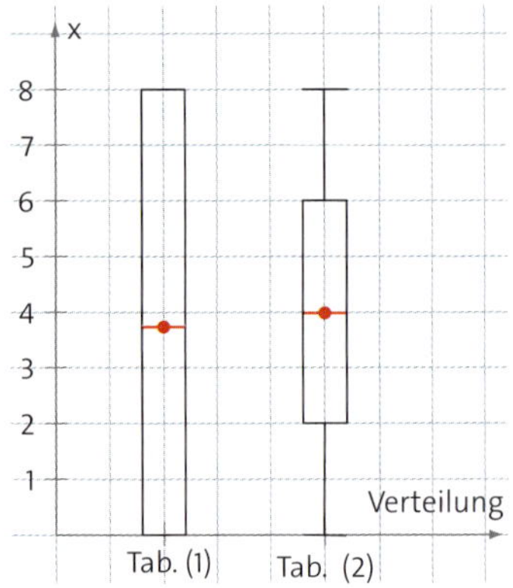

f) Bei der linken Verteilung kommt den Randwerten $x_1 = 0$ und $x_4 = 8$ das größte Gewicht zu, daher reicht die Box vom minimalen bis zum maximalen Merkmalswert. Die rechte Verteilung konzentriert sich stärker um ihren Schwerpunkt $\bar{x} = \tilde{x} = 4$.

2 Die Klasse 6 a berechnet die Durchschnittswerte und erhält für

die 6 a: $\frac{1 \cdot 2 + 2 \cdot 5 + 3 \cdot 8 + 4 \cdot 6 + 5 \cdot 4 + 6 \cdot 0}{2 + 5 + 8 + 6 + 4 + 0} = \frac{80}{25} = 3{,}20$.

die 6 b: $\frac{1 \cdot 3 + 2 \cdot 4 + 3 \cdot 7 + 4 \cdot 7 + 5 \cdot 3 + 6 \cdot 2}{3 + 4 + 7 + 7 + 3 + 2} = \frac{87}{26} = 3{,}35$.

Die 6 b vergleicht hingegen mithilfe der Mediane und erhält für

die 6a: $\tilde{x} = x_{13} = 3$; die 6b: $\tilde{x} = \frac{1}{2} \cdot (x_{13} + x_{14}) = \frac{1}{2} \cdot (3 + 3) = 3$.

3 a) Der durchschnittliche Gewinn pro Los beträgt

$\bar{x} = \frac{15}{10} \cdot 1\,€ + \frac{10}{100} \cdot 2\,€ + \frac{5}{100} \cdot 5\,€ = 0{,}15\,€ + 0{,}20\,€ + 0{,}25\,€ = 0{,}60\,€$.

b) Jedes Los soll zusätzlich $50\,€ : 100 = 0{,}50\,€$ Gewinn einbringen.

Es muss also für $0{,}60\,€ + 0{,}50\,€ = 1{,}10\,€$ verkauft werden.

Lösungen zu Test 4

1 a)

x_i	K	L	S	n
h_i	12	10	3	25

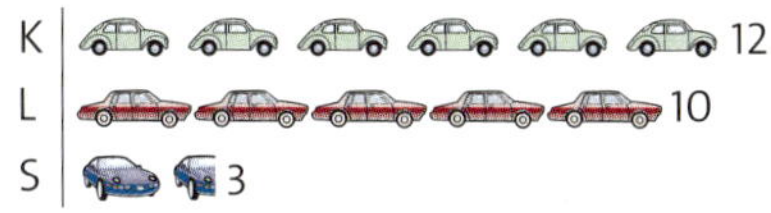

Hinweise: Im Piktogramm steht jeweils ein Auto für zwei verkaufte Wagen. Der halbe Sportwagen bedeutet deshalb einen verkauften Wagen des Modells S. Du kannst natürlich auch für jeden verkauften Wagen ein ganzes Symbol nehmen oder auch andere (sinnvolle) Symbole verwenden.

b)

x_i	18 900 €	26 900 €	34 900 €	Summe
r_i	0,48	0,40	0,12	1

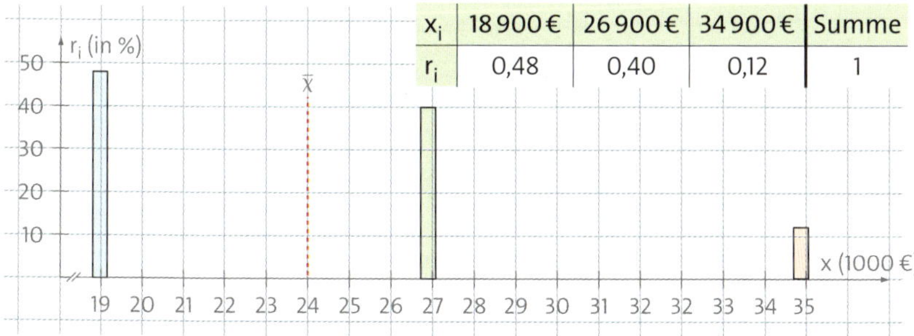

$\overline{x} = 0{,}48 \cdot 18\,900\,€ + 0{,}40 \cdot 26\,900\,€ + 0{,}12 \cdot 34\,900\,€$

$= 9\,072\,€ + 10\,760\,€ + 4\,188\,€ = 24\,020\,€$

2 a)

Kontinent (x_i)	Europa	Amerika	Asien	Afrika	Australien	Summe
absolute Häufigkeit (h_i)	1920	980	760	540	300	4500
relative Häufigkeit (r_i)	$\frac{1920}{4500} \approx 0{,}43$	$\frac{980}{4500} \approx 0{,}22$	$\frac{760}{4500} \approx 0{,}17$	$\frac{540}{4500} \approx 0{,}12$	$\frac{300}{4500} \approx 0{,}07$	$1{,}01 \approx 1$
Kreiswinkel (α_i)	$0{,}43 \cdot 360° \approx 155°$	$0{,}22 \cdot 360° \approx 79°$	$0{,}17 \cdot 360° \approx 61°$	$0{,}12 \cdot 360° \approx 43°$	$0{,}07 \cdot 360° \approx 25°$	$363° \approx 360°$

b) siehe rechts

c) Nein. Die Merkmalswerte sind Kontinente, mit denen man nicht rechnen kann.

d) Nein. Die Kontinente kann man nicht aufsteigend ordnen.

e) Ja. Der Kontinent Europa stellt mit 43% das häufigste Flugziel dar.

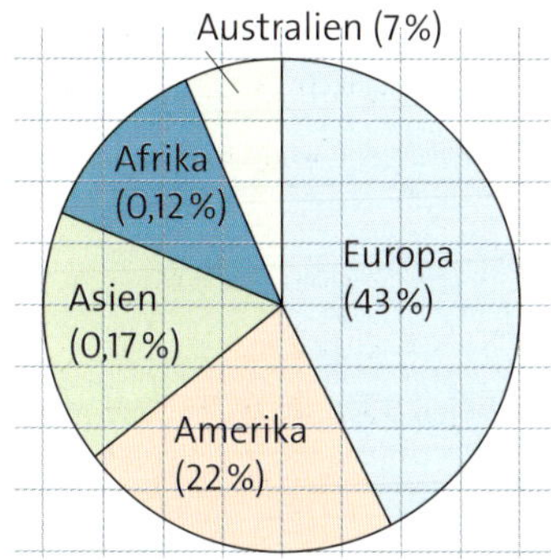

1 Zufall und Wahrscheinlichkeit

Wenn man würfelt, kann man die auftretende Augenzahl nicht vorhersagen. Auch beim Werfen einer Münze kann man weder Kopf noch Zahl voraussagen, und ebensowenig sind die Gewinnzahlen der nächsten Lottoziehung prognostizierbar.
Jeder Vorgang, der zwar genau beschreibbar und beliebig oft wiederholbar, dessen Ausgang aber ungewiss ist, wird als **Zufallsexperiment** bezeichnet, und man nennt jeden möglichen Versuchsausgang ein **Ereignis**.

Beim Zufallsexperiment „Würfeln" sind die Ereignisse 1, 2, 3, 4, 5 oder 6 denkbar, beim „Ziehen der ersten Lottokugel" sind es die Ereignisse 1, 2, ..., 49.
Während die Symmetrie eines Würfels festlegt, dass für jede Augenzahl **die gleiche Chance** besteht, wird dies in einer Lotto-Urne durch die Gleichartigkeit der Kugeln und durch die gezielt herbeigeführte völlige Unordnung vor dem Ziehen der Kugel erreicht.

Dem französischen Mathematiker Laplace verdanken wir diese Überlegungen. Wir sprechen daher in solchen Fällen von einem **Laplace-Experiment** und können die **Wahrscheinlichkeit p (A)** für ein bestimmtes Ereignis A dann so berechnen:

$$p(A) = \frac{\text{Anzahl der für A günstigen Ausgänge}}{\text{Anzahl aller möglichen Ausgänge}} \quad \text{(Laplace-Formel)}$$

Beispiel 1: Ereignis A = „Würfeln der Zahl 6"; günstig: 6; möglich: 1, 2, 3, 4, 5, 6

$$\Rightarrow \quad p(A) = \frac{1 \text{ (günstiger Ausgang)}}{6 \text{ (mögliche Ausgänge)}} = \frac{1}{6}$$

Beispiel 2: Ereignis B = „Würfeln einer geraden Zahl"; günstig: 2, 4, 6; möglich: 1, 2, 3, 4, 5, 6

$$\Rightarrow \quad p(B) = \frac{3 \text{ (günstige Ausgänge)}}{6 \text{ (mögliche Ausgänge)}} = \frac{3}{6} = \frac{1}{2}$$

2 Wahrscheinlichkeiten experimentell bestimmen

Nicht jedes Zufallsexperiment ist auch ein Laplace-Experiment. Wird etwa der Schwerpunkt eines Würfels durch eingelagerte Metallteile verändert („gezinkt"), dann darf man die Laplace-Formel nicht mehr anwenden. Jetzt bleibt nur die Möglichkeit, die veränderten Wahrscheinlichkeiten durch häufiges Werfen herauszufinden.

Beispiel 3: 10 Schüler würfeln je 100-mal mit demselben Würfel und stellen dabei für die Augenzahl 6 die absoluten Häufigkeiten 15, 21, 12, 14, 19, 25, 10, 16, 19 und 15 fest. Wegen der großen Schwankungsbreite dieser Werte addieren sie schrittweise die Anzahlen der Würfe (n) und ebenso die entsprechenden Häufigkeiten (h_n). Mit anwachsendem Stichprobenumfang n müssen sie allerdings noch die **relativen Häufigkeiten r_n** berechnen, um vergleichbare Angaben zu erhalten (→ Seite 161, Nr. 3):

n	100	200	300	400	500	600	700	800	900	1000
h_n	15	15 + 21 = 36	36 + 12 = 48	48 + 14 = 62	62 + 19 = 81	81 + 25 = 106	106 + 10 = 116	116 + 16 = 132	132 + 19 = 151	151 + 15 = 166
r_n	0,150	0,180	0,160	0,155	0,162	0,177	0,166	0,165	0,168	0,166

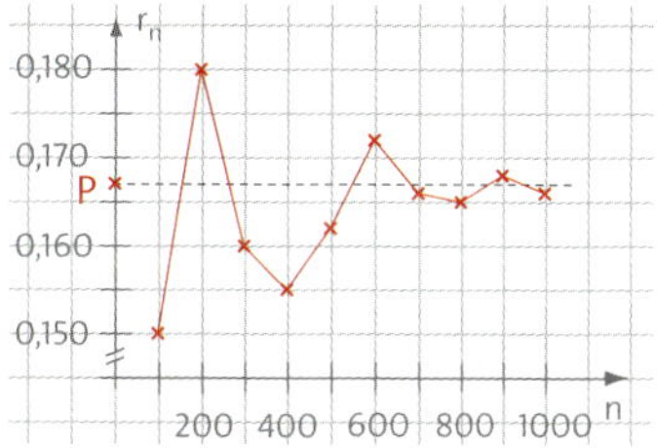

Offensichtlich nimmt die Schwankungsbreite der relativen Häufigkeiten r_n mit wachsendem Stichprobenumfang n ab und stabilisiert sich beim festen Wert $p = 0{,}167$. Dieser Stabilisierungseffekt ist allgemeingültig und wird als das **Gesetz der großen Zahlen** bezeichnet. Seine große Bedeutung liegt darin, dass es für beliebige Zufallsexperimente einen Weg weist, um Wahrscheinlichkeiten aus hinreichend großen Stichproben zu bestimmen.

Beispiel 4: Anja hat beobachtet, dass 196 von 280 Personen eine Jeans tragen. Somit kann sie die Wahrscheinlichkeit dafür, dass auch die nächste Person eine Jeans trägt, abschätzen zu $p \approx r_{280} = \frac{196}{280} = 0{,}7$, das sind 70 %.

Wenn man relative Häufigkeiten r_i durch entsprechende Wahrscheinlichkeiten p_i ersetzt, dann können alle Ausführungen über Häufigkeitsverteilungen (→ Seite 161, Nr. 3), ihre grafischen Darstellungsformen (→ Seite 162, Nr. 4) und ihre Schwerpunkte (→ Seite 163, Nr. 5) sinngemäß übernommen werden.

3 Zweistufige Zufallsexperimente

Zweistufige Zufallsexperimente setzen sich aus zwei gleichzeitig oder hintereinander ausgeführten Teilexperimenten zusammen, und die Wahrscheinlichkeiten für das Gesamtexperiment ergeben sich aus den Wahrscheinlichkeiten beider Teilexperimente.

Beispiel 5: Wird eine Münze geworfen, so zeigt ihre Oberseite Wappen (W) oder Zahl (Z). Hierfür betragen die Laplace-Wahrscheinlichkeiten $p(W) = p(Z) = \frac{1}{2}$.
Wird nun die Münze ein zweites Mal geworfen, oder werden zwei Münzen gleichzeitig geworfen, dann resultieren **geordnete Paare von Teilergebnissen**.

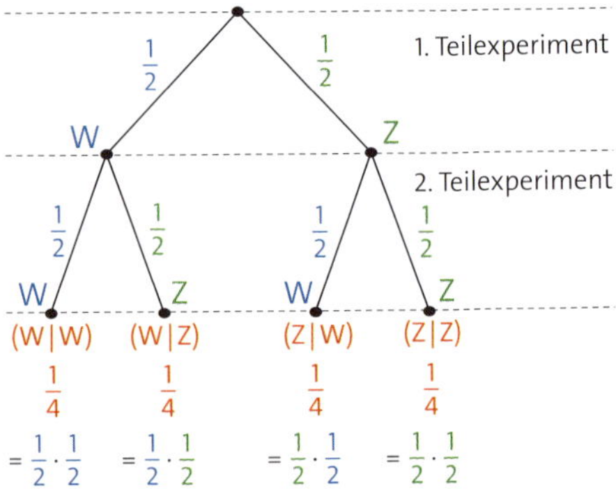

So bedeutet z. B. die Angabe (Z | W), dass der erste Wurf, bzw. die erste Münze Zahl zeigt und der zweite Wurf, bzw. die zweite Münze Wappen zeigt. Im **Baumdiagramm** entspricht diese Kombination einem von vier möglichen Wegen. Offensichtlich liefert das Produkt der Teilwahrscheinlichkeiten entlang dieses Weges genau die Wahrscheinlichkeit für diese Kombination am Endpunkt: $p(Z|W) = P(Z) \cdot p(W) = \frac{1}{2} \cdot \frac{1}{2} = \frac{1}{4}$

Diese Vorgehensweise lässt sich zur allgemeingültigen **Pfadregel** zusammenfassen: Bei einem zweistufigen Zufallsexperiment beträgt die Wahrscheinlichkeit für ein Ereignis, das einem bestimmten Endpunkt im Baumdiagramm entspricht, dem **Produkt der beiden Teilwahrscheinlichkeiten** auf dem Weg zu diesem Endpunkt.

TEST 1 Laplace-Wahrscheinlichkeiten

1 Kreuze die Zufallsexperimente an, bei denen Laplace-Wahrscheinlichkeiten bestimmt werden können.

- ☐ Werfen eines fairen Würfels
- ☐ Werfen eines gezinkten Würfels
- ☐ Kugel aus einer Urne ziehen
- ☐ Werfen einer Reißzwecke

2 Wie groß ist beim Werfen eines fairen Würfels die Wahrscheinlichkeit, dass …

a) die Augenzahl 2 erscheint (A)?

b) die Augenzahl 5 erscheint (B)?

c) die Augenzahl ungerade ist (C)?

d) die Augenzahl größer als 2 ist (D)?

e) die Augenzahl durch 7 teilbar ist (E)?

3 a) Begründe im Heft, warum sich die Chancen für alle Zahlen des abgebildeten Glücksrades als Laplace-Wahrscheinlichkeiten angeben lassen.

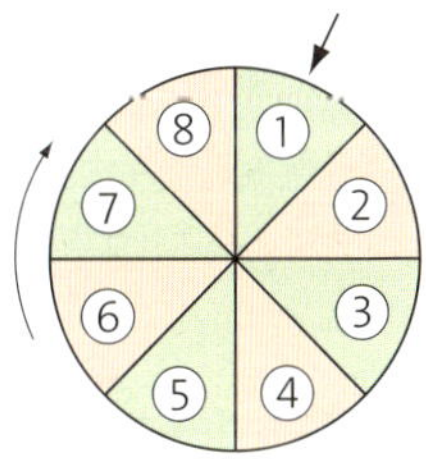

b) Mit welcher Wahrscheinlichkeit ist die Gewinnzahl …

größer als 5 (A)?

kleiner als 6 (B)?

eine Primzahl (C)?

4 Jeden Samstag werden die Gewinnzahlen zum Lottospiel „6 aus 49" gezogen.

a) Mit welcher Wahrscheinlichkeit wird als erste Zahl die 1 gezogen?

b) Tatsächlich wird zuerst die 1 gezogen. Mit welcher Wahrscheinlichkeit kommt als zweite Zahl die 19?

c) Mit welcher Wahrscheinlichkeit wird bei der nächsten Lottoziehung wieder zuerst die 1 und nachfolgend die 19 gezogen?

TEST 2 Experimentell bestimmte Wahrscheinlichkeiten

1 Timo testet einen Würfel seines Mensch-Ärgere-Dich-Nicht-Spiels und stellt fest, dass sich für die Augenzahl 6 die relativen Häufigkeiten r_n mit zunehmender Anzahl n der Würfe in der abgebildeten Weise entwickeln.

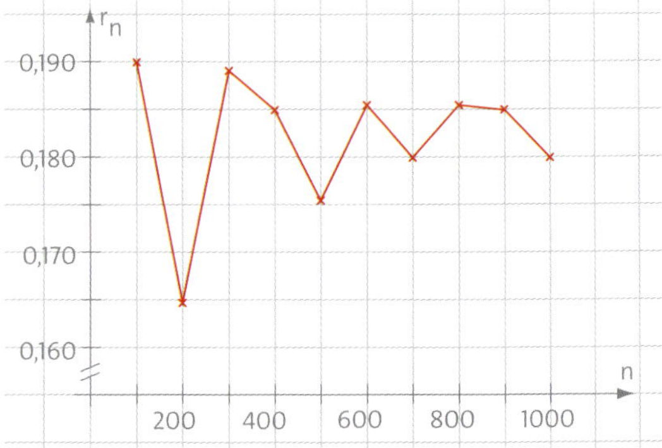

a) Schätze die Wahrscheinlichkeit p(6) ab.

b) Könnte Timo aus dem Ergebnis von Teilaufgabe a) den Schluss ziehen, dass der Würfel „gezinkt" ist?

2 Sandra wirft eine Reißzwecke und stellt fest, dass sie in den beiden abgebildeten Positionen (A) oder (B) liegen bleiben kann.

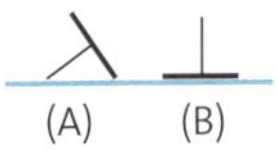

a) Warum kann sie die Wahrscheinlichkeiten für die beiden Positionen (A) und (B) nicht mit der Formel von Laplace bestimmen?

b) Sandra will die Wahrscheinlichkeiten experimentell bestimmen und führt dazu mehrere Serien von jeweils 100 Würfen durch. Dabei notiert sie für die Position (A) die folgenden absoluten Häufigkeiten:
66, 55, 63, 67, 54, 58, 61, 63, 57, 60.
Fülle zunächst die folgende Tabelle aus, wobei du die Anzahl der Würfe und die absoluten Häufigkeiten schrittweise addierst.

n	100	200	300	400	500	600	700	800	900	1000
$h_n(A)$										
$r_n(A)$										

c) Stelle die relativen Häufigkeiten $r_n(A)$ der vorangehenden Tabelle in einem n-r_n-Diagramm dar und schätze die Wahrscheinlichkeit p(A) ab.

d) Gib auch die Wahrscheinlichkeit p(B) an.

TEST 3 Mit Wahrscheinlichkeiten rechnen

1 a) 46 der letzten 184 vorbeifahrenden Pkw waren silbergrau (S). Mit welcher Wahrscheinlichkeit ist auch der nächste vorbeifahrende Pkw silbergrau?

b) Von den 23 000 Autofahrerinnen und Autofahrern einer Kleinstadt können sich 106 als gehbehindert ausweisen. Geplant ist der Bau eines Parkhauses mit 1000 Stellplätzen. Wie viele Stellplätze sollten für Gehbehinderte vorbehalten sein?

c) Saschas Vater ist Kundenberater und muss sehr viel telefonieren. Es ärgert ihn, dass er bei seinen letzten 340 Anrufen nur 119-mal direkt durchkam. Mit welcher Wahrscheinlichkeit muss er auch beim nächsten Anruf mehrfach wählen?

2 Achim und Bettina wollen prüfen, ob ein Würfel fair ist. Sie legen fest, dass die experimentell bestimmte Wahrscheinlichkeit um höchsten 10 % von der Laplace-Wahrscheinlichkeit eines fairen Würfels $\frac{1}{6} \approx 0{,}167$ abweichen darf, sie muss dann also zwischen 0,1503 und 0,1837 liegen.

a) Achim erzielt bei 400 Würfen 54-mal die Augenzahl 6.

b) Bettina hat mehr Ausdauer und würfelt 600-mal. Sie notiert 96 Sechser.

c) Wie beurteilst du die Ergebnisse von Achim und Bettina?

3 Ein Bauer hält 40 Kühe, von denen 24 Tiere schwarz und die übrigen Tiere braun sind. 22 Kühe sind gescheckt, der Rest ist einfarbig. 14 der schwarzen Tiere sind gescheckt.

a) Fülle die Vierfelder-Tafel aus. Trage zunächst die gegebenen Daten ein, und bestimme dann die fehlenden Werte.

	schwarz	braun	Summe
gescheckt			
nicht gescheckt			
Summe			

b) Mit welcher Wahrscheinlichkeit ist

(1) eine zufällig ausgewählte Kuh braun?

(2) eine zufällig ausgewählte Kuh nicht gescheckt?

(3) eine der braunen Kühe gescheckt?

(4) eine der gescheckten Kühe braun?

(5) eine zufällig ausgewählte Kuh braun und gescheckt?

(6) eine zufällig ausgewählte Kuh braun oder gescheckt?

TEST 4 Zweistufige Zufallsexperimente

1 a) Fülle die Leerfelder der beiden folgenden Baumdiagramme aus.

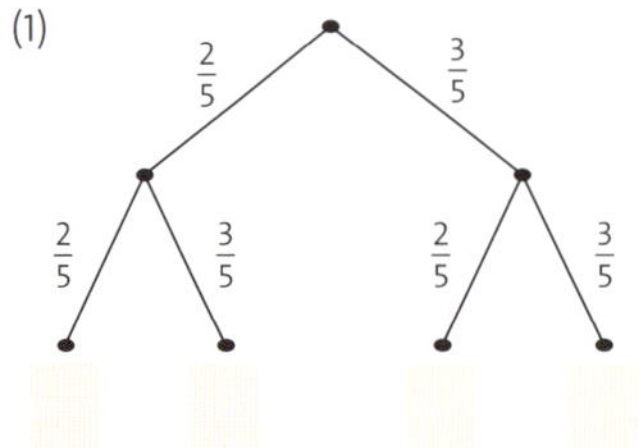

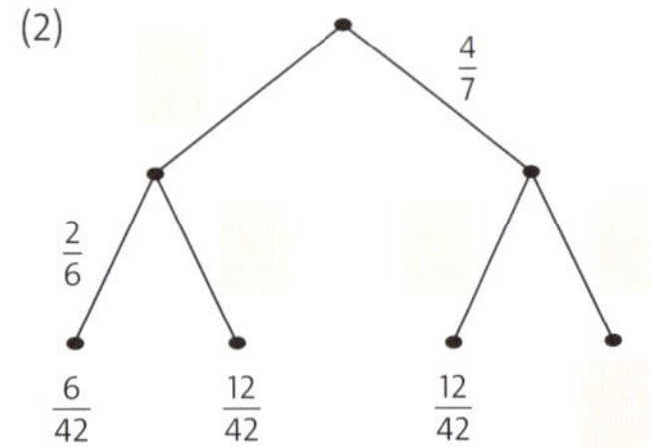

b) Beschreibe zu jedem Baumdiagramm aus Teilaufgabe a) ein Zufallsexperiment vom Typ „Zweimaliges Ziehen aus einer Urne“ mit schwarzen und weißen Kugeln.

2 Eine Kiste enthält Schrauben, und zwar 140 Stück der Größe S1 und 60 Stück der Größe S2. In einer zweiten Kiste sind die dazu passenden Muttern, und zwar 60 Stück M1 (die zu den Schrauben S1 passen) und 90 Stück M2 (passend zu S2). Klaus entnimmt jeder Kiste jeweils ein Teil ohne genau hinzuschauen.

a) Zeichne das zugehörende Baumdiagramm und trage alle Teil- und Gesamtwahrscheinlichkeiten ein.

b) Ist die Wahrscheinlichkeit größer, dass Klaus zufällig ein passendes Paar oder ein nicht passendes Paar entnimmt?

3 Karin hat Schwierigkeiten mit einer Mathematikaufgabe. Sie weiß aber, dass ihr in 70 % solcher Fälle Anja und zu 60 % auch Nadine weiterhelfen können. Nun kann sie wählen, wen sie zuerst anruft.

a) Zeichne für beide Fälle jeweils ein Baumdiagramm.

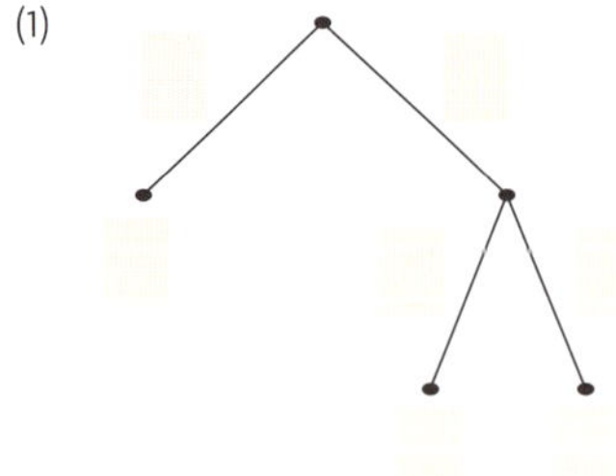

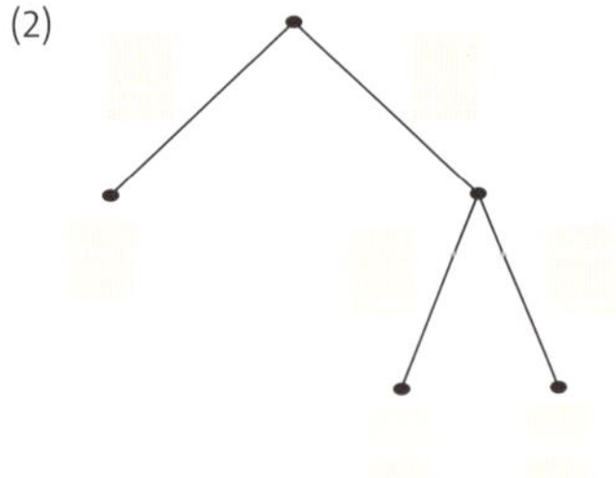

b) Bei welcher Reihenfolge ist die Gesamtwahrscheinlichkeit für eine letztendlich erfolgreiche Hilfestellung größer?

Lösung zu Test 1

1 ☒ Werfen eines fairen Würfels ☒ Kugel aus einer Urne ziehen

Beim „gezinkten“ Würfel und beim Reißzwecken-Werfen sind die Chancen für die Ergebnisse nicht gleich. Diese Chancengleichheit ist aber wesentliche Voraussetzung für ein Laplace-Experiment.

2 Möglich sind jeweils die sechs Augenzahlen 1, 2, ... 6.

a) Günstig ist die Augenzahl 2 $\Rightarrow$ $p(A) = \frac{1}{6}$.

b) Günstig ist die Augenzahl 5 $\Rightarrow$ $p(B) = \frac{1}{6}$.

c) Günstig sind die Augenzahlen 1, 3, 5 $\Rightarrow$ $p(C) = \frac{3}{6} = \frac{1}{2}$.

d) Günstig sind die Augenzahlen 3, 4, 5, 6 $\Rightarrow$ $p(D) = \frac{4}{6} = \frac{2}{3}$.

e) Günstig ist keine der Augenzahlen $\Rightarrow$ $p(E) = \frac{0}{6} = 0$.

Den Fall bei 2 e) nennt man „unmögliches Ereignis“.

3 a) Alle Zahlenfelder bestehen aus gleich breiten Kreissektoren. Deshalb sind die Chancen für alle Zahlen gleich. Chancengleichheit ist die wesentliche Voraussetzung für ein Laplace-Experiment.

b) Möglich sind jeweils die acht Gewinnzahlen 1, 2, ... 8.

(A) Günstig sind die Gewinnzahlen 6, 7, 8 $\Rightarrow$ $p(A) = \frac{3}{8}$.

(B) Günstig sind die Gewinnzahlen 1, 2, 3, 4, 5 $\Rightarrow$ $p(B) = \frac{5}{8}$.

(C) Günstig sind die Gewinnzahlen 2, 3, 5, 7 $\Rightarrow$ $p(C) = \frac{4}{8} = \frac{1}{2}$.

4 a) Mögliche Zahlen 1, 2, ..., 49; günstig: 1 $\Rightarrow$ $p(1) = \frac{1}{49}$.

b) Mögliche Zahlen 2, 3, ..., 49; günstig: 19 $\Rightarrow$ $p(19) = \frac{1}{48}$.

c) Die Zahlenkombination (1|19) ergibt sich durch ein zweistufiges Zufallsexperiment, daher gilt: $p(1|19) = \frac{1}{49} \cdot \frac{1}{48} = \frac{1}{2352}$ (Pfadregel). Es ist dabei ohne Bedeutung, dass diese Kombination schon zuvor auftrat.

Zufallsexperimente haben kein Gedächtnis!

Lösung zu Test 2

1 a) Mit wachsender Anzahl n stabilisieren sich die relativen Häufigkeiten $r_n(6)$ bei der gesuchten Wahrscheinlichkeit $p(6) \approx 0{,}183$.

b) Für einen fairen Würfel beträgt die Laplace-Wahrscheinlichkeit $p(1) = \frac{1}{6} \approx 0{,}167$ und liegt damit knapp 10 % unter dem experimentell bestimmten Wert aus Teilaufgabe a).
Timos Würfel ist offensichtlich nicht fair.

2 a) Die beiden Posionen (A) und (B) sind nicht symmetrisch zueinander, sodass man nicht von gleichen Chancen ausgehen darf. Die Laplace-Formel darf in solchen Fällen nicht angewendet werden.

b)

n	100	200	300	400	500	600	700	800	900	1000
$h_n(A)$	66	121	184	251	305	363	424	487	544	604
$r_n(A)$	0,660	0,605	0,613	0,628	0,610	0,605	0,606	0,609	0,604	0,604

c) Die Grafik zeigt, dass sich die relativen Häufigkeiten bei $p(A) \approx 0{,}604$ stabilisieren. **Hinweis:** Auch bei einer Fortsetzung des Experimentes werden sich die Werte nicht mehr nennenswert von Wert $p(A) = 0{,}604$ entfernen. Sinnvoll wäre die gerundete Angabe $p(A) = 0{,}60$ mit der gleichzeitig gesagt wird, dass evtl. noch mit Abweichungen ab der dritten Dezimalstelle zu rechnen ist.

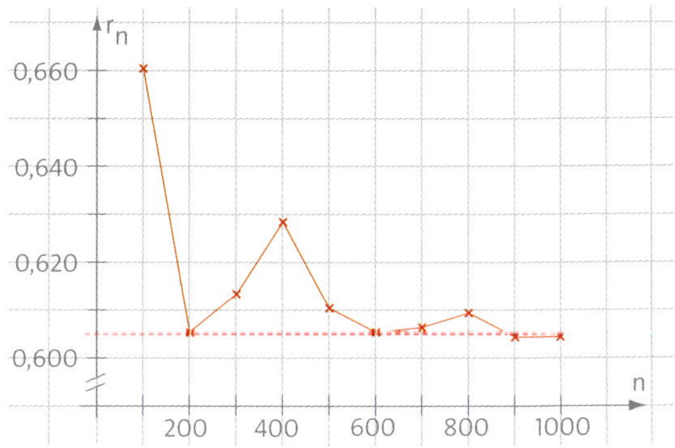

d) Bei jedem Wurfexperiment mit der Reißzwecke muss entweder „die Position (A) *oder* die Position (B)“ eintreten. Das kombinierte Ereignis „Position (A) oder Position (B)“ tritt zu 100 %, d. h. mit absoluter Sicherheit ein, und daher muss $p(A) + p(B) = 1$ sein. Man sagt auch, dass „Position (B)“ das **Gegenereignis** von „Position (A)“ ist. Kennst du also p(A), dann rechnest du einfach mit der Formel $\mathbf{p(B) = 1 - p(A)}$ die **Gegenwahrscheinlichkeit** aus, hier also: $p(B) = 1 - 0{,}6 = 0{,}4$ (oder auch 100 % – 60 % = 40 %).

Lösung zu Test 3

1 a) Der nächste Pkw ist mit $p \approx \frac{46}{184} = 0{,}25$, also zu 25 % silbergrau.

b) Ein zufällig parkender Fahrer ist mit der Wahrscheinlichkeit $p \approx \frac{106}{23\,000} = 0{,}0046$ gehbehindert.
Also braucht man $0{,}0046 \cdot 1000 = 4{,}6 \approx 5$ Plätze für Gehbehinderte.

c) Die Wahrscheinlichkeit für eine freie Leitung (F) beträgt $p(F) \approx \frac{119}{340} = 0{,}35$.
Die Gegenwahrscheinlichkeit dazu beträgt $1 - 0{,}35 = 0{,}65$.
Die Leitung ist mit einer Wahrscheinlichkeit von 65 % besetzt.

2 a) $p_A = \frac{54}{400} = 0{,}135$. Weil dieser Wert außerhalb des Bereichs für eines fairen Würfels liegt, beurteilt Achim den Würfel als gezinkt.

b) $p_B = \frac{96}{600} = 0{,}160$, innerhalb der Grenzen. Bettina hält den Würfel für fair.

c) Bettina hat öfter als Achim gewürfelt, deshalb kann man ihrem Ergebnis die größere Zuverlässigkeit zusprechen. Grundsätzlich sind aber beide Beurteilungen nicht absolut sicher, sie sollten deshalb noch öfter würfeln.

Du kannst die Zuverlässigkeit des Experimentes grundsätzlich dadurch verbessern, indem du zwei Versuchsreihen zu einer einzigen, längeren Reihe zusammenfügst. Allerdings liefert die Zusammenlegung (Addition) von Achims und Bettinas Daten auch keine zuverlässige Entscheidungsgrundlage, denn die damit berechnete Wahrscheinlichkeit $p = \frac{54 + 96}{400 + 600} = \frac{150}{1000} = 0{,}150$ liegt genau auf der Entscheidungsgrenze.

3 a) Trage zunächst die im Aufgabentext genannten Daten ein (rot) und berechne hieraus, wie gezeigt, die fehlenden Werte.

	schwarz	braun	Summe
gescheckt	14	22 – 14 = 8	22
nicht gescheckt	24 – 14 = 10	18 – 10 = 8	40 – 22 = 18
Summe	24	40 – 24 = 16	40

b) Alle Fragestellungen lassen sich durch Berechnung von Laplace-Wahrscheinlichkeiten beantworten. Mit den Werten aus Teilaufgabe a):

(1) $p = \frac{16}{40} = \frac{2}{5} = 0{,}4$ (40 %)

(2) $p = \frac{18}{40} = \frac{9}{20} = 0{,}45$ (45 %)

(3) $p = \frac{8}{16} = \frac{1}{2} = 0{,}5$ (50 %)

(4) $p = \frac{8}{22} = \frac{4}{11} = 0{,}\overline{36}$ (≈ 36 %)

(5) $p = \frac{8}{40} = \frac{1}{5} = 0{,}2$ (20 %)

(6) $p = \frac{16 + 22 - 8}{40} = \frac{30}{40} = \frac{3}{4} = 0{,}75$ (75 %)

Hinweis zu (6): Es gibt 16 braune und 22 gescheckte Kühe. Um eine Doppelzählung der 8 zugleich braunen und gescheckten Kühe zu vermeiden, müssen diese 8 Tiere einmal abgezogen werden.

Lösung zu Test 4

1 a) (1)

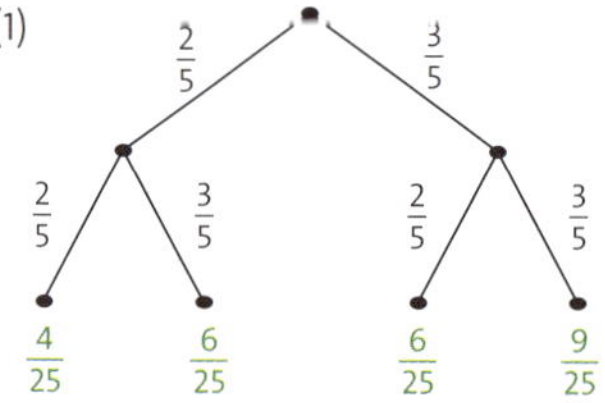

(2)

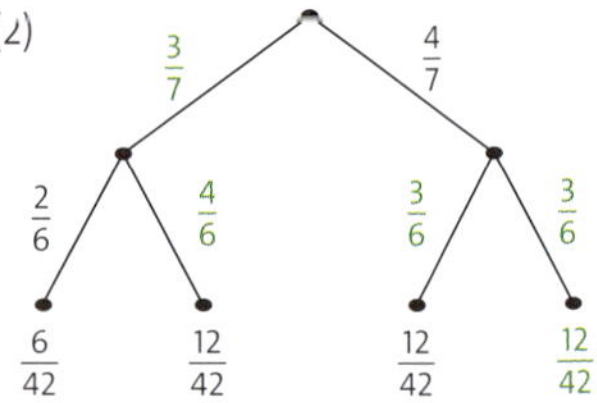

b) zu (1): Die Urne enthält 2 weiße und 3 schwarze Kugeln, insgesamt also 5 Kugeln. Die Pfade für eine weiße Kugel verzweigen nach links, für eine schwarze Kugel nach rechts. Die unveränderten Wahrscheinlichkeiten für den zweiten Zug zeigen an, dass die im ersten Zug gezogene Kugel vor dem zweiten Zug zurückgelegt wird („Ziehen mit Zurücklegen").

zu (2): Die Urne enthält 3 weiße und 4 schwarze Kugeln, insgesamt also 7 Kugeln. Die Pfade für eine weiße Kugel verzweigen nach links, für eine schwarze Kugel nach rechts. Die veränderten Wahrscheinlichkeiten für den zweiten Zug zeigen an, dass die im ersten Zug gezogene Kugel vor dem zweiten Zug nicht zurückgelegt wird („Ziehen ohne Zurücklegen").

2 a)

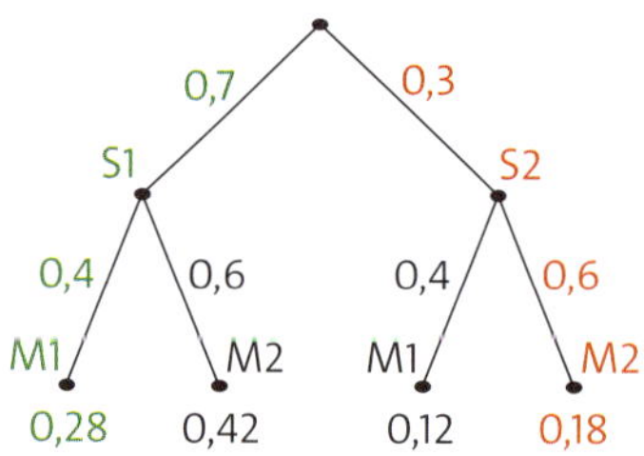

Wahrscheinlichkeit für passende Paare (in der Zeichnung grün und rot): 0,28 + 0,18 = 0,46. Die Gegenwahrscheinlichkeit (1 – 0,46 = 0,54) entspricht der Gesamtwahrscheinlichkeit für ein nicht-passendes Paar und ist größer.

3 a) (1)

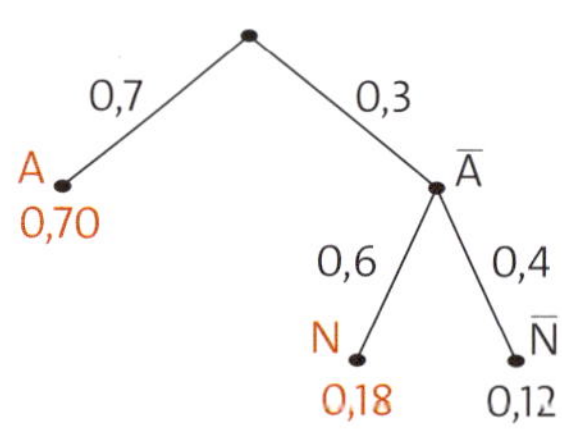

(2)

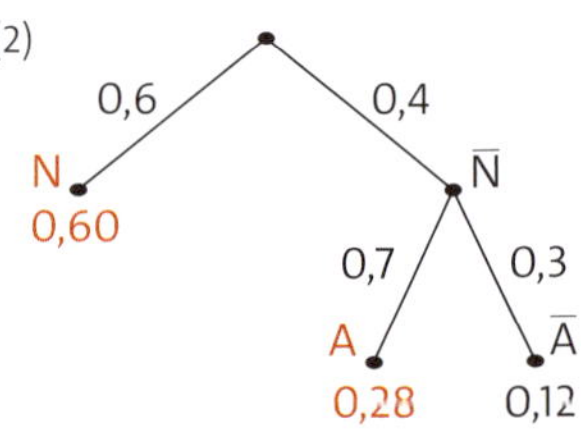

b) (1): $p = 0{,}70 + 0{,}18 = 0{,}88$ (2): $p = 0{,}60 + 0{,}28 = 0{,}88$

Unabhängig von der Reihenfolge kann Karin mit 88%iger Wahrscheinlichkeit geholfen werden. Natürlich wird Karin zuerst Anja anrufen, denn dann kann sie mit einer größeren Wahrscheinlichkeit auf den zweiten Anruf verzichten.

17 Abschlusstest

TESTEN

1 Die Länge l einer Strecke beträgt fünfundvierzig Millionen dreihundertsechzigtausendsiebenhundertzwei Zentimeter.

a) Gib diese Länge als Zahl an: l =

b) Notiere die Länge l in den folgenden Maßeinheiten, runde aber zunächst so, dass die umgerechnete Maßzahl keine Dezimalstellen aufweist:

l ≈ cm = m

l ≈ cm = km

2 a) Vervollständige die Teilbarkeitsregeln.
Eine natürliche Zahl ist

(1) durch 2 teilbar, wenn

(2) durch 3 teilbar, wenn

(3) durch 6 teilbar, wenn

b) Gib die Primfaktorzerlegungen von 84 und 90 an und bestimme dann den ggT und das kgV dieser Zahlen.

84 = 90 =

ggT (84; 90)= kgV (84; 90)=

3 Dividiere die Differenz von $4\frac{1}{8}$ und $2\frac{3}{4}$ durch die Summe von $1\frac{3}{16}$ und $\frac{7}{8}$.

a) Stelle einen Term auf und berechne ihn.

b) Zeichne einen Rechenbaum.

4 Wende bei deinen Berechnungen, soweit möglich, das Distributivgesetz an.

a) $\left(1\frac{1}{2} - 3\frac{3}{4}\right) : 4\frac{1}{2} =$

b) $3\frac{1}{3} : \left(1\frac{3}{4} - \frac{11}{12}\right) =$

c) $-0{,}8 \cdot \left(\frac{3}{5} - 1{,}3\right) =$

5 Gegeben ist der abgebildete Rechenbaum.

a) Notiere den entsprechenden Term, berechne ihn, und fülle die leeren Felder im Rechenbaum aus.

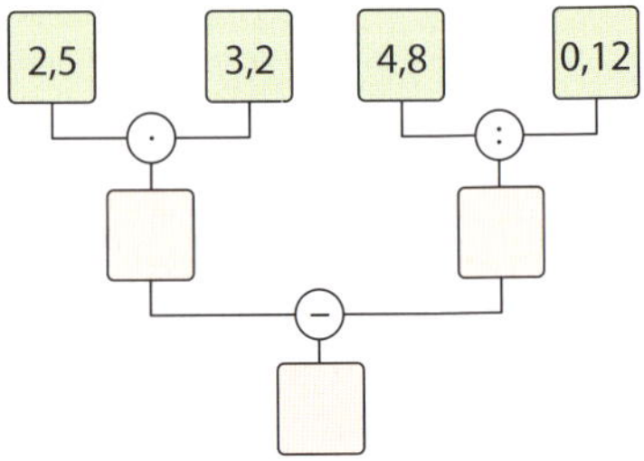

b) Formuliere einen passenden Rechenauftrag.

6 Berechne jeweils im Dreisatzverfahren.

a) Wenn ein Auto mit 51,7 ℓ Benzin eine Strecke von 550 km zurücklegt, dann benötigt es welche Treibstoffmenge für 850 km?

b) 20 Arbeiter verlegen ein 5 km langes Gleisstück in 48 Tagen. Wie lange wurden 16 Arbeiter hierfür benötigen?

7 In der Klasse 6 b sind 12 Jungen und 14 Mädchen.

a) 8 Schülerinnen und Schüler kommen mit dem Fahrrad.
Wie viel Prozent sind das?

b) 37,5 % der Mädchen kommen mit dem Fahrrad. Wieviel Prozent der Jungen aus der Klasse kommen *nicht* mit dem Fahrrad?

8 a) Trage alle Symmetrieachsen und -zentren ein.

b) Bestimme den Flächeninhalt der Figur.

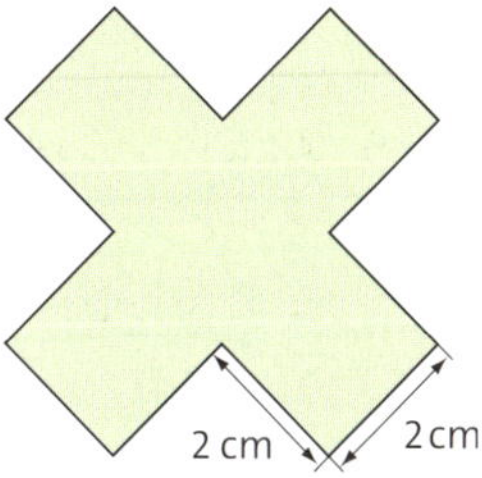

c) Aus der Figur soll das Quadrat mit dem größtmöglichen Flächeninhalt ausgeschnitten werden.
Wie viel Prozent der Gesamtfläche bleiben dabei übrig?

9 a) Bestimme folgende Figuren durch die Koordinaten ihrer Eckpunkte.

Parallelogramm ACDF:

Dreieck ABC:

Dreieck DEF:

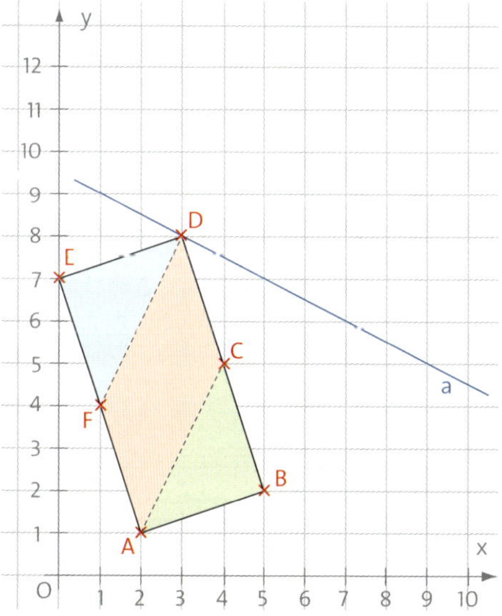

b) Spiegle das Trapez an der Achse a und gib die Koordinaten der gespiegelten Figur an.

c) Verschiebe die beiden Dreiecke so, dass das gespiegelte Parallelogramm wieder zu einem Rechteck ergänzt wird, und gib die beiden Verschiebungspfeile an.

10 Ein Teeladen bestellt für das Schaufenster ein großes „T". Nebenstehende Figur ist ein Modell dafür im Maßstab 1 : 20.

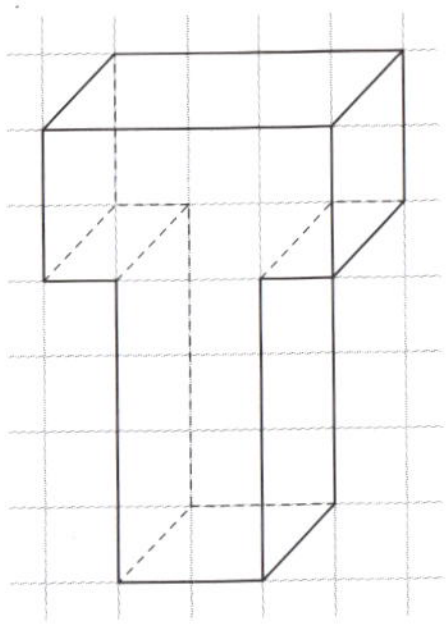

Tipp: 1 : 20 bedeutet: 1 cm im Modell sind in Wirklichkeit 20 cm. Die Figur ist also in Wirklichkeit 20-mal so groß wie hier abgebildet.

a) Die fertige Figur soll außen komplett mit Farbe besprüht werden. Eine Sprühdose reicht für 20 dm^2 und kostet 2,80 €. Wie viel kostet die Farbe insgesamt?

b) Die Figur selbst wiegt 2 kg. Sie wird komplett mit Füllmaterial ausgefüllt, 1 m^3 davon wiegt 2500 g. Wie schwer ist die Figur dann? (Die Randdicke ist zu vernachlässigen).

11 Jeder der fünf Werbeassistenten A, B, C, D und E befragt 200 Personen, um den Bekanntheitsgrad des neuen Waschmittels „Xtreme" zu erkunden. Jeweils 34, 26, 22, 30 und 28 der Befragten geben an, „Xtreme" zu kennen und zu kaufen.

a) Fülle die Tabelle der von A, B, C, D und E ermittelten Häufigkeiten aus:

	A	B	C	D	E	
h_{200}						$h_{1000} =$
$r_{200}\%$						$r_{1000} =$

b) Schätze die Wahrscheinlichkeit ab, mit der die nächste befragte Person „Xtreme" kennt und benutzt.

c) Ein großes Kaufhaus verzeichnet an einem bestimmten Tag 6550 Kunden. Erfahrungsgemäß kaufen 12 % aller Kunden ein Waschmittel. Wie viel Packungen „Xtreme" wurden an diesem Tag wohl verkauft?

Lösung zum Abschlusstest

Für jede Antwort gibt es so viele Punkte wie du Häkchen ✓ siehst.
Notiere die erreichte Punktzahl am Seitenrand.
Die ausführlichen Lösungen findest du auf der CD

/3 **1** a) $l = 45\,360\,702\,\text{cm}$ ✓

b) (1) $l \approx 45\,360\,700\,\text{cm} = 453\,607\,\text{m}$ ✓ (2) $l \approx 45\,400\,000\,\text{cm} = 454\,\text{km}$ ✓

/7 **2** a) (1) ... wenn ihre Endziffer durch 2 teilbar ist. ✓

(2) ... wenn ihre Quersumme durch 3 teilbar ist. ✓

(3) ... wenn sie durch 2 und durch 3 teilbar ist. ✓

b) $84 = 2 \cdot 2 \cdot 3 \cdot 7$ ✓ $90 = 2 \cdot 3 \cdot 3 \cdot 5$ ✓

ggT (84; 90) = 6 ✓ kgV (84; 90) = 1260 ✓

/5 **3** a) $\left(4\frac{1}{8} - 2\frac{3}{4}\right) : \left(1\frac{3}{16} + \frac{7}{8}\right) = \frac{2}{3}$ ✓✓✓

b)

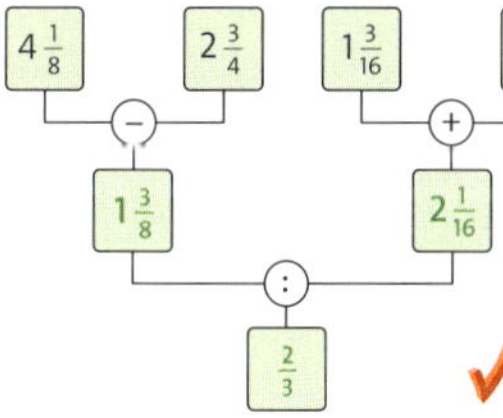

✓✓

/6 **4** a) $-\frac{1}{2}$ ✓✓

b) 4 ✓✓

c) 0,56 ✓✓

/4 **5** a) $2{,}5 \cdot 3{,}2 - 4{,}8 : 0{,}12 = 8 - 40 = -32$ ✓✓

b) Vermindere das Produkt von 2,5 und 3,2 um den Quotienten aus 4,8 und 0,12. ✓

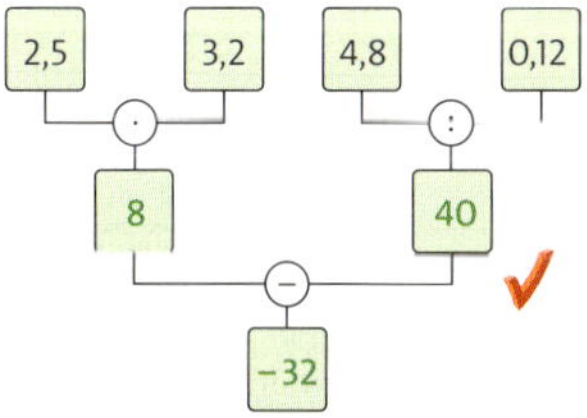

✓

/4 **6** a) Für 850 km werden 79,9 ℓ benötigt ✓✓

b) 16 Arbeiter benötigen 60 Tage ✓✓

/4 **7** a) 30,8 % kommen mit dem Fahrrad. ✓

b) 7 Jungen, bzw. 58,3 % der Jungen kommen nicht mit dem Fahrrad. ✓✓✓

/7 **8** a) siehe Abb. rechts ✔✔

b) $A = 5 \cdot (2\,cm)^2 = 5 \cdot 4\,cm^2 = 20\,cm^2$ ✔✔

c) Restfläche: $A_{Rest} = 12\,cm^2$ ✔✔

Prozentsatz: $p\% = 60\,\%$ ✔

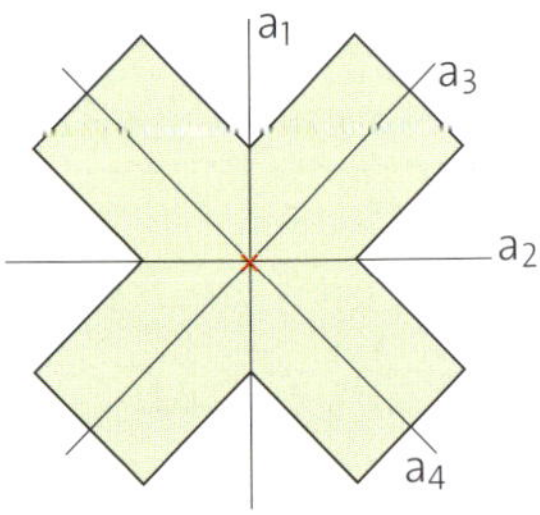

/11 **9** a) ACDF: A(2|1); C(4|5); D(3|8); F(1|4) ✔

ABC: A(2|1); B(5|2); C(4|5) ✔

DEF: D(3|8); E(0|7); F(1|4) ✔

b) A9(8|13); C9(6|9); D9(3|8); F9(5|12)

✔✔✔✔

c) △ABC → △A'B'C' durch BB': 4 Schritte rechts und 8 Schritte hoch ✔✔

△DEF → △D'E'F' durch EE': 2 Schritte rechts und 4 Schritte hoch ✔✔

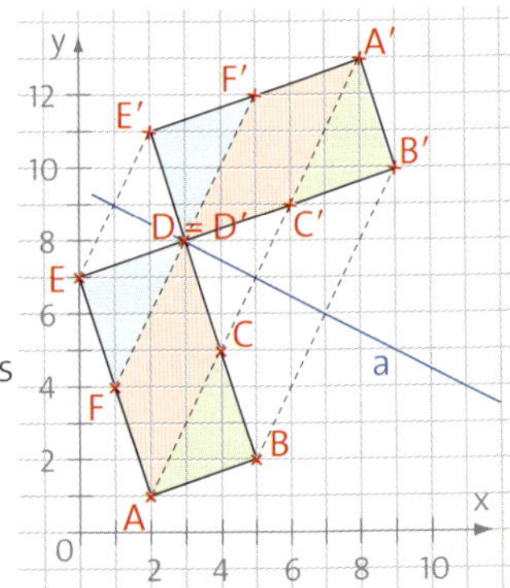

/9 **10** a) Die zu lackierende Oberfläche beträgt $76\,dm^2$ ✔✔✔✔, es werden 4 Sprühdosen benötigt, die zusammen 11,20 € kosten. ✔

b) Das Volumen beträgt $0{,}32\,m^3$ ✔✔,

das Gesamtgewicht beträgt 2,8 kg ✔✔

/9 **11** a)

	A	B	C	D	E	
h_{200}	34	26	22	30	28	$h_{1000} = 140$ ✔✔✔
$r_{200}\%$	17 %	13 %	11 %	15 %	14 %	$x_{1000} = 14\,\%$ ✔

b) $p \approx r_{1000} = \frac{140}{1000} = 0{,}14.$ ✔✔✔

c) Es wurden schätzungsweise $786 \cdot 0{,}14 = 110$ Packungen verkauft. ✔✔

Vergleiche nun bei jeder Aufgabe die von dir erreichten Punkte mit den maximal möglichen. Wenn du im Unterricht auch schon den ganzen Stoff behandelt hast, der hier abgefragt wurde, vergleiche auch die Punktezahl insgesamt.
Du kannst nun selbst abschätzen, wo du noch etwas mehr üben musst: überall da, wo du die maximale Punktzahl nicht erreicht hast, solltest du die entsprechenden Kapitel nochmals durcharbeiten; beachte dazu auch die ausführlichen Lösungen auf der CD.

Alle Tests aus dem Buch

Die CD-ROM-Versionen der Tests eignen sich hervorragend zum Ausdrucken. Auf diesen Ausdrucken ist dann immer genug Platz für Zeichnungen und Antworten. So können alle 66 Tests problemlos wiederholt werden.

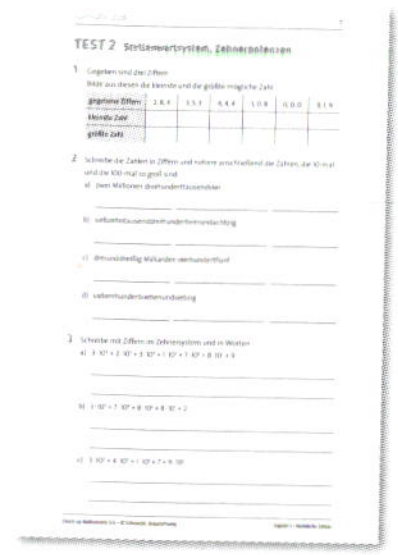

Die Dateien sind nach folgendem Schema benannt:
Kapitel 1, Test 1 .... Kapitel01Test1.pdf
Kapitel 1, Test 2 .... Kapitel01Test2.pdf
...
Kapitel 16, Test 4 .... Kapitel16Test4.pdf
Abschlusstest .... Abschlusstest.pdf

Zusätzliche Aufgaben

Auf der CD finden sich viele zusätzlichen Aufgaben, die inhaltlich den Kapiteln des Buchs zugeordnet sind. Sie eignen sich zum Vertiefen, Wiederholen und Üben. Die Lösungen stehen hinter den Aufgaben.

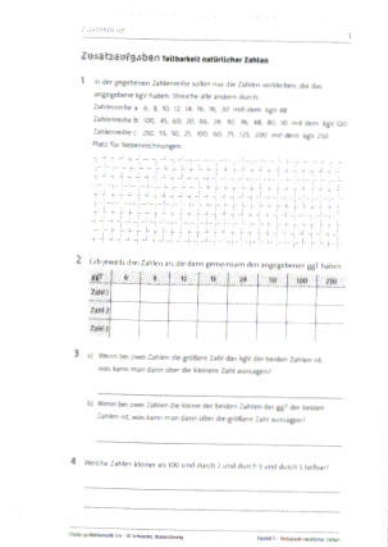

Dateibenennung:
Zusätzliche Aufgaben zu Kapitel 2 .... ZusatzK02.pdf
Zusätzliche Aufgaben zu Kapitel 3 .... ZusatzK03.pdf
usw.

Sonstiges

Des Weiteren befinden sich noch die **ausführlichen Lösungen zum Abschlusstest** und Check-Listen auf der CD.

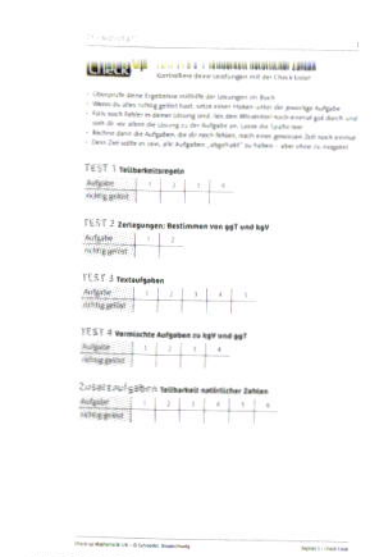

Mithilfe der **Check-Listen** zu den einzelnen Kapiteln kann der individuelle Lernfortschritt schnell überprüft werden.

Die Check-Liste zum Abschlusstest hilft, Wissenslücken schnell zu erkennen – und zu beheben!

Die Dateien auf der CD-ROM haben das **pdf-Format**. Zum Ansehen und Ausdrucken wird der AcrobatReader™ benötigt, den man kostenlos aus dem Internet laden kann. Alle Dateien sind im DIN-A4-Format in schwarz-weiß angelegt. Um die pdf-Dateien in Originalgröße auszudrucken (bei manchen Tests ist das wichtig), sollte darauf geachtet werden, dass im Druckmenü bei „Seitenanpassung" „keine" steht.